地震预警系统

[意] 保罗·盖斯帕里尼　[意] 盖伊塔诺·曼弗雷迪
[德] 约亨·斯高　编著

梁建宏　孙丽　邹立晔　李敏　韩雪君　徐志国　译

赵仲和　审校

地震出版社

图书在版编目（CIP）数据

地震预警系统 ／（意）盖斯帕里尼（Gasparini, P.），（意）曼弗雷迪（Manfredi, G.），（德）斯高（Zschau, J.）编著；梁建宏等译 . — 北京 ：地震出版社，2014.5

ISBN 978-7-5028-4333-5

Ⅰ．①地… Ⅱ．①盖… ②曼… ③斯… ④梁… Ⅲ．①地震灾害－预警系统 Ⅳ．① P315.75

中国版本图书馆 CIP 数据核字 (2013) 第 213806 号

著作权合同登记图字：01-2011-5287
Translation from the English language edition:
[Earthquake Early Warning Systems] by [Paolo Gasparini, Gaetano Manfredi and Jochen Zschau](Eds.)
Copyright :emoji: Springer-Verlag Berlin Heidelberg 2007
Springer is a part of Springer Science + Business Media
All Rights Reserved

地震版　XM2289

地震预警系统

[意]保罗·盖斯帕里尼　[意]盖伊塔诺·曼弗雷迪　[德]约亨·斯高　编著
梁建宏　孙丽　邹立晔　李敏　韩雪君　徐志国　译
赵仲和　审校
责任编辑：董　青
责任校对：庞亚萍

出版发行：**地震出版社**
　　　　　北京民族学院南路 9 号　　　　　　　邮编：100081
　　　　　发行部：68423031　68467993　　　传真：88421706
　　　　　门市部：68467991　　　　　　　　传真：68467991
　　　　　总编室：68462709　68423029　　　传真：68455221
　　　　　专业图书事业部：68467982　68721991
　　　　　http：//www.dzpress.com.cn
经销：全国各地新华书店
印刷：北京地大天成印务有限公司

版（印）次：2014 年 5 月第一版　2014 年 5 月第一次印刷
开本：787×1092　1/16
字数：337 千字
印张：21.25
印数：0001 ～ 1000
书号：ISBN 978-7-5028-4333-5/P（5022）
定价：90.00 元

译者前言

近年来，随着经济的发展和社会的进步，人们的防震减灾意识逐渐增强，在地震预报还没有过关的今天，地震预警技术得到了越来越多的关注。日本、墨西哥、希腊、土耳其等国家和美国的南加州等地区先后发展了地震预警系统。我国也已经开始大力发展地震预警技术，目前正稳步推进地震预警系统的研制和建设。地震预警技术被看作很有前途的防震减灾技术，在几个国家和地区的实践中，有成功的例子。例如20世纪90年代以来，墨西哥的地震预警系统在几次大地震中取得了实际的减灾效益。但由于地震本身的复杂性，人们对地震孕育和发展的机制知之甚少，在极短的时间由计算机软件自动判定的地震的位置、大小和可能造成的灾害还有不小误差，加之发布地震警报的社会学问题，地震预警系统发挥的作用还远没有达到人们的期望，但它仍然值得我们期待。

由保罗·盖斯帕里尼教授、盖伊塔诺·曼弗雷迪教授和约亨·斯高教授主编，Springer 科学与商务传媒公司出版的 Earthquake Early Warning Systems 一书收集了关于地震预警方面的文章17篇，涉及快速测定震源参数和震动图、评估地震灾害的方法以及地震预警工程应用前景等方面的内容，并介绍了四个已在运行的不同地震预警系统。在地震出版社得到 Springer 公司授权后，我们本着尽可能忠于原文的原则进行翻译。由于地震预警是近年来发展起来的，相对传统地震学是个新概念，其相关的一些词语还没有形成标准的说法，这在一定程度上增加了翻译的难度，虽然做了艰苦的努力，但由于水平有限，所译仍恐有不妥或错误之处，敬请读者指正。

前言，第 1、2、3 和第 4 章由梁建宏译；第 5 章由徐志国译；第 6、第 7 章由韩雪君译；第 8、9、10、17 章由孙丽译；第 11、12、13 章由邹立晔译；第 14、15、16 章由李敏译。全书由梁建宏汇总，赵仲和审校。

最后感谢中国地震局监测预报司有关领导的支持，感谢中国地震台网中心和台网部的帮助，感谢地震出版社领导、编辑的支持与帮助，特别感谢郑斯华、陈会忠、杨大克和黄静对本书专业术语提出的宝贵意见和建议。原书主编之一保罗·盖斯帕里尼教授专门为该书的中译本写了前言，我们再次深表谢意。

译者于 2012 年 1 月

中文版前言

地震预警（EEW）方法具有减轻地震灾害的潜力，在中国尤其如此。中国的城市化在快速推进，随之而来的是，由于不断增长的人口和对生命线系统增加的压力，很多城市地区变得更加脆弱。这其中包括具有较高地震危险的重要文化中心地区。尽管预防性的行动（例如改进建筑结构和颁布合适的建筑规范）是综合地震减灾战略的要素，但这是不够的，并且也不是任何地区都适用。

地震预警提供数十秒时间的警报，一些专家认为这对于采取有效避震行动太短了。然而，来自世界上为发布地震预警而立法的唯一国家日本的经验表明，通过诸如及时停止快速奔跑的列车、对在家的人们和在学校的孩子发出警报以使他们迅速移动到安全地点这样的方式，警报确实有效减少了地震危险。

写完本书后，在共同倡议下，开展地震预警工作的主要一些欧洲工作组正在进行首次联合行动。第六框架计划（the 6th Framework Programme，FP6）之下的欧洲委员会一年以前已发出号召，使得欧洲地震预警（SAFER，Seismic Early Warning for Europe）计划得到资助（从 2006 年开始）。在 2009 年 SAFER 计划的总结中有很多创新性成就，其中一些概述于本书中。这其中包括发展了由低成本传感器组成的自组织无线系统，称为自组织地震预警信息网络（Self-Organizing Seismic Early Warning Information Network，SOSEWIN）。在 2008 年 7 月，在土耳其伊斯坦布尔安装了 SOSEWIN 的一个原型。SOSEWIN 发展的最终目标是在大城市和特大城市建立分散式（"以人为本"）地震预警系统。

另一个创新包括在意大利南部坎帕尼亚 Irpinia 断层周围安装的区域地震预警台网中，可以实时地处理和分析初至 P 波和 S 波信号，以提供用于早期告警的观测量（例如地震波到时、峰值地面位移、优势周期）。另外，发展了一个用于区域地震预警（即刻的、概率的和不断演化的预警系统）的模块化软件平台，整合了用于实时 P 震相检测和拾取、地震定位、震级估计、峰值地面运动预测和警报发布的算法，最终发展成一个高度可配置和轻便的软件包。

使用另一个不同的方式，发展和测试了虚拟地震学家（Virtual Seismologist，VS）方法，使其作为一种贝叶斯方法应用于区域台网的地震预警。虚拟地震学家方法使用观测的地面震动、先验信息及合适的地面运动预测方程估计震级、位置和峰值地面运动分布。虚拟地震学家方法和在伯克利加利福尼亚大学实现的 ElarmS 算法以及在加州理工学院实现的现地算法一起形成了加州综合地震台网（California Integrated Seismic Network，CISN）的震动警报系统，这是有望为加州提供全州范围地震预警的原型系统。

"震动图"（源于地震台网所提供信息的地面震动峰值图）和"警报图"（基于破坏性 S 波到达前的初至 P 波到达所预测的地面震动峰值图）是地震预警和快速响应链条上的重要组成部分，它们可以在地震开始后的数秒到数分钟内激活减灾行动。SAFER 计划开始前，欧洲没有由地震数据实时产出"警报图"和"震动图"的能力。与欧盟计划（EU-project）欧洲地震学基础研究网络（Network of Research Infrastructures for European Seismology，NERIES）密切合作，SAFER 在伊斯坦布尔、布加勒斯特、那不勒斯和开罗的测试中实现了这个技术，有助于改善这些主要大都市地区的地震预警能力。

地震预警系统需要以误报代价最小的方式进行设计，对于每个应用与地点都需要科学的设计。例如，在不同的国家停止列车的经济后果是不同的，这和关闭燃气管道产生的经济后果无疑也是不同的。在有地震预警的背景下，当决定采取行动时，大众对误报的接受程度是考虑的首要因素。本书中介绍了这些概念。对于基于成本效益分析的 EEW 的应用，实现了完全概率性的框架。发展的规程应用到一个与意大利坎帕尼亚地区的预警台网相连接的原型地震预警终端。SAFER 的结果和世界其他地区最近的发展，总结在三种国际期刊 [1,2,3] 的特刊中。

EEW 通过了 2011 年 3 月 11 日日本 9.0 级大地震这一激动人心的测试。全面地看，尽管发生了灾难性损失，但对于 EEW 系统怎样设法减少人类灾害这一点，报告却是积极的。例如，日本的高速列车网没有遭受主要灾害，20 多列高速运行的列车在检测到初始 P 波后的数秒钟内停下来了 [4]。

在欧洲，欧洲委员会现正支持用于实时减轻地震危险的战略和工具（Strategies and tools for Real Time Earthquake Risk Reduction，REAKT）计划，这项计划开始于 2011 年，将执行 3 年。实时减轻地震危险的战略和工具是在 SAFER 进行的工作基础上建设，致力于建立将地震预警与来自地震预报和实时脆弱性评估的其他类型信息有效结合起来的最优方法。事实上，实时减轻地震危险的战略和工具联盟包括很多原来的、建立在早期成功合作的基础上的 SAFER 伙伴。

我们真诚地希望本书对我们的中国同行在对未来基于预警概

念发展和实现减灾方法的努力方面提供有用的贡献，我们希望他们都取得成功。

保罗·盖斯帕里尼

盖伊塔诺·曼弗雷迪

约亨·斯高

参考文献

[1] Allen R.M., Gaparini P., Kamigaichi O. (Eds). (2009) New methods and applications of Earthquake Early Warning. Geophysical Research Letters, 36.

[2] Special session on Earthquake Early Warning. Seismological Research Letters, 80: 5

[3] Iervolino I., Zollo A. (Eds) 2011 Prospects and applications of EEW for real time earthquake engineering, risk management and loss mitigation. Soil Dynamics and earthquake Engineering, 31: 2

[4] T.Lay, H.Kanamori, 2011 Insights from the great 2011 Japan earthquake, Physics Today, December 2011

前　言

在过去的几十年，全球自然灾害造成的经济损失以指数方式增长，然而我们看到的降低死亡率的进展却很少。地震灾害也是这样的情况，这归因于在危险性较高和容易遭受灾害的地区不断增长的人口和工业密度。尽管地震预测还不实用，但是目前的技术可以迅速鉴别任何危险地震事件的开始。因此面对重大自然灾害事件的不利影响，早期预警和快速灾害信息系统正成为强化预防和社会恢复的重要手段，也将会成为减轻灾害的关键。具有多种含义的"早期预警"这个词目前广泛用于科学、经济和社会领域。即使在学术界，尽管将早期预警定义为在灾难性事件的前导时间内所能采取的一切行动这一共识在逐渐增加，但人们对这个词的使用还是略微不同。前导时间定义为合理地肯定给定地点要发生一个灾害性事件的时刻和它真正发生的时刻之间的时间。典型地，地震的前导时间是数秒到数十秒，海啸的前导时间为数分钟到数小时，滑坡、洪水和火山喷发的前导时间为数小时到数天。

更一般地说，早期预警就是通过认可的机构提供及时有效的信息，以使暴露于危险地区的人们采取行动，避免或减少他们的危险并作出有效的反应。

尽管对于非地震灾害，前导时间的定义可能是含糊不清的（"合理地肯定"这个词可能需要更精确的概率性定义），但对于地震，这个定义是明确的。当震源释放了第一个波，前导时间就开始了。地震预警的物理基础的确很简单：强地面震动是剪切波和其后的大约以初至波一半的速度传播的面波引起的，其速度要比以无线或电缆传播的电磁信号慢很多。因此，取决于强震震中到遭受危险的城市地区的不同距离，在强地面震动来临之前，信息的传输和对较快的初至波的实时分析可以提供数秒到数十秒的预警时间。这可以用于将城市地区的财产和生命损失减少到最低限度，并有助于紧急响应。当有一个适当的地震台网时，快速的处理方法能用于定位地震和确定震级，并且估计地震震动分布（区域方法）。在装备地震传感器的场点和结构体处，使用最初到达的小振幅信号（P波）推断即将来临的大振幅剪切波和面波引起的震动，则可能实现特定场点的预警。

应用地震预警系统（EEWS）可以实时减轻地震危险，通过装备自动安全功能减少设施暴露，增加特定的关键工程系统（例如核电站、生命线或者交通设施）的安全。地震预警系统能用于触发有序关闭生命线和燃气管道以避免火灾，或关闭工厂运行以减少潜在的装备损失和工业事故。如果人们获得警报，个人的安全状况也可以得到改善。另外，如果可以得到早期地震警报，并且对应该采取的恰当行动进行了演练，那么现代社会的功能便不太可能变得混乱。最后但并非最不重要的是，如果预警系统能够在几分钟内提供强地面震动图，应急响应团队可以被派遣到最被需要的地方。

再有，地震预警系统在减少由地震触发的次生事件引起的灾害和损失方面有很大的价值。这些次生事件包括滑坡、海啸、火灾和工业事故。1906年旧金山（San Francisco）地震之后的火灾对城市的破坏与2004年12月印度尼西亚海啸是两个典型的例子，但是对于大多数大地震，次生灾害增加了经济损失和人员伤亡。

尽管有以上的考虑，但是目前地震预警方法的潜力还没有完全地利用。这不仅在发展中国家是事实，而且在高度工业化国家包括欧洲国家也是事实。

大多数现有的地震学处理方法还没有发展或优化，以实现预警需要的实时或准实时应用。发展实时分析、建模和仿真方法，与数据处理、可视化和快速信息系统的适当设备集成在一起，将这些方法应用于预警和灾害管理相结合，是当今地震学面临的主要挑战之一。

所有这些论题都是在 2004 年 9 月 23 日至 25 日在意大利那不勒斯（Naples）举行的专题讨论会上提出并讨论的，焦点是"欧洲城市的地震预警：致力于相互协作增加基础知识"。研讨会是在 EC FP 6 SSA 计划"自然危险评估（NaRAs）"框架下组织的。来自 8 个欧洲国家（法国、德国、希腊、冰岛、意大利、葡萄牙、瑞士、土耳其）、美国、日本和台湾地区的与会研究人员一致同意一项提交给欧洲委员会的建议，建议强调了地震预警完全应用于社会需求仍然没有解决的基础问题，并请求将来继续召集与地震预警方法有关的的研讨会。

本书主要基于在这次研讨会上提交的文章。考虑到收集所有这些文章需要花费较长时间，这些文章已经得到更新。这些文章最终完成是在 2006 年末。

Hiroo Kanamori 的简短评述指出了地震预警自动地应用于实时减灾的主要问题。

地震预警的一个基本问题是发展实时算法，用于快速确定地震震源参数和估计它们的可靠性。所包括的问题有实时事件检测和定位、实时断层成像以及基于强震数据、现代地震台阵技术和能量震级的概念快速测定震级 / 地震矩的新方法。能量震级的概念对于估计巨大地震的大小极其有用。科学的和技术的挑战是在 P 波到达后仅几秒时间内获取这种信息。经典的地震处理工具仍需要较长一段地震图，因此不适用于此目的。

　　一组五篇文章论述上述问题。特别地，Stefan Nielsen 的文章从理论上讨论了能否从破裂起始阶段激发的地震波得到关于地震大小的可靠信息。Richard Allen 的文章讨论了基于对初始 P 波处理预测不同场点地面运动的 ElarmS 系统。Aldo Zollo 和 Maria Lancieri 使用地震数据库模拟在意大利坎帕尼亚（Campania）Apennines 实现的地震预警系统实时确定震级。他们认定测定的参数与矩震级稳健相关。Maren Bose 等人介绍了他们发展并应用于伊斯坦布尔（Istanbul）的 PreSEIS（震前震动）方法。此方法基于人工神经网络，和现地型预警方法一样快，这是因为此方法结合了来自大约 100km 孔径的小地震子网内几个传感器的信息，从最初几秒的地震记录中估计震源参数。Satriano 等提出了基于等时差公式和概率方法进行实时定位的逐渐演化法。

　　除了发展适当的实时算法，至关重要的是发展一个策略，用于不仅给灾害管理部门，而且给公民保护、政治、媒体、科学和公众等各个感兴趣的方面传递所获得的地震信息。然而，此任务中涉及的预警时间可能达到数分钟、数十分钟或者更长。虚拟地震学家的构想对于紧急计划者具有特别重要性，虚拟地震学家用先前存在的信息估计并可能减少震源参数确定中的不确定性，特别是从震源参数信息推断出对灾害管理的具体决策支持，如 Georgia Cua 和 Thomas Heaton 论文中讨论的那样。

　　逐渐演化法和虚拟地震学家概念对于在地震之后数秒和数分钟之内提供连续更新的实时警报图和预测震动图以及几分钟内提供实测的地面震动是非常有用的。如 Vincenzo Convertito 等人讨论的那样，发展适当的衰减算法对于在这些图件中还考虑场点校正是关键。对于多个情景，灾难性地震发生前预期的地面运动图对于设计结构体减震措施以及对于一旦地震发生之后快速进行图件校正是有用信息。在 Jean Virieux 等人的文章中讨论了地面响应的三维模拟以及优化概率方法所需的关键参数。

地震预警系统是相当一部分建筑物结构有缺陷的城市地区的有效工具。在震源区清晰已知且足够远的情况下，人们可以通过电台、电视等接收警报，可停止关键设施和进程的运行。在只有几秒的很短预警时间的情况下，使火车慢下来、将交通信号灯变为红灯、关掉燃气和油管的阀门、使核电站紧急停堆等仍然是可能的。预警系统也能够用于给需要快速响应的人们发出警报。一个典型的例子是发送所谓的水警，也就是给那些生活在大坝下游的人们发出警报。预警系统对于一些设施和进程，例如核电站、高速列车、煤气总管和高速公路是有用的，对于这些设施和进程，快速响应可以帮助减少地震危险。

除了这些直接的用途，预警系统的进一步发展可能包括实现与基础设施的半主动接口，它可以将预警信息用于实时减灾。例如，日本的建筑公司正在发展具有半主动控制系统的建筑物。建筑物可以在几秒钟内改变它们的机械性质，以更好地承受地面运动。正如 Grasso 和 Iervolino 等人在文章中讨论的那样，实现这种"几秒工程"需要谨慎评估误报或谎报以及漏报的概率，Iervolino 等人的第二篇文章就减少地震危险的基于性能的地震工程讨论了几个实时的工程应用。

本书的最后一部分描述了四个已在运行的不同地震预警系统。

世界上第一个运行的地震预警系统是 UrEDAS（紧急地震探测和警报系统），它是为保护日本各段快速铁路系统而建设的。地震预警源于 J.F. Cooper 在 1868 年的想法，在 Nakamura 和 Saita 的文章中介绍了地震预警系统的历史、UrEDAS 的发展及其表现。Nakamura 和 Saita 还介绍了用于现地型预警的便携式设备。

Wu 的文章中描述的台湾地区实现的预警系统是区域系统，能在地震发生后 22s 发布警报，对于距离震中 100km 以上的地区可以有 10s 以上的前导时间，应用新的处理方法预计可以将处理时间减少到大约 10s，"盲区"减少到大约 25km。

罗马尼亚实现的地震预警系统主要用来保护布加勒斯特（Bucharest）和一些工业结构免受源自 Vrancea 地区中等深度地震的破坏。一些地震活动特性（例如固定的震中、稳定的辐射花样）以及震中地区和首都之间的视距连接允许设计一个简单的、稳健的系统，目前正在测试用来保护核电站，正如 Marmureanu 等人的文章中介绍的那样。

Weber 等人的文章描述了第四个地震预警系统，它是在意大利南部坎帕尼亚区 Apennines 实现的，沿着曾是 20 世纪很多强烈地壳地震（最近的一次发生在 1980 年）发源地的断层系布设。它是一个当地的网络，向那不勒斯市广播预警信号，是和坎帕尼亚地方当局的公民保护系统一起开发的。

本书中描述的地震预警系统并没有包括所有存在并运行的系统。为了完整，至少两个预警系统在 Iunio Iervolino、Gaetano Manfredi 和 Edoardo Cosenza 的工程应用评述文章中予以介绍，这两个系统是用于保护墨西哥城（Mexico City）的区域系统和为保护立陶宛 Ignalina 的核电站设计的当地系统。

墨西哥城的地震警报系统（SAS）是一个用于大地震的 EEWS，

这些大地震很有可能在墨西哥城引起灾害，其震源在距墨西哥城约 320km 的太平洋沿岸消减带。预警时间在 58~74s 间变化。从台站接收到的信息被自动处理以确定震级，并用于决定是否发布一个公共警报。用于用户的电台警报系统通过商业电台和声音警报装置传播地震早期声音警报给墨西哥城的居民、公共学校、政府紧急响应机构、关键的公共事业、公共运输机构和一些工厂。在交通高峰时间，警报系统可以覆盖大约 440 万人口。

用于立陶宛 Ignalina 核电站的地震警报系统设计用来检测潜在的破坏性地震并在剪切波到达反应堆之前提供警报。在距离核电站 30km 的地方安装了 6 个 SAS 台站，形成一个台阵，就像是拦截地震的"栅栏"。发生在栅栏之外的地震，在反应堆"感觉"到之前约 4s 被检测到。插入控制棒需要的时间是 2s。可能的是，在地震到达之前反应堆可以停下来。目前，SAS 只能发出警报信号。

在 Kanamori 的评述中简要讨论了地震预警信息实际应用的几个最近的实例。

我们希望本书的内容能令人信服地说明，实现一个有效的地震预警系统在科学上和技术上是可行的。然而，为了真正有效，任何预警系统必须包括三部分：

- 科学—技术部分，它提供关于即将到来的极端事件的信息；
- 决策部分，它发布警报；
- 响应部分，它保证对警报有充分的响应。

目前，预警链条上主要问题的发生是这些不同部分之间交互作用不充分的结果，地震预警尤其如此。即使当预警必需的技术手段，例如地震仪器、计算机化的系统和通讯都已到位，它们服务于灾害管理和决策者需要的能力还只不过是刚刚得到初步开发。

我们和科学界的大多数人有一个共同的感受，就是"最终用户"，例如公民保护组织、工厂和公共管理者，由于他们预见到激活地震预警链条上的第二和第三部分的复杂性，故对科学界发出的挑战反应非常谨慎。事实上，为了有效增强恢复力，向生活在"受保护"地区的公众和官员提供正确的信息和教育是必需的。

再者，科学家、管理者和公众密切的交互作用是充分利用科技的发展，从而让人们以可接受的危险程度继续生活在易受自然灾害地区的途径。

保罗·盖斯帕里尼

盖伊塔诺·曼弗雷迪

约亨·斯高

目　录

第1章 实时减轻地震灾害的措施

Hiroo Kanamori

加州理工学院地震实验室，美国加利福尼亚州帕萨迪娜
(Seismological Laboratory, California Institute of Technology Pasadena, CA, USA)

摘要

讨论了对实时地震信息和预警方法应用于减轻地震危险的看法，讨论了一系列的应用和最新获得的结果，概述了与方法实现相关的主要地震学问题。

1.1 引言

实时减轻地震灾害指这样一种实践，即大地震之后我们立刻测定地震的震源参数和估计震动强度分布，并将这些信息发布给不同的用户。用户包括设施紧急服务、公用事业公司（电力、水、气、电话等）、交通部门、媒体以及公众。这些信息对于减少破坏性地震对社会的影响是有用的。

大多数情况下，处理地震数据需要花费数分钟到数小时的时间，当地震信息传递给用户时，灾害可能早已在用户所处的位置发生了。这种情况下，地震信息称为震后信息。震后信息对于受灾地区有序恢复工作是重要的。

与之相对的是，如果数据的处理和信息的传送能够非常快速（即在10s 以内），地震信息能够在震动发生之前到达一些地点。这种情况下，地震信息称为"地震预警"（EEW）。地震预警的概念已经提出 100 多年，但是因为技术和实现的困难，这个概念直到最近才被付诸实践。日

本在 20 世纪 60 年代已经实现了一个与高速子弹头列车（新干线）相结合的预警系统，此系统能够在附近发生一个大地震之后预测随之到来的地面震动。之后又将此系统扩展为 UrEDAS（紧急地震探测和警报系统）（Nakamura, 1988; Nakamura and Saita, 2007; 见本书第 13 章），由此导致了更通用的地震预警方法的发展。

1.2 震后信息和地震预警

震后信息通常是由各种组织发布的，例如美国地质调查局（U.S. Geological Survey，USGS）和日本气象厅（Japan Meteorological Agency，JMA），并且被广泛地应用。在美国加利福尼亚，向多种用户发布震后信息的计划开始于 20 世纪 90 年代。这个计划叫做 CUBE（Caltech-USGS Broadcast of Earthquakes），目标不仅是发布地震信息，还在于信息发布者（例如大学和政府机构）和用户之间能够更好地交流。震动图（ShakeMap）继承了这种精神（Wald et al., 1999，图 1.1），ShakeMap 是显示地面运动参数分布的图件，能够在大地震之后的几分钟到 1 小时内自动地产出。现在，ShakeMap 已经被 USGS 和其他机构广泛地应用，作为灾害性地震发生之后采取紧急措施的基础信息。为了使这类信息有用，在提供者和用户之间密切的交互就显得很重要。单向通信方式仅具有有限的用途。在 CUBE 项目中，通过定期举行会议促进这种交流。在定期举行的会议上讨论如何有效利用实时地震信息以及发生大地震时用户的反馈。用户反馈涉及如何准确地、快速地和高效地将地震信息发送给用户以及这些信息是如何实际应用于紧急响应的。来自用户的反馈对于 CUBE 的发展极其重要。

现代地震学的应用、信息处理和遥测技术在近年来的快速发展使得有可能在大地震之后几秒内产出以往要几分钟才能产出的信息，这一进步使得地震预警成为了一个实际可行的目标。到目前为止，地震预警系统已经应用在了日本（新干线）、墨西哥和台湾地区。在日本，日本气象厅、铁路技术研究所（Railway Technical Research Institute）、国立地球科学和防灾研究所（National Research Institute for Earth Science and Disaster Prevention，NIED）在 21 世纪发展了有关地震预警的多种方法（Horiuchi et al., 2005; Tsukada et al., 2004; Nakamura and Saita, 2007。见

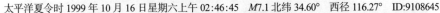

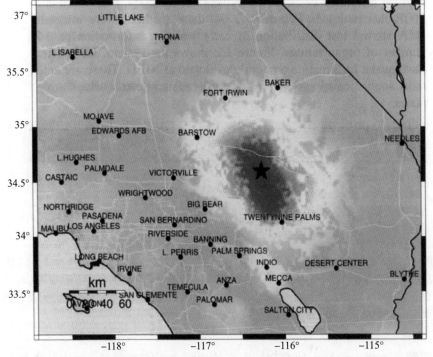

基于 TriNet 数据所做的 Hector Mine 地震的震动图

基于 TriNet 数据所做的 Hector Mine 地震的快速仪器烈度图

太平洋夏令时 1999 年 10 月 16 日星期六上午 02:46:45 M7.1 北纬 34.60° 西径 116.27° ID:9108645

处理日期：太平洋标准时间 2000 年 11 月 1 日 星期三下午 10:00:49

震动感觉	无感	微弱	较轻	中度	强烈	非常强烈	严重	猛烈	极度猛烈
潜在破坏	无	无	无	轻微	较轻	中度	中度到严重	严重	非常严重
峰值地动加速度 (%g)	<0.17	0.17~1.4	1.4~3.9	3.9~9.2	9.2~18	18~34	34~65	65~124	>124
峰值地动速度 (cm/s)	<0.1	0.1~1.1	1.1~3.4	3.4~8.1	8.1~16	16~31	31~60	60~116	>116
仪器烈度	I	II ~ III	IV	V	VI	VII	VIII	IX	X+

图 1.1 1999 年 Hector Mine 地震（M_w=7.1，美国加利福尼亚）的震动图
显示了由观测的地面运动自动计算的仪器烈度分布，通常地震后几分钟到 1 小时之内分发给用户

本书第 13 章）。在 2004 年 2 月，这些方法被整合在一起，日本气象厅试验将预警信息分发给有限数量的组织。图 1.2 展示了 REIS（实时地震信息系统）。这一系统是由 NIED 开发的，它是为一般的地震预警目的而设计的最复杂系统之一。

目前，研究集中于怎样更好地利用这些系统产出的预警信息。对于

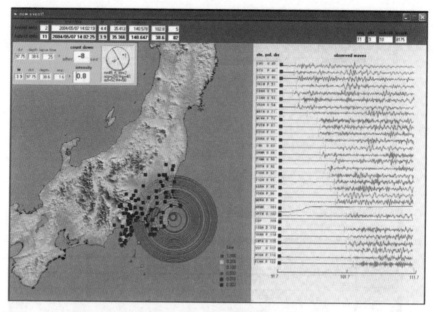

图 1.2 这张图片是 Boso 近海发生的一次地震后由 REIS 系统产出的。图中显示了从震中开始的地震波波前的传播。仪器接收点的估计震级、烈度和强地面运动到达时间也显示出来。图的右边显示不同台站的地震图。用户能够知道什么时候会开始强烈的震动（承蒙 S. Horiuchi 博士同意）

震源尺度较大的特大地震和近距离的地震（小于 30km），这些系统表现怎样仍然未知，但它仍然将公众的注意力吸引到地震预警的实际应用上。例如，名古屋大学（Nagoya University）的一个研究小组正在积极进行关于预警信息实际应用的跨学科研究。由地震学家、工程师、社会学家以及紧急情况管理部门参与的跨学科研究对于将来地震预警信息的成功发布是至关重要的。

1.3 实现及其相关问题

下面，我们列举了一些近些年实际应用预警信息的例子。

UrEDAS 长时间以来用于大地震后控制日本新干线列车的速度。在最近的 Chuetsu 地震（2004 年 10 月 23 日，M_w=6.6）中，一个位于震中区的 UrEDAS 在 P 波到达之后 1 秒钟发出了警报，致使电源被切断，并且使正在震中地区以 200 km/h 运行的列车采取了紧急制动（图 1.3，Nakamura

2005）。在这次事件中，列车几秒钟之后脱轨了（没有伤亡），一些媒体做了一些负面报道，认为预警失败了。然而，这种观点并没有抓住要害。在这么短的时间内，预警系统像设想的那样工作，表现优异。预警系统并不试图去阻止出轨，它是设计用来降低列车的速度，以减少强地面运动造成的影响。

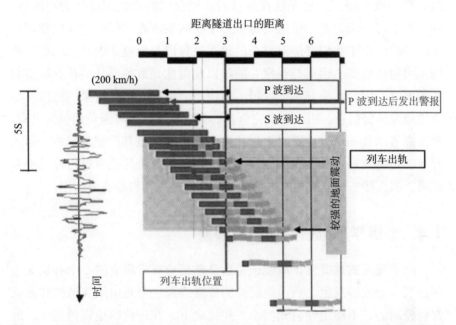

图 1.3　显示 UrEDAS 在 2004 年日本 Chuetsu 地震（M_w=6.6）期间如何工作的示意图绿条显示的是列车的位置，水平轴显示的是距离隧道出口的距离，垂直轴是时间。沿着垂直轴显示列车附近一个测点的地震图，指示地面运动。P 波到达之后 1 秒钟发送了警报。这时地面运动不是很强烈，在最大地面运动来临前还有数秒的时间。脱轨的列车用粉色表示。（承蒙 Y. Nakamura 博士同意）

Motosaka 等（2006）报告了一个在日本仙台（Sendai）的一所小学进行的实验，练习对于日本气象厅发布的地震预警信息的紧急响应措施。在仙台地区，大约每 30 年在近海发生一次 7 级地震（Miyagi-Oki 地震）是众所周知的。Motosaka 等（2006）解释了地震预警信息对于近海大地震带来的益处。

Kanda 等（2006）报告了日本气象厅的预警系统在横滨（Yokohama）高层建筑建设中的应用。为了建筑工人的安全，一旦收到预警信息，工人们被立刻告知即将发生强地面运动的可能性，他们可以采用适当的安全措施，例如把电梯停止在最近的楼层，将塔式起重机放置在安全的位置。

除了多个技术议题，预警系统整体的可靠性、误报和漏报的影响以及与之关联的责任都是正被热烈讨论的议题。无需说这些议题是重要的，但是现在没有很多预警系统在运行着，完全理解它的用途还有点困难。在这点上可能最重要的是通过测试多个实时系统在实际中的应用积累更多的经验。由于我们要应对复杂的地震过程以及更复杂的社会问题，我们不可避免地要去面对与误报、漏报以及由此导致的混乱的社会反应相关的困难。因此，最好是从误报、漏报不会引起灾难性后果的地区开始应用地震预警信息。引入一个完全新的概念和方法不可避免地包含风险。然而，考虑到一个大地震对于现代化大都市地区极其严重的影响，引入有效的短时减轻地震灾害措施是需要的。既然方法的技术可行性已经被证明，那么接下来最重要的事情是开始探索地震预警的有效应用。

1.4 地震学基础研究与地震预警

除了现实的重要性，地震预警还是基础地震学研究的一个有意义主题。当一个地震发生之后，地震波的传播进程主要是由地壳结构和波动方程控制的，不确定性会相当小。相比之下，在传统的地震预测中，地震的孕育发展过程是由很多因素控制的，例如应力分布、强度、地壳不同部分的相互作用等等，预测不可避免是很不确定的。在地震预警中，如果能在地震发生的初期准确地测定位移场，就能够应用波动方程和已知（至少是大约地）的地壳结构准确地估计它将来的发展。为了使用这种方法进行有效处理，我们需要广泛地研究地震的物理学以及地震波在三维不均匀介质中的传播。因此，地震预警问题不仅是一个重要的实际应用问题，而且是一个有意义的科学问题。地震预警是为数不多的能够获得相对准确的短期预测的问题之一。在绝大多数地震学问题中，由于涉及很多不确定的因素，准确的短期预测是困难的。

参考文献

Horiuchi S, Negishi H, Abe K, Kamimura A, Fujinawa Y (2005) An Automatic Processing System for Broadcasting Earthquake Alarms. Bull Seism Soc Amer 95; 708~718

Kanda K, Nasu T, Miyamura M, Kobori T, Takahashi M, Nagata T, Yamaya H (2006) Application of earthquake early warning system to construction sites. Proceedings of 4th world conference on structural control and monitoring, UC, San Diego, 11~13 July 2006

Kikuchi M (2003) Real-time Seismology. University of Tokyo Press, 222

Motosaka M, Fujinawa Y, Yamaguchi K, Kusano N, Iwasaki T, Satake A (2006) Application of early warning system for disaster prevention in schools using real-time earthquake information. Proceedings of the 8th U.S. National Conference on Earthquake Engineering, April 18~22, 2006, San Francisco, California, USA, paper no. 719

Nakamura Y (1988) On the urgent earthquake detection and alarm system (UrEDAS). Presented at Ninth World Conf. Earthq. Eng., Tokyo

Nakamura Y (2005) Earthquake early warning and derailment of Shinkansen train at the 2004 Niigataken-Chuetsu earthquake (in Japanese). Proceedings of Earthquake Engineering Symposium of the Japanese Society of Civil Engineers, August 23, 2005, paper no. 115

Nakamura Y, Saita J (2007) UrEDAS, the Earthquake Warning System: Today and Tomorrow. In: Gasparini P, Manfredi G, Zschau J (eds) Earthquake Early Warning Systems. Springer

Tsukada S, Odaka T, Ashiya K, Ohtake K, Zozaka D (2004) Analysis of the envelope waveform of the initial part of P-waves and its application to quickly estimating the epicentral distance and magnitude. Zisin 56: 351~361

Wald DJ, Quitoriano V, Heaton TH, Kanamori H, Scrivner CW, Worden CB (1999) TriNet "ShakeMaps": Rapid generation of peak ground motion and intensity maps for earthquakes in southern California. Earthquake Spectra 15: 537~55

第2章　破裂的初始几秒能否控制地震的大小

Stefan Nielsen

国家地球物理和火山研究所，意大利罗马
(Istituto Nazionale di Geofisica e Vulcanologia, Roma)

摘要

从地震图的初始几秒得到的、因而仅仅取决于地震破裂初始阶段的优势周期 T_p 似乎与地震的最终大小成正比，这是一个存在争论的问题。对于观测到的比例关系，我们提供了一个物理解释，并且解释了地震最终的大小是怎样被破裂的初始阶段控制的。

2.1　引言

初始的小破裂继续扩展并演变成一个大地震的概率有多大？地震破裂的扩展或者停止最终是被摩擦作用与弹性应力作用之间达到能量平衡控制的（Aki，1979）。尽管这个观点很简单，但问题却并不如此简单：它表明在给定的初始条件下，这种平衡强烈地依赖破裂的过程和形态。特别地，破裂的传播是以一个大断裂的形式，或者大小可变的破裂脉冲的形式，所产生的能流本质上是不同的（Nielsen and Madariaga，2003）。地震障碍体的强度能够用摩擦参数和应力确定，但是它阻止破裂的能力，决定性地取决于破裂脉冲的动态特性，特别是依赖它的特征长度 Λ（或者就断裂而言，是它的半径）。结果是，开始的破裂继续扩展的可能性依赖破裂脉冲的大小 Λ。对于平均破裂扩展速度 v_r，上升时间定义为 $T_r \approx$

Λ / v_r，因此，继续扩展的可能性将取决于上升时间。优势周期 T_p 能够从地震图中得到，这也一直存在争议。尽管 T_p 是从地震图的初始几秒得到的，它仅仅依赖破裂的最初阶段，但是它看起来和地震最终大小成正比（Allen and Kanamori, 2003；Olson and Allen, 2005）。这个令人好奇的结果立刻引发一个因果性问题：对于地震大小的这种表象上的预先确定，需要找到一个物理的正当理由。我们认为 T_p 是和上升时间 T_r 联系的，并将用 T_r 说明破裂的最初阶段怎么会影响破裂最终大小。

2.2 问题的表述

地震预警研究的范畴是尽可能在潜在的破坏性事件之前采取行动。应该尽可能快地测定地震的大小，以触发一个适当的反应，并减少为成功确定地震的最终大小所需要的仅几秒的延迟，甚至在破裂扩展结束之前便能成功确定。注意，我们不是在讨论慢的、准静态成核阶段的性质，而是讨论动态破裂加速和发展的早期阶段。

一个地震在时间 t_0，在一个断层上被触发。在时间 t_1，破裂已经传播到有限的面积 A（图 2.1），在时间 t_3，在断层邻区辐射的波场被一个或多个地震仪捕捉到。在时间 t_1 的破裂（以及在时间 t_3 记录的波场）的特性，承载着关于破裂可能会继续扩展直至达到最终大小 B 的信息吗？如果回答是肯定的，那么破裂的哪个物理模型与这样的表述一致？

2.3 破裂、障碍体和能量的概念

一个地震可能继续传播的概率 Π_p 是和破裂停止的概率 Π_s 互补的，也就是 $\Pi_p = 1 - \Pi_s$。换句话说，我们不得不研究地震破裂的停止动力学，以理解什么机制能够控制破裂最终大小。当破裂遇到足够强大的障碍体时，破裂扩展就会停止，因此第一步是将障碍体强度量化。

就能量平衡而言，应该定义相对障碍体强度。就破裂能量来说，已经有几个经典的研究探讨破裂的扩展或阻止问题。这个概念最初是 Griffith（1921）提出的，在当时是用于描述一个静态破裂变为不稳定和开始扩展的条件。后来这个概念发展为描述更复杂的情况，包括动态传播的几种情况。在所有情况下，这个问题实质上被描述成一方面是加载条件或破裂驱动力，另一方面是破裂进程或者产生新破裂面（破裂能量）造成的、要阻止破裂扩展所耗散的能量这两者之间的平衡。当加载足以克服能量耗散时，破裂会传播，否则它将停止。一个非凡的观点是，全部可得到的破裂驱动力不仅取决于远处施加的负载，而且依赖破裂的几何形状和尺度，特别是先前存在的破裂大小。

使地震停止的障碍体是具有特征的，例如，Bouchon（1979）和 Aki（1974）对于 1966 年 Parkfiled 地震的开拓性研究，曾给出了那些障碍体的特征。Aki 的研究工作建立在早期 Barenblat（1959）和 Ida（1973）的理论工作之上，他们将破裂能量描述为一个有限的、在扩展破裂周围发生的内聚性地带内发生的耗散过程。

内聚性地带的大小 d 控制着破裂末端应力的大小，因而控制应力强度因子 K（单位为 $Pa \cdot m^{-2}$）和破裂能量（通常记为 G，单位为 $J \cdot m^{-2}$）。耗散的能量 G 能作为内聚性地带内部摩擦反抗滑动所做的功，由另一个长度——特征长度滑动距离 δ_c 来标度。

首先将回顾能定义简单破裂模式扩展期间能流的那些主要关系，并讨论破裂能量的两个独立估计间的区别。一方面，我们可以定义 G_e 为流入到破裂末端的能量。G_e 等于储存在破裂末端邻区的弹性能量中在破裂前进一个单位长度时被吸收的那一有限部分能量。尽管 G_e 通常和破裂末端周围的小区域有关，但它依赖先前破裂面上的整个滑动过程提供的负载，因此不能先验地基于当地断层特征来确定它。另一方面，耗散的能量 G_w 可以定义为在滑动的初始弱化阶段反抗剩余摩擦做的功，原则上仅依

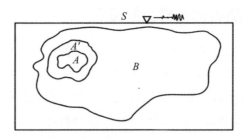

图 2.1 地震产生断层过程和因果问题的示意图

假设在震源区，在时间 t_a，破裂扩展到区域 A，并继续扩展。在时间 t_a 由 A 产生的辐射在时间 t_b > t_a 时到达了接收点 S。在时间 t_b 震源区扩展到一个更大的区域 A' 并继续扩展。然而，在时间 t_b 到达 S 的信号，仅包含早期破裂区 A 的信息；信号并没有受 A' 的影响，更不会受更大的区域 B 的影响。B 区的辐射会在晚些时候到达 S。于是问题是：在初始破裂区域 A 的震源性质是否会影响破裂继续扩展到达 B 的概率？如果是这样，那么能在时间 t_b 到达 S 的早期辐射场中识别出这种性质吗

赖局部的摩擦参数。很明显，动态破裂过程满足能量平衡的条件，因此可得到的能量 G_e 和耗散的能量 G_w 在破裂扩展期间是一致的。

2.4　定义并量化破裂能量

让我们首先基于反抗剩余摩擦做的功定义耗散能量 G_w，在滑动初始弱化阶段原则上仅取决于局部的摩擦参数：

$$G_w(x) = \int_0^{D_c} (\tau_f(x, \delta) - \tau_r(x)) \, \mathrm{d}\delta = \int_0^t \dot{\delta}(x, t') \, (\tau_f(x, t') - \tau_r(x)) \, \mathrm{d}t' \qquad (2.1)$$

这里 δ 和 $\dot{\delta}$ 为滑动和滑动率，τ_w 为滑动期间断层上的摩擦，τ_r 是滑动期间松弛后的摩擦（或者最低水平）。通常，我们能够把 G_w 积分表示为摩擦曲线初始部分下的面积。对于简化的滑动弱化行为，就像 Ida 定义的那样，在峰值应力 τ_y 和松弛应力 τ_r 间，摩擦是线性下降的。耗散减少到：

$$G_w = \frac{1}{2} D_c (\tau_y - \tau_r)$$

现在，来说明怎样能代之以基于破裂历程来估计耗散能量 G_e。在有些情况下，先前滑动历程的知识能够用于计算破裂末端邻区的应力，并得到应力强度因子 K，由此又能得到每前进一个单位长度时破裂末端的能流 G。如果我们仅考虑剪切破裂（不是破裂张开），我们可能有垂直于平面和平面内的运动（分别是模式Ⅲ和模式Ⅱ），两个强度因子定义为：

$$K_{\text{Ⅲ}} = \lim_{r \to 0} \sqrt{2\pi r} \, \tau \perp (r) \qquad (2.2)$$

$$K_{\text{Ⅱ}} = \lim_{r \to 0} \sqrt{2\pi r} \, \tau /\!/ (r) \qquad (2.3)$$

这里 r 是破裂末端前的距离，τ 是破裂面内的剪切力部分，或者平行（$/\!/$）或者垂直（$\perp$）于滑动方向。于是，据 Irwin（1957），对于一个准静态破裂，能流能够写成：

$$G_e = (1-v) \frac{K_{\text{Ⅱ}}^2}{2\mu} + \frac{K_{\text{Ⅲ}}^2}{2\mu}$$

这里 μ 是剪切刚度，v 是泊松比。当破裂传播的速度不低时，应引入附加项说明动态传播。对于一个以恒定速度扩展的破裂，能够从分析上评估附加的动态项，于是可写成：

$$G_e = (1-v)\frac{K_{\text{II}}^2}{2\mu}Y_{\text{II}}\frac{v_r}{\alpha} + \frac{K_{\text{III}}^2}{2\mu}Y_{\text{III}}\frac{v_r}{\beta} \tag{2.4}$$

Broberg（1999）称 Y_{II} 和 Y_{III} 为 Yoffe 函数，以纪念定义 Y_{I} 的开创性研究（Yoffe, 1951）。一个稍作修改的 Yoffe 函数式称为 $F(v_r)$，是 Freund（1979）和 Rice（2005）提出的。Yoffe 函数仅依赖破裂速度和地震波传播速度的比值（无量纲），因此，无论破裂是一个扩展的破裂、一个稳态的自我修复的脉冲、一个自我修复自相似的脉冲或者一个具有更复杂历程的破裂，这个比值都保持相同。

$$Y_{\text{II}} = \frac{2B(1-B^2)\gamma_\alpha^2 \sqrt{B^2 - \gamma_\alpha^2}}{4B^3\sqrt{1-\gamma_\alpha^2}\sqrt{B^2-\gamma_\alpha^2} - (2B^2 - \gamma_\alpha^2)^2} \tag{2.5}$$

对于次音速（$v_r < v_{Rayleigh}$）和音速内（$\beta < v_r < \alpha$）破裂

$$Y_{\text{II}} = \frac{2B(1-B^2)\gamma_\alpha^2 \sqrt{B^2-\gamma_\alpha^2}}{(\gamma_\alpha^2 - 2B^2)^2\sqrt{1+\dfrac{16(1-\gamma_\alpha^2)(B^2-\gamma_\alpha^2)B^6}{(\gamma_\alpha^2 - 2B^2)^4}}} \tag{2.6}$$

公式中 $B = \dfrac{\beta}{\alpha}$，$\gamma_\alpha = \dfrac{v_r}{\alpha}$。垂直于平面的函数产生更简单的表达式：

$$Y_{\text{III}} = \frac{1}{\sqrt{1 - \dfrac{v_r^2}{\beta^2}}} \tag{2.7}$$

尽管 $Y(.)$ 仅依赖破裂速度，但是应力强度因子 $K(.)$ 对于不同的破裂类型和历程变化很大，对能流有很大影响。

例如，对于模式Ⅲ的破裂，我们可以比较应力强度函数，对于已知解析表达式的一些特殊情况，可以由式（2.2）得到。对于长度为 Λ 的稳态脉冲：

$$K_{\text{III}} = (\tau_0 - \tau_r)\sqrt{2\pi\Lambda}$$

对于一个扩展的、破裂半径已经到达 Λ 的自相似破裂（即 $\Lambda = tv_r$）：

$$K_{\text{III}} = \frac{\sqrt{1 - \dfrac{v_r^2}{\beta^2}}}{E(1 - \dfrac{v_r^2}{\beta^2})}(\tau_0 - \tau_r)\sqrt{2\pi\Lambda}$$

这里 $E(.)$ 是第二类完整椭圆积分，最后，对于一个扩展的、已经达到长度 Λ 的自相似脉冲（即 $\Lambda = t(v_r - v_h)$）：

$$K_{\mathrm{III}} = \frac{\sqrt{\phi}\sqrt{\frac{\beta}{v_r}}(\tau_0-\tau_r)\sqrt{2\pi\Lambda}}{4\left(1-\frac{v_h}{v_r}\right)\left(F\left(\frac{\lambda}{\phi}\right)-\Pi\left(\frac{1+\frac{v_r}{\beta}}{1-\frac{v_r}{\beta}},\frac{\lambda}{\phi}\right)+2\sqrt{\frac{\beta\phi}{v_r}}E\left(\frac{\lambda}{\phi}\right)\right)}$$

这里，为了清晰，引入两个符号

$$\phi = (1+\frac{\beta}{v_h})(\frac{\beta}{v_r}-1)$$

$$\lambda = (\frac{\beta}{v_h}-1)(1+\frac{\beta}{v_r})$$

正如以上所见，应力强度因子取决于破裂速度和修复前锋速度，如果存在修复的话（在稳态脉冲情况下，破裂速度并不明显地在以上的 K 表达式中出现，而是仅当使用最终滑动代替应力降来写 K 表达式时，才会出现破裂速度。（Freund, 1979）。

尽管以上的例子仅涉及有限的一组破裂模式，但它们的性质可以应用到所有的破裂类型；在所有情况下，应力强度是和有效滑动破裂的大小 Λ 的平方根成正比，因此，能流 G 和 Λ 成正比，我们可以写为：

$$G_e = \psi\left\{\frac{vr}{\beta},\frac{vr}{\alpha},\frac{vh}{\beta}\right\}\frac{\pi(\tau_0-\tau_r)^2}{\mu}\Lambda \qquad (2.8)$$

尽管 φ 的函数形式随着破裂形态变化，但是 G_e 依赖应力降的平方 $(\tau_0-\tau_r)^2$ 和有效破裂长度却是相同的，即使对于没有类似解析式的复杂破裂过程也是如此。然而，重要的是，式（2.8）中的 Λ 描述了有效滑动破裂（破裂脉冲）的长度，而非破裂扩展的长度（注意，对于断裂似的破裂，这两个长度是相同的）。

就像 Nielsen 和 Madariaga（2003）表达的那样，破裂踪迹中扩展修复前锋的存在修正了能流和传播速度的关系，为破裂前锋减慢时停止破裂提供了一个自锁机制。Nielsen 和 Madariaga（2003）的答案对应于一个自相似的扩展脉冲，这是在触发修复前锋的条件下自然发展的一种破裂形态。这样的条件包括摩擦定律中存在适度的速率减弱行为。

Yoffe（1951）、Freund（1979）、Rice（2005）、Dunham 和 Archuleta

（2005）描述了定长的稳态破裂脉冲。Heaton（1990）还讨论了地震断层中各自修复破裂脉冲的关联，表明几个大地震的运动学反演推断出系统性的较短起始时间 T_r。除了 Dunham 和 Archuleta（2005）描述的声速间破裂速度情况，稳态解的性质是这样的，即破裂周围的运动学波场保持不变：这预示着没有辐射动能。结果是，能量平衡被大大简化，能流减少达到局部平衡，能量耗散简单地是动态应力降与滑动的乘积。实际上，破裂传播的全局能量平衡可以写为：

$$\int_T\int_\Gamma \tau_0(x)\dot\delta(x,t)\mathrm{d}x\mathrm{d}t = \int_T\int_\Gamma \tau_f(x,t)\dot\delta(x,t)\mathrm{d}x\mathrm{d}t + \int_T\int_V w_{ksg}(x)\mathrm{d}v\mathrm{d}t$$

这里 Γ 是断层面，w_{ksg} 是破裂产生的影响断层周围体积 V 的动能、应变能和重力能的组合。另外，$\delta(x)$ 是点 x 处的滑动，τ_0 是断层上的初始剪应力（预应力），τ_f 是摩擦应力。左边项是初始载荷 τ_0 对断裂做的功 W，而右边第一项描述摩擦力做的功。如果我们引入松弛摩擦应力 τ_r，不同的项可以重新分组，以显性显示破裂能：

$$\begin{aligned}\int_T\int_\Gamma \tau_0(x)\dot\delta(x,t)\mathrm{d}x\mathrm{d}t = &\int_T\int_\Gamma \dot\delta(x,t)(\tau_f(x,t)-\tau_r(x))\mathrm{d}x\mathrm{d}t\\ &+\int_T\int_\Gamma \dot\delta(x,t)\tau_r(x)\mathrm{d}x\mathrm{d}t\\ &+\int_T\int_V \omega(x,t)\mathrm{d}v\mathrm{d}t\end{aligned}\qquad(2.9)$$

我们可识别出等式的左边是式（2.1）中定义的破裂发展时的耗散能 G_w（破裂能）。等式的右边，第一项是预应力 τ_0 做的功 W，第二项对应于转化为摩擦热量 Q 的耗散能。对时间积分，我们可以写为：

$$\int_\Gamma G_w(x)\mathrm{d}x = \int_\Gamma (W(x)-Q(x))\mathrm{d}x - \int_V \Omega(x)\mathrm{d}v \qquad(2.10)$$

在次音速、稳态脉冲情况下，体积能 Ω 的变化消失（破裂周围的动能、应变能或重力能都没有变化，只是稳态场）。在这种情况下，关于 Γ 的任意小子集，等式得到验证，因此我们可以去掉面积分。$G_w = G_e$ 的要求是稳态传播需要的，因此式（2.10）简化为

$$G_w(x)=G_e(x)=\delta_{final}(x)(\tau_0(x)-\tau_f(x)) \qquad(2.11)$$

对于非稳态传播，研究式（2.10）的能量平衡要麻烦得多。实际上，积分的最后一项本质上是非局部的，反映了通过弹性辐射对能量的重新

分配。然而，可以认为，与其他部分相比，Ω 项可以忽略，并且使用式（2.11）（即 Rice 等人（2005）使用的方法），从观测到的地震参数评估地震破裂能。

在任何情况下，使 G_w 等于 G_e 对可能的破裂速度和稳定破裂扩展的延续提供了约束（例如当 K 已知时使式（2.4）和式（2.1）相等）。如果 G_e 大于 G_w，平衡会被加速的破裂扩展恢复。反过来，破裂将会变慢，并最终停下。如果等式没有实解，破裂就不会传播。

2.5　能流、矩率和优势周期

根据式（2.8），一个地震破裂通过一个可能的障碍体继续传播的可能性，不仅取决于断层的相对局部强度，而且取决于动态应力降和从先前的破裂过程得到的有效滑动长度（两个参数可能在地震图的早期阶段一定程度地反映出来）。

对于平均破裂速度 v_r，有效破裂的持时将会是 $T_r = \Lambda/v_r$ 的量级，因此，起始时间 T_r 反映了脉冲长度 Λ，我们可以将式（2.8）重写为

$$G_e = \psi \left\{ \frac{vr}{\beta}, \frac{vr}{\alpha}, \frac{vh}{\beta} \right\} \frac{\pi(\tau_0 - \tau_r)^2}{\mu} T_r v_r \qquad (2.12)$$

具有较大起始时间的破裂会产生低频，并且地震图的早期阶段应该呈现较大的优势周期 T_p，表明具有较大的能流 G_e 供破裂发展。

另外，指出有相对较大初始震源矩率的地震图，也应该是较大能流的征兆。实际上，正如式（2.8）所示，G_e 和破裂传播的概率随动态应力降的平方增大；后者影响断层上的滑动率，增加震源矩率。然而，定标律显示，没有证据表明应力降会随震级而增大，因此这不可能是现实的物理机制。另一方面，如果应力降不会显著变化，较大的 Λ（或者 T_r）会导致较大的活跃滑动区，较大的活跃滑动区也反映出震源矩率增加。的确，如果我们将矩率写为式（2.13）的话：

$$\dot{M}_0 = \int_\Sigma \mu \dot{\delta} d\Sigma \approx \mu \dot{\bar{\delta}} \Lambda \qquad (2.13)$$

例如，对于横跨宽度为 W 的断层、尺度为 Λ 的稳态脉冲（Haskell-type 断层）的情况，有：

$$\dot{M}_0 \approx \mu \dot{\bar{\delta}} \Lambda W$$

但是，对于半径为 $R = v_r t$ 的圆形破裂前锋，活跃区是具有恒定宽度 Λ 的环状脉冲。

$$\dot{M}_0 \approx \mu \dot{\bar{\delta}} 2\pi (2tv_r - \Lambda)\Lambda$$

的确，我们注意到在式（2.13）中的面积 A 并不是最终的破裂面，只是在给定时间的活跃滑动面积（对于脉冲的情况，只是地震总表面的一部分）；由于在破裂脉冲的外部 $\delta = 0$，积分在非活跃区抵消（复原或者还没有破裂的部分）。因此，对于宽度为 W 的断层上的尺度为 Λ 的稳态脉冲，我们可写为：

$$A = W\Lambda$$

而对于环状脉冲，有：

$$A = 2\pi(2tv_r\Lambda - \Lambda^2)$$

对于断裂，

$$\dot{M}_0 \approx \mu \dot{\bar{\delta}} 2\pi t v_r$$

根据经典弹性动力学结果，滑动率渐近值和动态应力降（$\tau_0 - \tau_r$）成正比：

$$\dot{\delta} = Ch(\frac{v_r}{\beta})\,\beta\frac{\tau_0 - \tau_r}{\mu}$$

这里 μ 是剪切刚度，β 是剪切波速度，$h(v_r)$ 是破裂速度 v_r 的无量纲函数，当 $v_r \to \beta$ 时，它的值趋近于 1。C 是一阶几何因子。

最后，以点源 P 波为例，远场位移 u 能概略地写成矩率的函数（为了简单，所有复杂的东西，例如方向效应都被忽略）：

$$u(t,r) = \frac{A^{FP}}{4\pi\alpha^2 r}\dot{M}_0(t - \frac{r}{\alpha})$$

这里 A^{FP} 是辐射花样，α 是 P 波速度，r 是震源到接收器的距离（Aki and Richards, 2002）。

上述四个关系式的直接组合表明，远场位移 u 与活跃破裂长度 Λ 及应力降（$\tau_0 - \tau_r$）成正比。正像早前表述的，破裂能流 G 也与 Λ 及（$\tau_0 - \tau_r$）^{2} 成正比。

由以上的讨论看来，如果平均滑动率是固定的（也就是固定的动态应力降），则矩率应该至少会随着 Λ 增加，与可得到的能流一起变化。因此地震图初始阶段的大振幅预示着大 Λ 或大应力降（$\tau_0 - \tau_r$），或者两者都有，还预示着破裂扩展成大地震的概率增大。矩率和辐射能有关，这应该反映在信号的远场振幅和 / 或周期里。

增加的矩率预示着大的能流 G_e，因此增加了破裂继续扩展的概率。

2.6 关于最终破裂大小的预测性论断

根据式（2.12），初始产生大优势周期和大矩率函数的震源，预示着大的能流有利于破裂传播；大的能流表明破裂更可能继续传播，并形成大震级的地震。注意以上论点仅在概率意义上是有预测意义的，因为断层上的强度分布（$G_w(x)$）是未知的。

可以预先假定断层强度（用 G_w 表征）的一个随机分布 $\rho_w(G)$，并可发布一个概率性论断：具有能流 G_e（从矩率和优势周期估计）的起始破裂，在传播距离 L 内，遭遇大小为 $G_w \geq G_e$、尺度为 $l \geq \Lambda$ 的障碍体。例如，如果在地震断层上 G_w 遵循分片形分布的话。

在区域 L 内，遭遇一个尺度大于 Λ 的"强大"群集的概率 Π_s（$G_w \geq G_e$；$l > \Lambda$，L）可以用渗透理论的标准工具进行估计（Feder, 1992）。初始破裂成长为震源尺度为 L_0 或更大的一个地震的概率是：

$$\Pi(L \geq L_0) = 1 - \Pi_s(G_w \geq G_e, l > \Lambda, L_0)$$

可通过测试对过去地震的区域目录所做的预测性论断来调整上述估计和分布。

参考文献

Aki K (1979) Characterization of barriers on an earthquake fault. J Geophys Res 84: 6140~6148

Aki K, Richards P (2002) Quantitative Seismology. University Science Books

Barenblat GI (1959) The formation of equilibrium cracks during brittle fracture: General ideas and hypothesis, axially symmetric cracks. J Appl Math Mech 23: 434~444

Bouchon M (1979) Predictability of ground displacement and velocity near an earthquake fault: the Parkfield earthquake of 1966. J Geophys Res 84: 6149~6156

Broberg KB (1999) Cracks and Fracture. Academic Press, London

Dunham EM, Archuleta RJ (2005) Near-source ground motion from steady state dynamic rupture pulses. Geophys Res Lett 32: L03302, doi: 10.1029/2004GL021793

Feder (1992) An introduction to fractal geometry. University Press

Freund LB (1979) The mechanics of dynamic shear crack propagation. J Geophys Res 84: 2199~2209

Griffith AA (1921) The phenomena of rupture and flow of solids. Phil Trans Roy Soc London 221: 163~198

Heaton T (1990) Evidence for and implications of self-healing pulses of slip in earthquake rupture. Phys Earth and Planet Int 64: 1~20

Ida Y (1973) Cohesive force across he tip of a longitudinal shear crack and Griffith's specific surface energy. J Geophys Res 77: 3796~3805

Irwin (1957) Analysis of stresses and strains near the end of a crack traversing a plate. Jour Appl Mech Trans ASME 79: 361~364

Nielsen, Madariaga (2003) On the self-healing fracture pulse. Bull Seismol Soc Am

Olson EL, Allen RM (2005) The deterministic nature of earthquake rupture. Nature 438: 212~215, doi: 10.1038/nature04214

Rice JR, Sammis CG, Parsons R (2005) Off-Fault Secondary Failure Induced by a Dynamic Slip Pulse. Bulletin of the Seismological Society of America 95(1): 109134, doi: 10.1785/0120030166

Allen RM, Kanamori H (2003) The Potential for Earthquake Early Warning in Southern California. Science 300: 786~789

Yoffe EH (1951) The moving Griffith crack. Phil Mag 42: 739~750

第3章 地震预警方法ElarmS及在加利福尼亚地区的应用

Richard M.Allen

伯克利加利福尼亚大学
(University of California Berkeley)

摘要

地震警报系统 ElarmS 是一种在地震期间对即将到来的地面震动提供预警的系统。它使用地震仪器台网检测地面的初至 P 波能量，并将包含在小振幅地震波中的信息转化为对后续到来的峰值地面震动的预测。距震中最近的仪器首先检测到地震能量，通过使用地震台网，将这些信息整合到一起，形成描述未来各处地面震动的图件。ElarmS 使用到达的 P 波频率成分估计震级，用到时定位，应用径向衰减关系预测地面震动。数据连续不断地收集，地震危险图每秒都要更新。由于在接近震中处也观测峰值地面震动，这些观测值会被整合，用来评估地震灾害。用这个方法处理了 32 个美国南加州（Southern California）的地震，结果用来评估如果基于现有地震台网实现这样一个系统的话，它的准确性和预警的及时性。如果没有数据传输时间延迟，在 S 波到达震中之前可以得到第一次警报的地震占地震总数的 56%。这时平均的绝对震级误差是 0.44 个震级单位，平均的绝对峰值地动加速度误差（ln(PGApredicted) – ln(PGAobserved)）是 1.08。在 5s 之内，97% 的地震可得到预警，平均震级误差是 0.33 个震级单位，平均 PGA 误差是 1.00。为了进一步评估在美国加利福尼亚（California）实现 ElarmS 的效用，我们确定了美国北加州

（northern California）城市的预警时间概率分布函数。使用加利福尼亚地震概率工作组（the Working Group on California Earthquake Probabilities）（2003）提供的将来可能发生地震的数据，可以估计 ElarmS 所能提供（如果实现的话）的预警时间，并能将预警时间与地震发生概率相关联。发出警报的时刻定义为：在 4 个地震台站各有 4s P 波数据可用的时刻。此时，平均的震级误差是 0.5 个震级单位。预警时间覆盖了从 0s 到 1 分钟的时间范围，最可能的预警时间范围是数秒到数十秒，这和震中位置有关。最大的地震关联最长的预警时间，对于产生最严重破坏性地面震动的地震，旧金山（San Francisco）很可能具有超过 20s 的预警时间。

3.1　引言

目前，美国的地震减灾集中于研究地面震动可能水平及发生频度的长期特征（例如 Frankel et al., 1996）。这些估计值是建筑规范的基础，而建筑规范的目的是为了阻止地震时建筑物倒塌。这个方法对于减少死亡率是很有效的，但对于减少地震的损失却不一定有效。尽管建筑物在地震期间可能不会倒塌，但它们仍然可能遭受最终需要拆毁的结构性破坏。在另外一些国家（地区），包括墨西哥、日本、中国台湾地区和土耳其，除了建筑规范还使用地震预警系统（EWS），以进一步减轻地震的影响（Espinosa Aranda et al., 1995; Wu et al., 1998; Wu and Teng, 2002; Erdik et al., 2003; Odaka et al., 2003; Boese et al., 2004; Kamigaichi, 2004; Nakamura, 2004; Horiuchi et al., 2005; Wu and Kamamori, 2005）。在这些国家（地区），采取了短期减轻地震灾害行动，以减少财产和生命损失。

地震预警系统（EWS）迅速检测地震的初始信息，警告即将到来的地面震动。对于一个特定的城市，例如旧金山，对于一些地震，预警时间可能是数十秒，对于另外一些地震，预警时间可能为 0s。然而，在旧金山的预警时间为 0s 的情况下，旧金山周围的城市，例如奥克兰（Oakland），将会有几秒的预警时间，圣何塞（San Jose）将会有约 15s 的预警时间。因此，对于任何发生在人口稠密地区的地震，例如旧金山湾地区（San Francisco Bay Area，SFBA）或洛杉矶都市区（Los Angeles Metropolitan Area，LAMA），EWS 至少能对一部分受破坏性地震影响的人群提供预警时间。

这里我们介绍能够在美国加利福尼亚和世界上其他地区实现的一种 EWS 的实现方法。地震警报系统"ElarmS"被设计用来预测在大的地面运动到来之前受地震影响地区的峰值地面震动分布（见 http://www.ElarmS.org）。ElarmS 使用距震中最近台站的最初几秒 P 波来定位地震和估计其震级，然后产出一张地面震动预测图——警报图（AlertMap），警报图会随着获得的地震信息越来越多而不断更新。使用过去已经发生的和将来可能发生的地震的数据集，我们将这种方法应用于南加州和北加州地震预警的特定问题。在南加州，我们使用过去已发生地震的数据，并且应用这种方法确定产生的预警信息的准确度。在北加州，对于由加利福尼亚地震概率工作组（2003）确定的所有将来可能发生的地震，我们估计了在 SFBA 地区一些地点可得到的预警时间。

3.2　ElarmS 方法

ElarmS 方法的设计目标是在震中处显著地面运动开始之前，预测受地震影响地区的峰值地面震动分布。距离震中最近的一个或几个台站的 P 波最初几秒的信息用来估计震级，衰减关系提供了预测的地面震动分布。预测的地面震动分布是震中距的函数。完整的 ElarmS 系统被设计用来产生一张预测的峰值地面震动分布图，这是一张预测的震动图（ShakeMap），称之为"警报图"。最初的警报图在第一个 P 波触发之后1s 就可得到，随着从距震中更远的台站收集到更多的数据，AlertMap 每秒都在更新。下面我们描述 ElarmS 系统的三个组成部分。

3.2.1　地震定位和预警时间估计

地震是用 P 波到时来定位的。当第一个台站触发，地震被定位于那个台站，震源深度是这个地区地震事件的典型深度。随后就可将地震定位于最初触发的两个台站之间、之后是三个触发台站之间。一旦有四个台站触发，网格搜索方法被用来定位地震事件，使得预测和观测到时之间的拟合差最小。

预警时间被定义为峰值地面震动到达前的剩余时间。如果给定发震时刻和震源位置，则能够用 S 波到时曲线估计预警时间。预测的 S 波到时提供了剩余预警时间的保守估计。当发生较大地震时，例如 Northridge

和 Loma Prieta 地震，在 S 波到达距震中数十千米的台站之后 5~10s 发生峰值地面震动。

3.2.2 快速地震震级估计

地震的震级是使用 P 波初始 4s 的频率成分快速地估计。使用由 Nakamura（1998）首先描述的方法计算垂直向地震波形的优势周期 τ_p，4 s 钟之内的最大 τ_p^{max} 被发现和地震的震级成比例（Allen and kanamori, 2003；Lockman and Allen, 2005；Olson and Allen, 2005；Lockman and Allen, 2007）。在计算 τ_p 之前，要将加速度记录转换为速度记录，所有的处理都是以因果方式递归进行的。τ_p 是用垂直向速度波形实时连续计算的，使用的公式为

$$\tau_i^p = 2\pi \sqrt{\frac{X_i}{D_i}} \qquad (3.1)$$

这里

$$X_i = \alpha X_{i-1} + x_i^2 \qquad (3.2)$$

$$D_i = \alpha D_{i-1} + (\frac{dx}{dt})_i^2 \qquad (3.3)$$

x_i 是 i 时刻记录的地面运动，α 是 1 s 平滑常数（对于采样率为 100 sps 的记录，$\alpha = 0.99$；对于 20 sps 的记录，$\alpha = 0.95$）。与较大地震的低频能量相比较，小地震的较高频率成分可以在 P 波到达之后更短的时间内测量。因此，确定小地震的震级比确定大地震的震级更快。这也意味着，P 波到达 1 s 之后测量的震级是最小的震级估计，一旦 P 波之后 2 s、3 s 和 4 s 的数据可用，震级估计值会增大。

我们使用 τ_p^{max} 和震级的两个线性关系（Allen and Kanamor, 2003）。对于小地震（震级从 3.0 到 5.0），使用 10Hz 低通滤波后的宽频带数据，P 波到达之后 1 s 的数据就可能给出好的震级估计。使用 2 s 的数据，震级误差有少许下降，但更多的数据不能改善震级估计值。使用 P 波到达之后 2 s 的宽频带波形得出的 τ_p^{max} 观测值，并最小化平均绝对偏差，我们得到关系式：

$$m_i = 6.3 \lg(\tau_p^{max}) + 7.1 \qquad (3.4)$$

并用此关系式估计小地震的震级。对于较大的地震（震级 > 4.5），

使用3Hz低通滤波器可得到较好的震级估计。尽管使用P波到达之后1 s、2 s和3 s的数据就可立刻得到最小的震级估计，但最好的震级估计值需要4 s数据。适合大地震的最佳关系式为

$$m_h=7.0\lg(\tau_p^{max})+5.9 \qquad (3.5)$$

m_l和m_h都被应用在ElarmS系统中，以产出最佳震级估计。首先，当1个台站触发之后1 s，由τ_p^{max}计算m_l；当2 s数据可用时，更新m_l的值。台站震级估计（每个触发的台站可得到一个震级估计值）的平均值就是事件震级估计值。如果事件震级估计值大于4.0，那么还要计算m_h的值，事件震级估计值是从每个触发台站得到的m_l和m_h二者的平均值。

我们计算了世界上多个地区震级从3.0到8.3范围内的地震的τ_p^{max}（图3.1）。分别来自南加州和日本的具有较大震级范围的数据集显示出τ_p^{max}和震级之间有相似的标度关系（Allen and Kanamori, 2003; Lockman and Allen, 2007）。全球的数据集，包括南加州、日本、中国台湾地区和阿拉斯加德纳里（Denali）地震的波形数据，表明即使对于最大的地震，τ_p^{max}和震级之间的标度关系也不会失灵（Olson and Allen, 2005）。

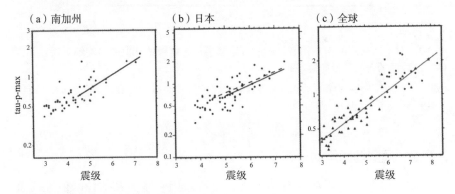

图3.1　事件平均τ_p^{max}和震级的标度关系

所有的数据都是用同样的递归算法处理的。（a）南加州的地震和最佳拟合关系（实线）;（b）日本的地震和最佳拟合关系（实线）;点画线是A中显示的南加州地震的最佳拟合关系，两个拟合关系基本相同;（c）全球地震的汇集，包括南加州、日本、台湾地区和阿拉斯加德纳里地震。波形数据是加速度计和宽频带速度计产出数据的混合

震级估计准确度是提供P波数据的台站数量的函数。图3.2显示当多个台站的τ_p^{max}观测值联合起来提供一个平均震级估计时，震级估计的平

均误差是如何下降的。南加州和日本的数据表现出一个相似的关系。仅使用最靠近震中的台站，平均的震级误差约 0.75 个震级单位；一旦有 2 个最靠近震中的台站的数据是可用的，误差下降到约 0.6，一旦 4 个台站提供了数据，误差下降到约 0.5。

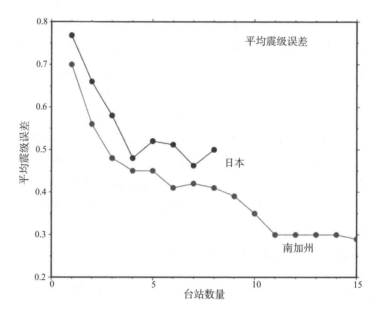

图 3.2　对于所研究的南加州和日本所有地震事件，震级估计值的平均绝对误差和提供 P 波数据的台站数量的关系

使用一个台站，平均震级误差约 0.75 个震级单位；使用 2 个台站，则误差下降到约 0.6，一旦 4 个台站提供了数据，误差下降到约 0.5

3.2.3　预测地面震动分布

如果给定了地震的位置和震级，就可以用衰减关系估计峰值地面震动的空间分布。现有的衰减关系，绝大多数仅使用震级大于 5.0 的地震的地面运动观测值。ElarmS 使用自己的由震级大于 3.0 的地震的区域观测值建立的衰减关系。为了持续地进行测试，需要设计 ElarmS，使其在频繁的小地震和大地震发生时都能起作用。

许多不同的表达式被用于不同地区不同类型的地震（例如 Campbell, 1981; Joyner and Boore, 1981; Fukushima and Irikura, 1982; Abrahamson and Silva, 1997; Boore et al., 1997; Campbell, 1997; Sadigh et al., 1997; Field,

2000），然而，绝大多数都基于这样的函数形式：

$$A=A_0 r^n e^{-kr} \qquad (3.6)$$

这里 A 是震中距为 r 处的峰值地面加速度（PGA），A_0、n 和 k 是待定常数。此函数式中有一几何扩散项 r^n 和一固有衰减项 e^{-kr}。使用南加州震级范围为 3.0 到 7.3 级的地震数据集确定了本地区的最佳拟合关系。在 200km 范围内，固有衰减效应并不显著，因此 k 被设为 0，以减少回归过程中的未知数。通过根据震级将 PGA 观测值分组和计算最佳拟合的 n，n 被确定为震级的函数。确定 n 之后，对每个地震事件计算 A_0，于是得到 A_0 和震级之间的最佳拟合关系。图 3.3 显示作为震级的函数，A_0 和 n 是如何变化的。

ElarmS 在两个阶段使用衰减关系。第一个 P 波触发 1 s 之后，可得到最初的震级估计。给定震级，就从图 3.3 所示的关系确定 A_0 和 n，并将估计的 PGA 作为震中距的函数进行计算。地震时，随着时间的推移，最接近震中的台站测量各自的 PGA。一旦几个台站的 PGA 可用，这些 PGA 值被用来调整衰减关系，保持 n 不变但允许 A_0 变化，以使衰减关系和 PGA 观测值拟合得最好。图 3.4 显示了几个地震的衰减关系。注意观测值和用 Field（2000）衰减关系的预测值之间的差异。当使用仅由较大地震事件确定的衰减关系时，这种差异是一个普遍的问题。这里描述的衰减关系没有考虑近地表放大效应，比如岩石对比土层，这种放大效应是图 3.4 中的加速度观测值发散的主要原因。尽管场地校正现在还不是 ElarmS 的一部分，但当场地校正值已知时，可以容易地将其包括到 ElarmS 中（例如 Wald et al., 1999; Wald et al., 1999）。

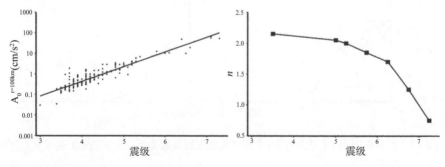

图 3.3　经验确定的 n、A_0 与震级的关系

首先按震级对 PGA 观测值进行分组，对每组数据用回归法确定 n。确定 n 值之后，对每个事件计算最佳拟合的 A_0（定义为 $r=100$ km 处的振幅值）。线性回归提供了 A_0 和震级的关系

3.3　预警的准确度和时间及时性

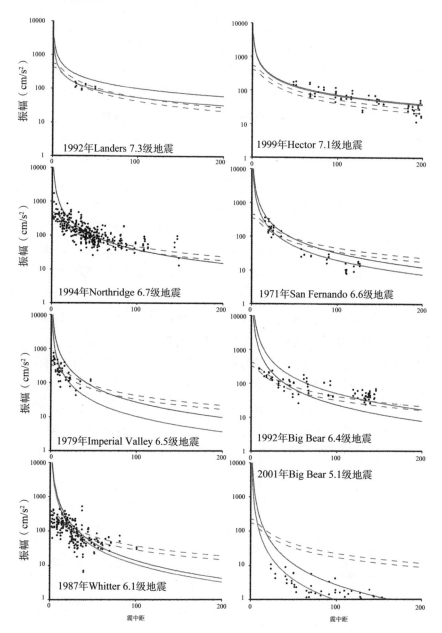

图 3.4　震级范围为 5.1 到 7.3 的 8 个南加州地震的衰减关系（线）和 PGA 观测值（点）的例子

灰色线表示仅给定震级时确定的 ElarmS 衰减关系。绿色线是根据 PGA 观测值进行调整后的结果。虚线表示在岩石和土层两种介质条件下的衰减关系（Field，2000），以供比较

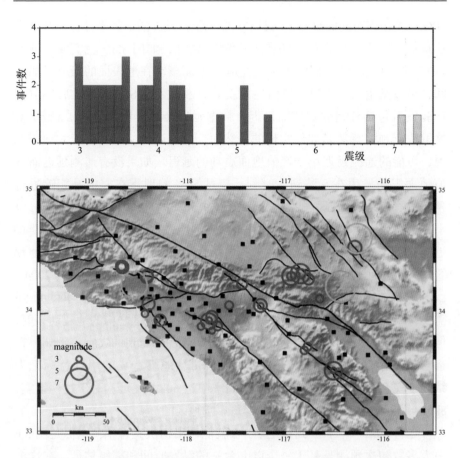

图 3.5　用来评估强震动预警的准确度和时间及时性的 32 个地震在南加州分布图

这 32 个地震发生在地震台站较密集部分的地下，那也是人口稠密的地区。柱状图表示这些事件的震级分布（红色）。没有包括最大的 3 个地震事件（在地图和柱状图上用灰色表示），因为这 3 个地震没有发生在现有的密集台网之下

　　为了测试预警信息的准确度和时间及时性，我们搜集了南加州 32 个地震的数据。我们尽可能在大震级范围内选择事件，并且这些事件发生在现有的宽频带地震台网较密集部分的下面。震级的范围从 3.0 到 5.4，这些事件显示在图 3.5 中。所有大于 5.4 级的地震要么发生在地震台网建成之前（例如 Landers and Northridge），要么发生在台站稀疏的地方（例如 Hector Mine）。

　　用 ElarmS 处理这些事件的波形数据，确定震级和预测的地面震动

（PGA）（作为时间的函数）。我们发现，对于 56% 的地震事件，在 S 波到达地面之前可以得到初始的震级和 PGA 估计，如图 3.6。我们将 S 波到达震中的到时作为 0 时，因为这是峰值地面震动在地表面的最早可能时间，尽管发生大地震时，峰值地面震动通常发生在 S 波到达之后 5~10s。试验没有包括任何数据传输延迟，数据延迟会延误预警时间 1 s 或 2 s，这取决于预警算法是如何实现的。然而，值得注意的是，对于大地震来说，可能的遥测延迟小于峰值地面震动的延迟。如果没有遥测延迟而峰值地面震动发生在 S 波到达时刻，超过 50% 的地震在震中是能够进行预警的。如果有 2 s 遥测延迟，那么超过 50% 的地震在距离震中 8km 以上的地区是能够进行预警的。用 ElarmS 不能进行预警的这个"盲区"接近震中，这也是一些最严重的灾害可能发生的地区。在这些地区现地预警的单台方法能够提供及时的受灾信息（例如 Nakamura, 1996, 2004；Lockman and Allen, 2005；Wu and Kanamori, 2005；Wu et al., 在审稿）。还需要指出的是，尽管盲区之外的地震动强度小于盲区之内的地震动强度，但是盲区之外受到的全部灾害可能大于盲区之内受到的灾害。例如，在洛杉矶都市区（LAMA），1994 年 Northridge 地震造成的用红色标记为结构不安全和预定拆毁的建筑物距离震中达 60km 之远。对于这个地震，8km 半径的盲区小于全部受地震严重影响地区的 2%。

尽管在第一个 P 波到达之后 1 s 就能做出初次灾害预测，但是图 3.6 中大多数初次预测是基于一个以上台站的触发时间和震级估计。在这个试验中使用的离线算法搜集所有可用信息，并且每秒更新一次对灾害的估计。地震台站的密度（在人口稠密地区典型的台间距是 20km）意味着在 1 s 时间间隔内通常两个、经常是三个台站会触发。所以初次的地震定位以及灾害和预警时间估计是基于从多个台站收集到的信息，能够比使用单台提供更准确的震中和震级估计。

试验表明，在 S 波到达时，56% 的地震可得到震级估计，平均震级误差是 0.44 个震级单位。见图 3.6A。5 s 之内，97% 的地震可得到震级估计，平均震级误差下降为 0.33 个震级单位。图 3.6B 显示了 PGA 估计值误差随时间的变化。用可得到的 ElarmS 震级、震中和前述的衰减关系，在震中距 100km 范围内的每个台站估计 PGA。使用通常的方法计算 PGA 估计值的误差：预测的 PGA 的自然对数减去这个事件观测的 PGA 的自然对数。在 S 波到达时，平均的绝对误差是 1.08。5s 之内下降为 1.00，10s 之内下降为 0.98，15s 时降为 0.95。当在衰减关系中使用正确的震级

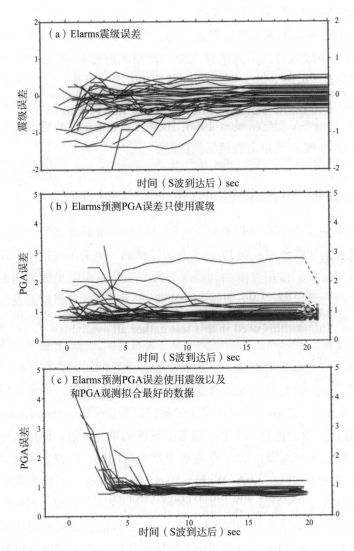

图 3.6 在现有的台站分布条件下，使用美国南加州 32 个地震的资料，设计用来评估准确度和预警时间及时性的 ElarmS 离线测试结果

所有图版都显示了相对于 S 波到达震中的时刻误差随时间的变化，该时刻代表在地震时峰值地面震动的最早到达时刻。（a）震级估计值的误差；（b）使用可得到的震级和震中估计以及 ElarmS 衰减关系，在全部台站 PGA 估计值的平均绝对误差。最右侧的空心圆是使用真实震级时的误差；（c）结合使用了 PGA 的观测值时 PGA 的平均误差。使用通常的方法计算 PGA 估计值的误差：预测的 PGA 的自然对数减去这个事件观测的 PGA 的自然对数

（从而去除了 ElarmS 震级估计误差）时，误差仅下降一点：0.89。PGA 的误差 1 等效于修正麦卡利地震烈度（Modified Mercalli Intensity，MMI）Ⅳ和Ⅴ的差别，或者Ⅷ和Ⅹ的差别。

地震时随着时间的推移，最近的那些台站记录到 PGA，此信息被包括到距离震中较远台站所做的预测中。使用了近台 PGA 观测值的 PGA 预测误差显示在图 3.6c。5s 时，平均误差是 1.02，和没有包括 PGA 观测值时相似，但在 10s 时下降为 0.85，15s 时下降为 0.82，比仅使用震级估计要好一点。PGA 观测值最重要的作用是去除异常值，也就是，避免基于震级估计的 PGA 值过高或过低的情况。

3.4 北岭地震的预警时间分布

已经评估了美国南加州预警的时间及时性和准确度之后，我们假定能够用现有的地震台网实现 ElarmS 方法，据此考察美国北加州预警时间的可能分布。我们使用美国加利福尼亚概率工作组识别出的美国北加州可能发生的地震情景。每一个地震情景都和一个 2032 年以前的发生概率相联系，使得对于该地区的任何地点，能够确定预警时间的概率分布。

为了计算预警时间，我们定义一个"警报时间（alert time）"，用来表示用户为采取行动获得有关一个地震足够多信息的时间。在任何一个地震事件中，预警信息的准确度将随着时间的增加而提高，特定的用户会定义对于他们自己的减灾行动所需要的确定性程度（Grasso and Allen，在审稿）。这里，我们选择一个基于预警准确度的单一阈值，使用这样一个时间点，即在 4 个地震台站有 4s 地震数据是可用的。这被定义为警报时间，基于美国南加州和日本的试验（图 3.2），此警报时间代表震级估计的平均误差将为 0.5 个震级单位时的时间。预警时间是警报时间和给定地点的峰值地面震动估计到达时的时间差。对于峰值地面震动到达时间和震中距的关系，在 150km 以内使用 S 波到时曲线，而在 150km 以外则根据在加利福尼亚观测到的峰值地面震动到时，使用一个常速度 3.55km/s。

我们总共计算了 4070 个地震震中的预警时间。这些震中沿着美国北加州地震概率工作组（2003）识别为最有可能在北加州引起灾难性地震的断层以 1km 的间隔分布。加州地震概率工作组识别出 7 条断层，每一条都有一个或多个破裂段，如图 3.7 所示，每个破裂段可以独自破裂或与临近的破裂段一起破裂。总共识别出其中 35 个地震破裂情景，估计了每一个地震情景在 30 年内的发生概率。这些地震情景（震级在 5.8~7.9 之间）中一个或多个在 2032 年之前总的发生概率为 84%。在旧金山湾区（SFBA）内，最可能破裂的断层是 San Andreas 断层和 Hayward-Rodgers Creek 断层，这两个断层发生 6.7 级或更大地震的概率分别为 21% 和 27%。在旧金山湾区未来 30 年内（从 2003~2032 年）发生一个或多个 6.7 级或更大地震的总概率为 62%。

这些地震情景中每一个都涉及跨越有限断层面的破裂。一个给定地震的预警时间取决于破裂起始的震中位置。我们不知道这 35 个地震情景可能的破裂起始点，因此，我们以震中沿每个断层按 1km 间隔分布的方式提供震中位置的不确定性。一个地震情景中设每个震中位置的地震发生概率相等，所有这些震中的总概率等于该地震情景的概率。

给定地震震中，警报时间依赖于检测 P 波到时的地震台站的相对位置。加利福尼亚综合地震台网（California Integrated Seismic Network，CISN）由多个互补的地震台网（见 http://www.cisn.org）组成，在北加州运行着数千个地震台站。ElarmS 需要对较宽频带敏感的仪器（即连续宽频带地震台站）记录的连续地震波形。这样的地震仪器是由伯克利加州大学（University of California Berkeley）运行的，伯克利加州大学贡献了一个由 24 个台站组成的台网，每个台站都配备了宽频带速度计和加速度计。美国地质调查局运行着大约 100 套大部分位于旧金山湾区的加速度计和 15 套宽频带速度地震计。总之，跨越北加州大约分布有 140 个地震台站能够用于 EWS，见图 3.7。

对于每个震中，警报时间是这样计算的，即距震中最近的 4 个连续宽频带台站有 4s P 波数据可用所需要的时间，加上一个固定的 4.5s 遥测和数据处理延迟时间。4.5s 的延迟时间用来将波形数据从每个台站传输到一个台网中心、处理数据和将预警信息传输给用户。就目前北加州的地震监测设施而言，最重要的延迟是数据从每个台站传输之前的打包时间。我们采用一个 2.5s 的延迟用来数据打包，这代表现有最慢地震台站的延时。我们增加 1 秒的时间用于将数据传输到处理中心，再增加 1 秒用来传送预警信息。数据处理时间可以忽略。因此，预警时间估计代表的是利用现有地震台网硬件设施可能达到的预警时间。可以通过升级遥测和处理系统及增加地震台站来改善现有的地震台网硬件设施。

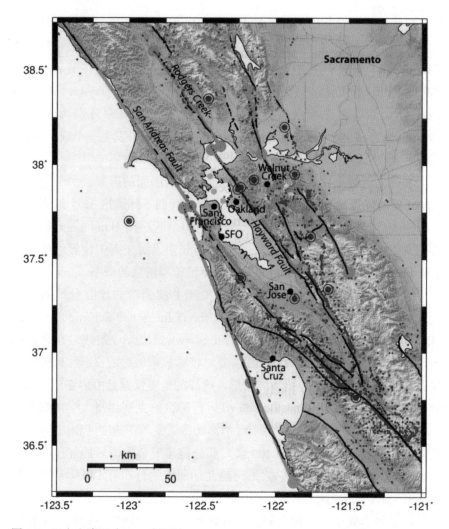

图 3.7　旧金山湾区（SFBA）地图

图中显示了断层（黑粗线）和开始记录以来 3 级以上地震的位置（红点）。现有的连续宽频带台站是由伯克利加州大学（深蓝色）和美国地调局（浅蓝色）运行的，其中用圆圈表示宽频带速度地震计，圆点表示加速度计。由加州地震概率工作组（2003）识别出的断层段用粉红粗线段和圆点表示，圆点在断层段的末端。图 3.8 和图 3.9 中包含的 6 个"预警点"用黑点表示

　　旧金山市的预警时间概率密度函数（WTPDF）显示在图 3.8。此WTPDF 是明确地针对城市中心的。但是对于城市的其他部分，WTPDF变化不明显。对于这个地区所有可能致灾的地震，旧金山能够接收到预警的时间从 77s 到 –8s。负的预警时间意味着预警是不可能的。最可能

的预警时间小于25s。然而，这个WTPDF有一个长长的尾巴，这是San Andreas断层造成的。如果重复1906年的地震，一个450km长的断层段可能会破裂。如果此事件是在Golden Gate成核，那么旧金山将有很短的或者没有预警时间。然而，假设在沿断层的任何地方破裂成核的可能性相同，那么更有可能的情况是，震中到旧金山有较长的距离，对这个致灾地震情景，旧金山将有数十秒的预警时间。值得注意的是，1906年的地震破裂可能是在离开Golden Gate的地方成核（Bolt, 1968；Boore, 1977；Zoback et al., 1999；Lomax, 2005）。尚不知这是否意味着将来的破裂会在同样的位置成核。

除了每个地震的预警时间，我们也估计了在预警点（即图3.8中的市中心）可能的地面震动烈度。这些烈度源于ShakeMap推测计算（加州

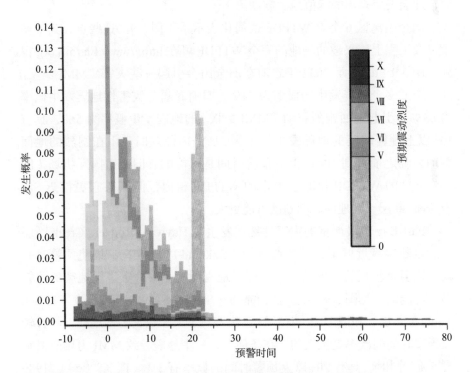

图 3.8 旧金山市中心 (37.78°N，122.42°W) 的预警时间概率密度函数

对所有可能的地震，预警时间从 −8~77s，负的预警时间表示预警是不可能的。地震在1s的框内，垂直轴表示一个或多个地震在2032年之前发生的总概率及相应的预警时间。颜色表示估计的每个地震的地面震动烈度。对于 MMI < V，是不会引起灾害的（灰色）; MMI > IX意味着剧烈的震动，可能对建筑物造成严重的灾害（红色）

地震概率工作组，2003）。图 3.8 中的灰色区域代表在市中心的烈度小于 MMI Ⅴ 的那些地震（Richter，1958），并且这些地震是不可能致灾的。在 MMI Ⅴ 之上，可能的灾害会随着震动的严重程度而增加，从轻（Ⅴ：不稳定的物体移动）到重（Ⅶ：家具破碎，砖瓦工程受到损害），再到严重（Ⅸ：砖瓦工程受到严重损害或者毁坏，框架结构从地基移位）。

就旧金山的 WTPDF 而言，如图 3.8，较长预警时间的长尾巴包含会引起剧烈地面震动（MMI > Ⅳ）的大部分地震情景。这是因为一个给定地震的地面震动烈度依赖于到断层破裂的最近距离，然而预警时间依赖于震中距。我们的预警时间估计是保守的，它们代表剪切波能量直接从震中到预警点的走时。可能直到破裂沿断层传播到最近点（破裂的传播速度通常小于剪切波的速度），然后再以剪切波速度从断层传播到预警点时，才会发生真正的峰值地面震动。

旧金山湾区 6 个点 WTPDF 的简化表示示于图 3.9。这些点、其他城市以及工程上感兴趣的场地的完全 WTPDF 可在 http://www.ElarmS.org 得到。图 3.9（a）表示 2032 年之前在旧金山会引起一些灾害（MMI ⩾ Ⅴ）的一个或多个地震发生的概率为 74%，具有预警的灾害性地震发生概率为 63%。引起地面剧烈震动（MMI ⩾ Ⅸ）的地震发生概率为 5%，具有 10s 以上预警时间的地震发生概率为 3%。因此，旧金山在剧烈的地面震动来临之前得到 10s 以上的预警时间是可能的。旧金山国际机场（图 3.9（b））的 WTPDF 和旧金山市的 WTPDF 相似，但如果它更接近 San Andreas 断层，则地面震动烈度可能更大。

East Bay 市最严重的灾害性地震发生在 Hayward-Rodgers Creek 断层上。该断层靠近城市，例如奥克兰（Oakland）（图 3.7），致使预警时间减少，但是较短的断层长度也降低了地震烈度。一个灾害性地震的预警仍是可能的，见图 3.9（d）。圣何塞市（San Jose）的大多数危险来自 San Andreas 断层，和旧金山一样，这意味着对于大多数灾害性地震，具有较长预警时间的概率是很大的。在圣何塞，一个地震导致 MMI 为 Ⅷ 的概率为 5%，同时，具有 20s 以上预警时间的概率有 3%（图 3.9（e））。1989 年 10 月 17 日 Loma Prieta 地震（$M_W6.9$）使最靠近震中的城市 Santa Cruz 经受了烈度 MMI Ⅷ。2032 年之前经历相似地面震动烈度的概率为 7%，对于相似的地震烈度，具有 30s 以上预警时间的概率为 3%（见图 3.9（c））。最后，伯克利山（Berkeley Hills）以东迅速扩张的城市地区，例如 Walnut

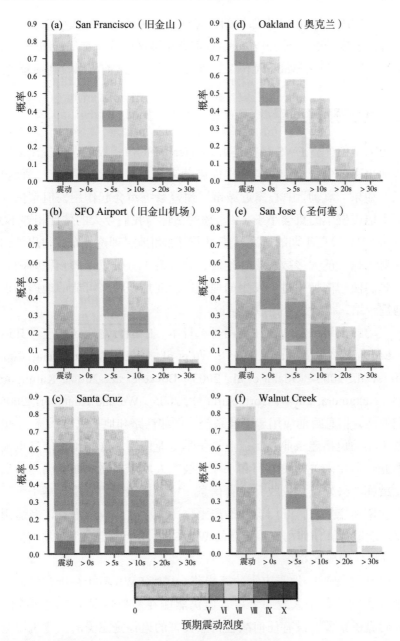

图3.9 旧金山湾区6个点的简化的预警时间概率密度函数

每个图件的第一列显示这个地区2032年之前所有可能地震的总概率（84%）和预计的地面震动烈度。其他列显示可以有超过0、5、10、20和30s预警时间的地震发生的概率和这些地震的地面震动烈度分布。这6个位置显示在图3.7中。（a）旧金山市（37.78°N，122.42°W）；（b）旧金山国际机场（San Francisco International Airport，SFO）（37.62°N，122.37°W）；（c）Santa Cruz市（36.97°N，122.03°W）；（d）Oakland市（37.805°N，122.270°W）；（e）San Jose市（37.33°N，121.90°W）；（f）Walnut Creek市（37.90°N，122.06°W）

Creek，很可能经历旧金山那样的灾害性地面震动，不过大多数灾害性地震事件的烈度较低（图 3.9（f））。如旧金山湾区中的所有位置那样，对于大多数灾害性地震，Walnut Creek 在地面震动开始之前可以收到预警信息。

3.5　地震预警展望

为旧金山建立 EWS 最初是由 Cooper（1868）提议的，他提出从旧金山辐射出去的电报电缆能够在地面震动来临之前传递预警信息。他也注意到，如果"震动"中心靠近城市，预警系统不会起作用，但是估计这样一个地震发生的机会小于 1%。他的估计与我们今天的估计相差不大。Heaton（1985）更年期的研究，使用了南加州地震理论分布，得出的结论是，对于较大的大多数灾害性地震，将会有 1 分钟以上的预警时间。这里，我们使用南加州过去发生的地震以及北加州将来可能的地震和现有的地震台站，得到一个相似的结论。

主动的预警系统现在在墨西哥、日本、中国台湾地区和土耳其运行着（Espinosa Aranda et al., 1995；Wu et al., 1998；Wu and Teng, 2002；Erdik et al., 2003；Odaka et al., 2003；Boese et al., 2004；Kamigaichi, 2004；Nakamura, 2004；Horiuchi et al., 2005；Wu and Kanamori, 2005）。他们的预警信息目前应用于交通系统（例如铁路和地下铁道系统），也被私营企业，包括建筑业、制造业、化学工业使用。这些预警信息也被公共事业公司用来关闭发电厂和水坝，被个人用于在强地面震动之前采取应急措施。另外，学校收到预警信息，可以让孩子们躲避到桌子下，住宅自动切断燃气、打开门窗和撤离整个大厦。这些应用中有许多适用于加州。能够计算任何用户特定点的 WTPDF，用于确定实现对预警信息进行自动反应的成本效益。

EWS 不是减轻地震灾害的万能药。尽管 EWS 不能在所有强地面震动事件之前给每个人发布警告，但仍然能在多数情况下对很多受影响的人们提供预警。没有任何减轻自然灾害的途径是完美的。建筑规范试图在大多数地震中阻止大多数结构的倒塌。如果减轻自然灾害是我们的意图，那么重要的是确保我们不断地问还能做什么，有哪些新技术能够应用。如 2004 年 12 月 26 日海啸灾难最清楚证明的那样，自满不是一个选择。

3.6 致谢

此项工作受益于和 Hiroo Kanamori、Yih-Min Wu、David Wald、Michael Brudzinski 以及 CISN 地震台网员工的讨论，特别是 David Oppenheimer、Lind Gee、Douglas Neuhauser 和 Egill Hauksson。Andrew Lockman、Erik Olson 和 Gilead Wurman 帮助进行了分析。本项工作得到了 USGS 国家地震减灾计划和国家科学基金的支持。

参考文献

Abrahamson NA, Silva WJ (1997) Empirical response spectral attenuation relations for shallow crustal earthquakes. Seismo Res Lett 68, 94~127

Allen RM, Kanamori H (2003) The potential for earthquake early warning in Southern California. Science 300: 786~789

Boese M, Erdik M, Wenzel F (2004) Real~time prediction of ground motion from p~wave records. Eos Trans AGU Fall Meet Suppl 85, Abstract S21A.0251

Bolt BA (1968) The focus of the 1906 California earthquake. Bull Seismol Soc Am 50: 457~471

Boore DM (1977) Strong~motion recordings of California earthquake of April 18, 1906. Bull Seismol Soc Am 67: 561~577

Boore DM, Joyner WB, Fumal TE (1997) Equations for estimating horizontal response spectra and peak acceleration from western North American earthquakes; a summary of recent work. Seismo Res Lett 68: 128~153

Campbell KW (1981) Near~source attenuation of peak horizontal acceleration. Bulletin of the Seismological Society of America 71: 2039~2070

Campbell KW (1997), Empirical near~source attenuation relationships for horizontal and vertical components of peak ground acceleration, peak ground velocity, and pseudo~absolute acceleration response spectra. Seismo Res Lett 68: 154~179

Cooper JD (1868) Earthquake indicator. In: Evening Bulletin (ed) San Francisco

Erdik MO, Fahjan Y, Ozel O, Alcik H, Aydin M, Gul M (2003) Istanbul earthquake early warning and rapid response system. Eos Trans AGU Fall Meet Suppl 84, Abstract S42B. 0153

Espinosa Aranda JM, Jimenez A, Ibarrola G, Alcantar F, Aguilar A, Inostroza M, Maldonado S (1995) Mexico city seismic alert system. Seismo Res Lett 66: 42~52

Field EH (2000) A modified ground~motion attenuation relationship for southern california that accounts for detailed site classification and a basin~depth effect. Bull Seismol Soc Am 90: S209~S221

Frankel A, Mueller C, Barnhard T, Perkins D, Leyendecker EV, Dickman N, Hanson S, Hopper M (1996) National seismic hazard maps. U.S. Geological Survey, Open~File

Report 96~532. Denver

Fukushima Y, Irikura K (1982) Attenuation characteristics of peak ground motions in the 1995 Hyogo~Ken. J Phys Earth 45: 135~146

Grasso VF, Allen RM (in review) Uncertainty in real~time earthquake hazard predictions

Heaton TH (1985) A model for a seismic computerized alert network. Science 228: 987~990

Horiuchi S, Negishi H, Abe K, Kamimura A, Fujinawa Y (2005) An automatic processing system for broadcasting earthquake alarms. Bull Seismol Soc Am 95: 708~718

Joyner WB, Boore DM (1981) Peak horizontal acceleration and velocity from strong~motion records including records from the 1979 Imperial Valley, California, earthquake. Bulletin of the Seismological Society of America 71: 2011~2038

Kamigaichi O (2004) Jma earthquake early warning. J Japan Assoc Earthquake Eng 4

Lockman A, Allen RM (2005) Single station earthquake characterization for early warning. Bull Seism Soc Am 95: 2029~2039

Lockman A, Allen RM (2007) Magnitude~period scaling relations for Japan and the Pacific Northwest: Implications for earthquake early warning. Bull Seismol Soc Am

Lomax A (2005) A reanalysis of the hypocentral location and related observations for the great 1906 California earthquake. Bull Seismol Soc Am 95: 861~877

Nakamura Y (1988) On the urgent earthquake detection and alarm system (Uredas). Proc. 9th World Conf. Earthquake Eng., VII, 673~678

Nakamura Y (1996) Real~time information systems for hazards mitigation. Proceedings of Eleventh World Conference on Earthquake Engineering, Paper No. 2134

Nakamura Y (2004) Uredas, urgent earthquake detection and alarm system, now and future. Proc. 13th World Conf. Earthquake Eng., August 2004, Paper No. 908

Odaka T, Ashiya K, Tsukada S, Sato S, Ohtake K, Nozaka D (2003) A new method of quickly estimating epicentral distance and magnitude from a single seismic record. Bull Seismol Soc Am 93: 526~532

Olson E, Allen RM (2005) The deterministic nature of earthquake rupture. Nature 438: 212~215

Richter CF (1958) Elementary seismology. W. H. Freeman, 768 pp

Sadigh K, Chang CY, Egan JA, Makdisi F, Youngs RR (1997) Attenuation relationships for shallow crustal earthquakes based on California strong motion data. Seismo Res Lett 68: 180~189

Wald DJ, Quitoriano V, Heaton TH, Kanamori H (1999) Relationships between peak ground acceleration, peak ground velocity, and modified Mercalli intensity in California. Earthquake Spectra 15: 557~564

Wald DJ, Quitoriano V, Heaton TH, Kanamori H, Scrivner CW, Worden CB (1999) Trinet "shakemaps": Rapid generation of peak ground motion and intensity maps for earthquakes in Southern California. Earthquake Spectra 15: 537~555

Working Group on California Earthquake Probabilities (2003) Earthquake probabilities in the San Francisco Bay region: 2003 to 2031. U.S. Geological Survey

Wu Y~M, Kanamori H (2005) Experiment on an onsite early warning method for the Taiwan early warning system. Bull Seismol Soc Am 95:347~353

Wu Y~M, Kanamori H, Allen RM, Hauksson E (in review) An onsite earthquake early warning method for the Southern California seismic network. Bull Seism Soc Am

Wu Y~M, Teng T~l (2002) A virtual subnetwork approach to earthquake early warning. Bull Seismol Soc Am 92: 2008~2018

Wu YM, Kanamori H (2005) Rapid assessment of damage potential of earthquakes in Taiwan from the beginning of p waves. Bull Seism Soc Am 95: 1181~1185

Wu YM, Shin TC, Tsai YB (1998) Quick and reliable determination of magnitude for seismic early warning. Bull Seismol Soc Am 88: 1254~1259

Zoback ML, Jachens RC, Olson JA (1999) Abrupt along~strike change in tectonic style: San Andreas fault zone, San Francisco Peninsula. J Geophys Res 104: 10719~10742

第4章　用于地震预警的实时震级估计

Aldo Zollo, Maria Lancieri

那不勒斯腓特烈二世大学物理科学系RISSC实验室，意大利那不勒斯
(RISSC-Lab, Dipartimento di Scienze Fisiche, Universita di Napoli Federico II, Napoli, Italy)

摘要

基于安装在 Apenninic 带状地区的密集大动态地震台网（Irpinia 地震台网）（加速度计＋地震计），正在意大利南部开发测试一个用于地震预警和快速震动图测定的原型系统。可以将它归类为由覆盖面临地震袭击威胁的部分或整个地区的一个宽频带地震传感器台网构成的区域地震预警系统。

实时震级估计将得益于震源区地震台网的高空间密度和所安装地震仪器的大动态范围。基于对在意大利记录的高质量强震数据集的离线分析，我们设想了几种方法，使用在地震图上测量的不同观测量（峰值振幅、优势频率、速度平方的积分……等等）作为时间的函数，这些测量是在 P 波和早期 S 波信号上进行的。

对意大利强震数据集的分析结果表明，利用第一个 P 波或 S 波到达后、小于 3~4 s 的时间窗内测量的低通滤波后的位移和速度峰值振幅是可能的。这些参数显示他们和矩震级有很强的相关性。

利用破裂起始阶段地震破裂过程的可能动态模式，我们对经过 3Hz 低通滤波后的 PGV 和 PGD 与震级的相关性进行了讨论和解释。

4.1　引言

在过去的几十年中，在世界上几个地震活跃地区已经和正在进行地

震预警（seismic early-warning, SEW）系统试验。在中国台湾地区、日本、美国和墨西哥，已经开发并实现了 SEW 原型。这些国家和地区将从地震发源区的密集地震台网来的预警信号发送到邻近的城市居民区。

基于对地面运动测量值进行实时自动分析的 SEW 系统，通过激发保护已建成环境和生命线的行动，能在减少地震区域性冲击方面发挥作用。当地震波还在传播时，SEW 系统提供的早期信息能够用于启动多种安全措施，例如关闭关键的系统、停止交通系统以及关闭生命线。依据在潜在震源区和 / 或目标地区周围台网的几何布局和配置，可对 SEW 系统进行相应的分类（Kanamori, 2005）：

（1）区域预警系统（布置在潜在震源区的密集地震台网）。

（2）现地预警系统（距离震源区较远、部署于目标地点的单个仪器或仪器阵列）。

对于区域 SEW 系统，地震预警窗从部署在震源区的地震台网探测到第一个 P 波的时间开始。这个时间窗可以持续几秒到几十秒，这取决于震源和目标区的距离。

对于现地 SEW 系统，预警时间是目标地点记录到的第一个 P 波运动与后来的能量振幅（由初始 S 波、后续体波或面波携带）到达的时间差，这也取决于到震中区的距离。

这两种情况下，对主要地震参数（位置和震级）的全自动、稳健和可靠的实时估计，必须以一个不断变化、持续更新的形式获得，从而使这些估计能用于预警目的或模拟现实的震动图，并有助于应急准备和管理。

Campania 地区大约 600 万居民和大量的工业工厂严重地暴露在地震危险中，这和源自 Apennine 地带活动断层的中等到大地震的活动有关。1980 年 $M = 6.9$ 的 Irpinia 地震是发生在这个地区的最近的破坏性地震：它造成了 3000 多人员伤亡和跨越整个地区的大量的、广泛的建筑和基础设施损害。在区域的公民保护部资助的正执行的计划框架中，用于地震预警和快速震动图测定的原型系统，已经在意大利南部进行开发测试（Weber et al., 2007，见本书第 16 章）。这是基于正在被安装到 Apennine 带状地区的一个大动态的密集地震台网（加速度计 + 地震计）（ISNet）（图 4.1）。

由于它是由一个广阔的、覆盖部分或全部处于地震袭击威胁下地区的地震传感器网络组成，因此该系统可归为区域 SEW。在 Campania 地

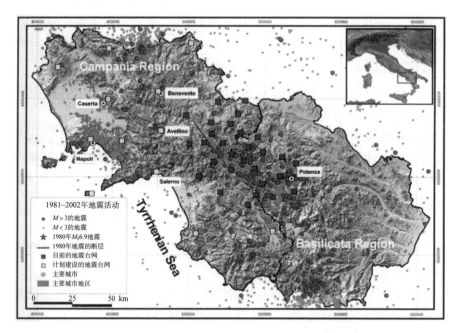

图 4.1 ISNet 台网和 Campania 地区地震活动图

区应用基于 ISNet 的 SEW 系统需要考虑第一个 S 波能量串的预期延迟时间，而这个延迟时间是随着到达发生在震源区的浅源地壳地震的距离变化的。在 40~60km 距离，在 14~20s 间变化；在 80~100km，在 26~30s 间变化；后一个时间延迟是在 Naples 市（包括郊区有约 200 万居民）通过预警减轻地震影响可得到的一个典型时间窗。

考虑到从震前数十秒到震后数百秒这样一个预警时间窗，若干对 Campania 有战略意义的公共基础设施和建筑物（例如医院、燃气管道、铁路）可以考虑作为潜在的测试点，用于测试数据获取、处理和传输的新技术。

具体地说，对于用于 SEW 的实时震级估计，最近提出了一些基于在第一个 P 波到达后的一个窄时窗（3~4s 间）上测量的优势频率 / 周期和 / 或峰值地面运动振幅的方法（Allen and Kanamori, 2003; Wu and Teng, 2004）。特别地，对于装备了垂直向短周期地震计的地震台站获得的速度记录，基于从优势周期参数得到的实时震级估计方法已经得到了验证和标定。

由于在 Campania 地区震源区安装的地震台网动态范围大和密度高（Weber et al., 2007，见本书第 16 章），在本文中，我们试图研究在这个地震台网获得的实时信号上测量能用于震级–地震矩估计的不同观测量（包括优势周期）的可能性。假设一个可能发生在该地震台网之下较浅地壳深度（< 20km）的中到大地震事件，期望地震发生后 1.5~3.5s 和 2.6~6.0s 之内，分别探测到第一个 P 波和 S 波信号。这个相当短的时窗，将为整合 P 波和早期 S 波信息以用于快速定位和震级估计提供机会。

在本项研究中，我们分析了意大利强震数据集，其数据类型在仪器记录和地震构造方面都与 Campania 地区 SEW 系统预期记录到的数据密切相关。基于这些已有的有关定位和矩震级的信息，我们研究了随着第一个 P 波和 S 波到达后时间窗的逐渐增大，峰值强地面运动参数和优势频率参数作为震级函数的相关性。

本研究代表了基本的强震数据分析，这将导致能够用于 Campania 地区地震台网实时震级估计算法的标定、验证和测试。

4.2　强震数据分析

4.2.1　意大利强震数据集

由于在 Campania 地区建设的 SEW 系统地震台网的大动态范围和高密度特性，从没有限幅的早期 P 波和 S 波信号测量的峰值振幅和优势周期信息能够联合用于震级估计。为了寻找观测参数和震级的相关性，我们分析了欧洲强震数据集（European Strong-Motion Database，ESD）（Ambraseys et al., 2000）的三分向记录，使用了在过去三十年中发生在意大利的小到大地震。

ESD 是作为第五框架计划下的欧洲项目（European project under the 5th Framework Program）的结果而创建的。它是互联网可搜索到的数据库，跨越了从 1972~1999 年的时段。它已收集、存档并免费分发欧洲和邻近地区地震的超过 3000 条加速度记录。超过 2000 条未修正的和修正的加速度记录和相应的弹性反应谱一起存档于该数据库。还可得到数据库中每个记录到的地震验证后的主要震源参数（位置、矩震级），如果必要的话，还可得到重新计算、重新估计的地震学的、仪器的和场地特有的参数。

发生在 1976~1998 年间的意大利地震的强震记录是该数据库的主要部分，多半是由安装在整个意大利的 300 个加速度仪组成的 ENEL-ENEA 强震台网获得的。这个强震台网现在是由意大利公民保护部（Italian Civil Protection Department，DPC）通过国家地震服务（National Seismic Service，SSN）运行的。来自意大利其他地方台网和区域台网的数据也整合到了该数据库。我们引用 Ambraseys 等人（2000）的文献，以得到对参与台网、仪器和数据库建设方法的完整描述。

过去意大利地震的大多数强震记录是用 Kinemetrics SMA-1 模拟加速度仪记录的。这些是基于阈值的仪器，以在胶片或纸上的照相记录波形迹线，或者是蜡纸上刻画的波形迹线形式记录地面运动。在垂直向上阈值通常设置为 0.005 到 0.010g，因此这些仪器经常记录不到整个地震信号，只是第一个 P 波列之后开始的一部分信号。这部分信号在震中距和震级最佳条件下能够触发强震记录。对 ESD 中包含 SMA-1 数据的处理包括数字化、灵敏度校正、线性基线校正和使用八阶椭圆带通滤波器在 0.25~25Hz 频段的滤波（Sunder and Connor，1982）。通过对加速度时间序列做两次和一次积分得到的位移和速度记录的样本进行目视检查后，我们决定使用一个额外的高通、2 极点、零相移、拐角频率为 0.075Hz 的巴

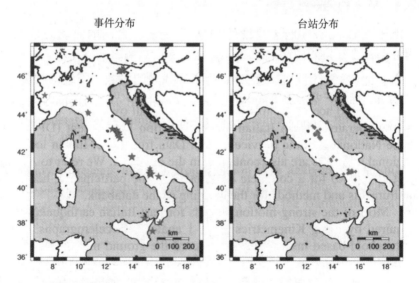

图 4.2 本研究所用强震台站（左边）和地震（右边）分布图

符号的大小与地震的震级成正比

特沃斯滤波器，以提供更适当的基线和长周期趋势校正。

为研究强震参量的实时估计与震级的相关性，我们选取了 116 个震中距小于 50km 的意大利地震的三分向强震记录，这些地震发生在 1976~1998 年间，矩震级范围为 3.5~7.0。这一最大记录震中距是根据如下一般观测事实选择的：从扩展的地震破裂辐射的高频直达体波在近源范围内（即距离震源的距离和破裂长度相当）的振幅中占统治地位（Beroza, 1996，Zeng et al., 1993，Emolo and Zollo, 2005）。

图 4.2 表示本研究所用台站和地震的位置。这些台站和地震是基于震源和接收器之间的最大震中距进行选择的。

图 4.3 给出了描述记录数量和对应震级的柱状图。大多数记录事件的震级在 M4.5~6.5 范围内，而目录中最大的事件是 1980 年 $M_W = 7.0$ 的 Irpinia 地震。对于这个地震，在所考虑的震中距范围内可得到 10 个记录。

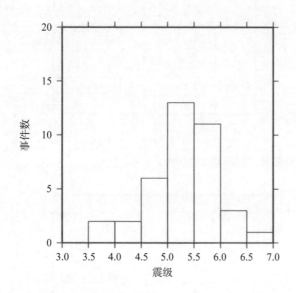

图 4.3 对应不同震级的记录数量柱状图

4.2.2 强地面运动参数的测量

建设中的 Campania 地区 SEW 地震台网是大动态和特别密集的地震台网，因此震中位于台网覆盖范围内的地震事件发生后几秒钟便可得到不限幅的 P 波和 S 波信号。

我们做的第一个分析是从所有选用的强震记录中鉴别和选择第一个 S 波到达。使用所选择的第一个 S 波，我们计算地震的发震时刻、预期的第一个 P 波到达及每个记录的触发时间，也就是和时间序列的第一个样本关联的时间。假设一个均匀的地壳速度模型，V_p=5.5km/s，V_s=3.2 km/s。这个步骤特别与 SMA-1 记录有关，因为 SMA-1 记录的绝对时间是得不到的。

S 波检测是基于对低通滤波加速度记录图上振幅、频率和水平极化随时间变化的分析。得到第一个 S 波到时使我们能根据估计的 S-P 时间对记录进行分类（图 4.4a）。

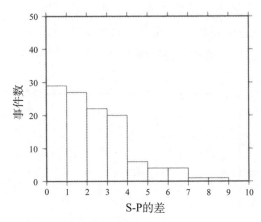

图 4.4(a) 记录数量随 S-P 时间变化柱状图

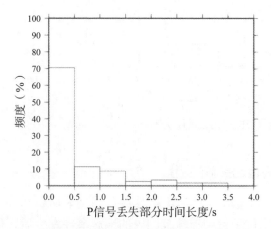

图 4.4(b) 相对于选择的强震数据集，事件数量随 Tf_s–T_p 变化的柱状图

（Tf_s 和 T_p 分别是第一个样本和第一个 P 波到达的估计时间）

由于 SMA1 加速度仪通常是在 P 波到达或之后触发的，我们还确定了触发时间比估计的第一个 P 波到达较晚的记录（图 4.4b）。对于分析的大多数记录，S-P 时间小于 4s，不到 25 个记录的 Tf_s-T_p 大于 4s。这里 Tf_s 和 T_p 分别是第一个样本和第一个 P 波到达的估计时间。

位于近源窗内的强震台站如此短的 S-P 时间间隔意味着 P 波和早期 S 波携带的信息能够用于估计震级。

从每个强震记录上估计的第一个 P 波和 S 波的到时开始，我们考虑用经过低通滤波的记录不断增大的时间窗来确定 tau_c（Allen and Kanamori, 2003）、峰值地面位移、峰值地面速度和峰值地面加速度参数（图 4.5）。使用了一个零相移、2 极点的巴特沃斯滤波器。使用不同的低通拐角频率进行一系列试验后，我们选择了一个 3Hz 低通滤波器，它可使观测地面运动参数和矩震级之间相关性最好。Allen 和 Kanamori,（2003）利用美国加利福尼亚地震数据集也使用 3Hz 这个值来寻找 tau_c 和震级的关系（对于 $M > 5.5$）。

对从意大利地震数据集中所选择的强震记录用上述方法进行处理，

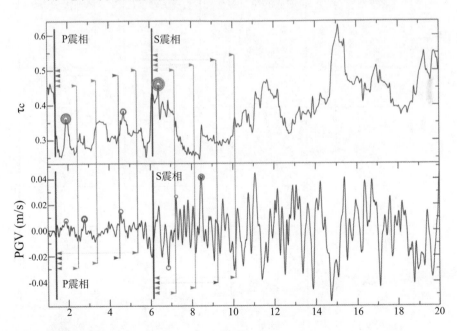

图 4.5 强震记录分析实例图

图中上部是 τ_c 随时间的变化，下部是峰值地面速度随时间的变化。时间窗在初始 P 波和 S 波到达后从 1s 到 5s 增大。分别使用垂直分向以及两水平分向平方和的根测量 P 波和 S 波得到下面的强震参数：

（1）PGA_t（在持时为 t 的时间窗内的峰值加速度）；

（2）PGV_t（在持时为 t 的时间窗内的峰值速度）；

（3）PGD_t（在持时为 t 的时间窗内的峰值位移）；

（4）τ_c［根据 Allen 和 Kanamori（2003）定义的优势周期］。

这些参数是在不断增大的时间窗内测量的，时间窗从估计的第一个 P 波和 S 波到达开始，时间增量为 1s。分别使用的是垂直分向以及两水平分向"平方和的根"测量 P 波和 S 波。

图 4.5 描述了在整个地震图上进行的地面运动参数测量实例以及它们的对应时间窗。

图 4.6 和图 4.7 分别显示了第一个 P 波和 S 波之后的时间窗中，峰值地面运动参数的对数和矩震级（M_w）的关系。图 4.8 显示了在 P 波和 S 波

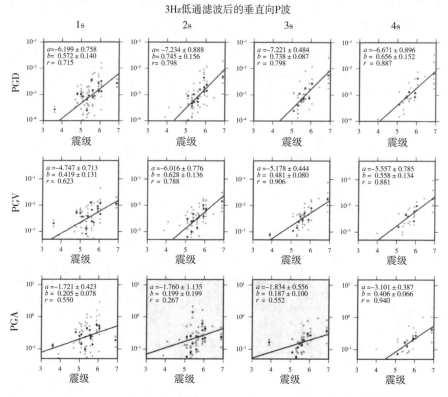

图 4.6 对于 P 波记录，每一个时间窗内 PGA、PGV 和 PGD 与震级关系图

黑点表示对事件的平均值，阴影图表示根据统计测试其相关性较低的数据（见正文和图 4.9）

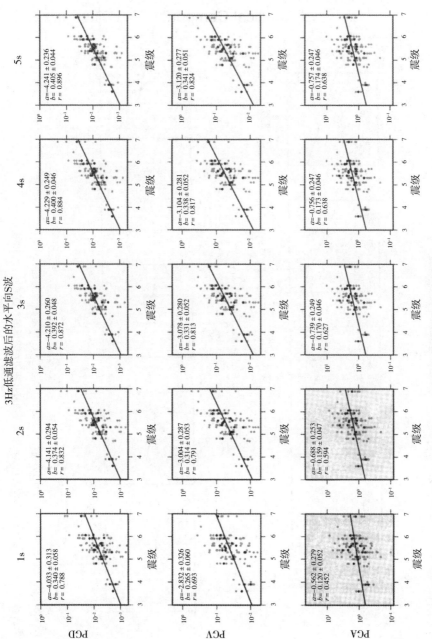

图 4.7 与图 4.6 相同，但是是估计的第一个 S 波到达后的时间窗内的情形

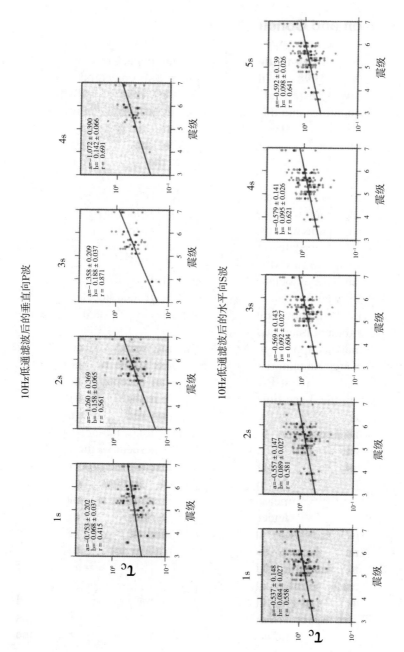

图 4.8 第一个 P 波和 S 波到达后每个考虑的时间窗中 τ_c 和震级的关系

黑点表示对事件的平均值，阴影图表示根据统计测试其相关性较低的数据（见正文和图 4.9）

列上计算的优势周期参数的类似关系。

对于每一个时间片段，使用强震参数的未加权的、对地震平均的对数值估计代表观测地面运动参数和矩震级关系的回归直线和相关系数。

应用"相关性测试"（Taylor, 1997）测试参数的对数与震级相关性在统计上的显著性。给定数据的数量和期望的显著性水平，相关性测试便提供一个相关系数阈值，在此阈值之上，获得的线性关系能够被认为在统计上是显著的，具有由指定显著性水平定义的Ⅰ类误差。对于第一个P波和S波到达后每一个选择的时间窗，图4.9显示了对于每个测量的地面运动参数所测量的相关系数，以及对于指定显著性水平的相关测试阈值。由于S波测量的相关系数比P波测量的相关系数高很多，对于这两个数据类型，我们分别选择两个不同的测试显著性水平：0.5%和5.0%。这意味着当用 $alpha$ 表示测试的显著性水平，如果相关系数大于由 $alpha$ 给定的阈值，则出现Ⅰ类误差的概率小于 $alpha$（即接受参数的对数和震级之间是线性关系的假设）。

为了清晰，图4.6、图4.7和图4.8中的灰色阴影图对应于没有通过相关测试的数据。

地面运动参数和矩震级的相关分析结果表明，可以认为使用强震记录图上3Hz低通滤波位移和速度峰值参数能较好地估计震级，这些峰值参数是在初始P波和S波到达后的2~3s时间窗中测量的。在S波记录上，$t > 3s$ 秒时，tau_c 似乎和震级相关得特别地好，而对于P波，只能在 $t=3s$ 的时间窗内看到可接受的相关性。

4.3　讨论和结论

基于1976年到1998年间发生的意大利地震在震中距小于50km获得的116个强震记录，我们研究了从第一个P波和S波到达开始的一个不断增大的时间窗中几个观测地面运动参数和矩震级间的相关性。这是基于在意大利南部Campania地区建设的SEW系统实现实时震级估计的需要。

参数的对数和矩震级的回归分析表明，初始P波和S波到达后 $t \geqslant 2$ 的时间窗内测量的3Hz低通滤波峰值地面运动速度（PGV_t）和位移参数（PGD_t）与矩震级相关得很好。特别地，得到的回归直线的参数对于不同的时间窗是稳定的，并且伴有统计上具有显著性的相关系数。峰值地面加速度参数（PGA_1）却不是这样，它表现得相当分散，并且参数值的对数和矩震级不相关。

对 Allen 和 Kanamori（2003）引入的优势周期参数的回归分析表明，与 P 波到达后时间窗内的 PGV_1 和 PGV_1 相比，优势周期和震级的相关分析结果稳定性较差（仅在 3s 时间窗内发现可接受的相关性），然而，在 S 波强震记录上，对于大于 3s 的时间窗，表现出显著的相关性。

这一分析表明，可以通过组合由不同地面运动参数获得的震级显著改善地震大小实时估计的可靠性和健壮性。这些地面运动参数是作为密集强震台网检测到第一个 P 波起的时间的函数，是在不同台站测量的。

除了能够实时使用 P 波信息外，预期的中到大地震震中地区周围的大动态、高度密集的台网使我们还能实时使用早期 S 波信息。期望结合不同类型波的信息能减少震级估计的不确定性，这种不确定性与时间或触发台站数量有关。自动启动安全措施，例如关掉在即将到来的地震中高度危险的关键系统，这一点对于 SEW 的情况是十分重要的。一个可靠的 SEW 系统的基本要求是，能够随时发布震源参数（位置和震级）的估计及其不确定性。的确，任何与 SEW 系统接口的控制系统都能使用这个信息，以逐步预测峰值地面运动加速度和烈度，一般地说，是为目标结构预测所需的工程需求参数。这使得能够基于错/漏警报的概率估计，自动评估启动安全措施的概率。

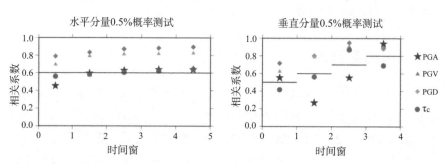

图 4.9 相关性测试

图中给出在 P 波和 S 波上测量的每一个时间窗内计算的相关系数。水平线段给出相关系数阈值，在此阈值之上的测量值表示参数和震级在统计上有显著的相关性

本文关于从地震信号记录的很早期阶段测量的地面运动参数与震级的相关性的研究以及其他相似的研究引申出的基本科学问题与能用什么

样的地震物理学和破裂机制解释仅使用 P 波到达后几秒的信号便能估计地震大小这样一个奇论有关。因为 P 波到达后几秒钟，破裂本身还在扩展，整个破裂过程还没有结束。对于发生在地壳中的 $M > 7$ 的浅源地震更是如此，它的整个破裂时间预期会达到 10~15s（取决于平均破裂速度）。

在最近针对实时地震学议题的回顾中，Kanamori（2005）讨论了关于破裂成核问题及早期 P 波优势周期与震级的可能相关性的不同假说和观测。

这里，我们对近震源强地面运动记录的分析主要表明，经过 3Hz 低通滤波后，在初始 P 波和 S 波到达后很短的时间窗（2~4s）中测量的峰值速度和位移参数与地震矩相关。

给定所考虑的高频限制和距破裂断层大于 4~6km 的接收器，P 波辐射的远场近似能够预测与地震矩率函数 $\dot{M} = \mu \langle \Delta \dot{u} \rangle \sum$ 成正比的位移或速度振幅，这里 μ 是刚度，$\langle \Delta u \rangle$ 是在破裂面 $\sum$ 上平均的局部滑动速率。

因此两个可选的假说能用于解释观测到的峰值位移和速度与矩震级的相关性。根据第一个假说，在地震破裂的早期阶段，滑动速率应和震级成正比，也就是初始的大滑动速率是大地震破裂的前兆，反之则对应小震级事件。根据破裂动力学理论模型（Kostrov, 1964; Scholz, 1990），滑动速率大小与动态应力降相关，所以这将预示这个量与地震矩的比例关系。

已经有人在文献中提出［参考 Boatwright（1984）的综述］对应力释放的几种测量，包括视应力降、静态和动态应力降，如从体波远震宽频带或加速度记录做的推算。特别地，Boatwright（1984）指出，正如布隆（Brune）最初提出的那样，由位移谱测量布隆静态应力降（Brune, 1970）提供的是平均动态应力降的估计值。

已经有几位学者提出了视应力和震级的标度关系（Kanamori and Heaton, 2000; Wu, 2001），但它仍然是个有争议的问题（Ide and Beroza, 2001），这归因于从远震和宽频带地震图上测量地震能量受可能的有限带宽的影响。

具体到关于从强震记录上估计的应力降，De Natale 等人（1987）基于地震矩为 $10^{11} < M_0 < 10^{18}$N·m 的不同的全球地震序列的研究表明，布隆应力降随地震矩有显著变化。最近，基于对 Canjon Pass 井下记录地震（$10^{10} < M_0 < 10^{15}$N·m）数据（Abercrombie, 1995）的分析，Beeler 等

人（2003）观察到视应力和（布隆）应力降随震级共同变化。Kanamori 和 Rivera（2004）使用具有更宽地震矩范围的数据集（$10^{10} < M_0 < 10^{19}$N·m）推断，对于小地震和大地震，静态应力降和破裂速度的关系能有不同的定标律，特别是，应力降不一定独立定标，不过这种定标独立性往往是不言而喻的。

另一种假说是，可以假设在破裂的早期阶段动态应力降是独立定标的，因此滑动率函数也是如此。因此观察到的峰值位移和速度的相关性应该归因于有效滑动在破裂面上随震级的变化。换句话说，对于破裂开始后的给定时间窗，发生最大滑动的破裂面的尺度是取决于震级的。由于在给定时刻断层上的有效滑动面积是被运动学上的上升时间（τ）控制的（也就是，断层面上给定点的滑动持续时间），这个假说将意味着上升时间对震级的依赖关系。假设一个恒定的、定标独立的滑动率，由于 $\Delta i \approx \Delta u/\tau =$ 常数，上升时间的增大（减小）对应于滑动的补偿增加 / 减少，所以这也取决于震级。最终的滑动和上升时间参数一般是通过对强地面运动和 / 或远震波形进行运动学反演得到的。不幸的是，估计 τ 是一个困难的任务，这是由于滑动持时、滑动幅度和破裂速度间的数据偏差，它们将共同改变观测的地震辐射幅度和形状。基于对取自不同大地震的大量约束很好的运动学震源模型的分析，Heaton（1990）观察到，滑动持时一般比总的破裂时间小很多（对于 $M=7$ 左右的地震约为 1s）。

就我们所知，就上升时间和地震矩成正比这点来说，实际上不存在无可辩驳的证据。然而平均滑动对震级的依赖是相当有名的地震定标律，此定标律是从大量的地质和地震观测中推断出来的（Wells and Coppersmith, 1994; Madariaga and Perrier, 1998）。

另一方面，如果我们假设 Allen 和 Kanamori（2003）提出的优势周期 τ_c 与破裂早期阶段的滑动持时相关，则观测到的 τ_c 与震级的相关性（部分地被目前的研究证实）表明上升时间和地震大小成正比。这一假说最近被 Nielsen（2007，本书第 2 章）和 Allen（2005）发展了。

综上所述，我们认为，本研究工作中发展的观测和观点是发展用于 SEW 实时估计震级的稳健而可靠方法的初步但重要的一步。然而，计划在不久的将来进行一项更加精良的研究，该研究将对均一覆盖所研究震级范围的数据进行整合，并将进一步探究证实本研究结果得出的震源物理含义。

4.4 致谢

我们感谢 Stefan Nielsen 和 Gaetano Festa 就我们的研究结果对于震源物理过程的意义进行的很多有用的讨论和他们对本文初稿提出的有价值的意见。我们也感谢 Vincenzo Convertito、Claudio Satriano、Raffaella De Matteis 和 Giovanni Iannaccone 关于数据分析方面的建议。本研究工作是在 AMRA 资格中心的框架内进行的。本研究工作得到了 MIUR（通过 PON-Tecsas）的部分资助。

参考文献

Abercrombie R (1995) Earthquake source scaling relationships from 1 to 5 ML using seismograms recorded at 2.5 km depth. J Geophys Res 100(24): 24015~24036

Allen RM, Olson EL (2005) The relation between rupture initiation and earthquake magnitude. In: AGU (ed) Eos Trans. AGU Fall Meet Suppl, Abstract S33C-06, 2005

Allen RM, Kanamori H (2003) The Potential for Earthquake Early Warning in Southern California. Science 300: 786~789

Beeler NM, Wong TF, Hickman SH (2003) On the expected relationships among apparent stress, static stress drop, effective shear fracture energy, and efficiency. Bull Seism Soc Am 93(3): 1381~1389

Beroza GC (1996) Rupture history of the earthquake from high frequency strong motion data. In: Spudich P (ed) The Loma Prieta, California, Earthquake of October 17, 1989: Main Shock Characteristics, p. 9-32. USGS-Prof. Pap. 1550-A

Boatwright J (1984). Seismic estimates of stress release. J Geophys Res 89: 6961-6968

Brune JN (1970) Tectonic stress and the spectra of seismic shear waves from earthquakes. J Geophys Res 75: 4997~5009

De Natale G, Madariaga R, Scarpa R, Zollo A (1987) Source parameter analysis from strong motion records of the Friuli, Italy, earthquake sequence (1976-1977). Bull Seism Soc Am 77(4): 1127~1146

Emolo A, Zollo A (2005) Kinematic source parameters for the 1989 Loma Prieta earthquake from the nonlinear inversion of accelerograms. Bull Seism Soc Am 95: 981~994

Ide S, Beroza GC (2001) Does apparent stress vary with earthquake size? Geophys Res Lett 28: 3349~3352

Iervolino I, Convertito V, Giorgio M, Manfredi G, Zollo A (2007) The crywolf issue in earthquake early warning applications for the Campania region. In: Gasparini P, Manfredi G, Zschau J (eds) Earthquake Early Warning Systems. Springer

Kanamori (2005) Real-time seismology and earthquake damage mitigation. Annu Rev Earth Planet Sci 33: 195~214

Kanamori H, Heaton T (2000) Microscopic and macroscopic physics of earthquakes. In: Rundle JB, Turcotte DL, Klein W (eds) GeoComplexity and the Physics of Earthquakes, 147~163, AGU

Kanamori H, Rivera L (2004) Static and dynamic scaling relations for earthquakes and their implications for rupture speed and stress drop. Bull Seism Soc Am 94(1): 314~319

Kostrov BV (1964) Selfsimilar problems of propagation of shear cracks. Applied Mathem and Mech 28(5)

Nielsen S (2007) Can earthquake size be controlled by the initial seconds of rupture? In: Gasparini P, Manfredi G, Zschau J (eds) Earthquake Early Warning Systems. Springer.

Perrier G, Madariaga R (1998) Les Tremblements de Terre. CNRS France, 216

Scholz CH (1990) The Mechanics of Earthquakes and Faulting. Cambridge University Press, see Chapter 4.2, equation 4.23

Sunder S, Connor J (1982) A new procedure for processing strong-motion earthquake signals. Bull Seism Soc Am 72: 643~6621

Taylor JR (1997) An Introduction to Error Analysis. University Science Book

Weber E, Iannaccone G, Zollo A, Bobbio A, Cantore L, Corciulo M, Convertito V, Di Crosta M, Elia L, Emolo A, Martino C, Romeo A, Satriano C (2007) Development and testing of an advanced monitoring infrastructure (ISNet) for seismic early-warning applications in the Campania region of southern Italy. In: Gasparini P, Manfredi G, Zschau J (eds) Earthquake Early Warning Systems. Springer

Wells DL, Coppersmith KL (1994) New empirical relationships among magnitude, rupture width, rupture area, and surface displacement. Bull Seism Soc Am 84: 974~1002

Wu YM, Kanamori H (2005) Rapid Assessment of Damage Potential of Earthquakes in Taiwan from the Beginning of P Waves. Bull Seism Soc Am 95(3): 1181~1185

Wu YM, Teng T (2004) Near real-time magnitude determination for large crustal earthquakes. Tectonophys 309: 205~216

Wu ZL (2001) Scaling of apparent stress from broadband radiated energy catalogue and seismic moment catalogue and its focal mechanism dependence. Earth Planets Space, 53: 943~948

Zeng Y, Aki K, Teng T (1992) Mapping of the high-frequency source radiation for the Loma Prieta earthquake, California. J Geophys Res 98: 11981~11993

第5章 地震预警新方法

Maren Böse[1], Mustafa Erdik[2], Friedemann Wenzel[1]

1 卡尔斯鲁厄大学地球物理研究所，德国，卡尔斯鲁厄
(Karlsruhe University, Geophysical Institute, Karlsruhe, Germany)

2 土耳其海峡大学坎迪里观象台，土耳其，伊斯坦布尔
(Bogazici University, Kandilli Observatory, Istanbul, Turkey)

摘要

　　地震预警系统利用现代实时系统处理和传输信息速度比地震波传播速度（3~6 km/s）快的能力，在地震波到达可能用户场地之前提供即将到来的地面震动的初始信息。地震预警时间取决于地震震源、传感器和用户场地之间的距离，可能的预警时间范围达70s。在过去的几年中，设计和实施地震预警系统的主要精力放于增加预警时间，从而扩展能有效预警的地区。这就需要新策略和新方法来快速描述地震：现地预警系统基于单台地震观测以快速估算地震参数。虽然往往无法保证准确性，但是现地预警方法比基于台网的区域预警策略明显快得多。我们已经开发了另一种地震预警方法——PreSEIS（pre-seismic shaking），其与现地预警方法速度相当，但是其结合来自孔径约100km的小地震台网若干传感器的信息，从最初几秒的地震记录估算地震参数。因此，没有必要在能够发出估算结果之前所有的传感器都接收到地震波，因为即使一非触发台站也能对可能的震源位置提供有价值信息，并约束震级和震中距相互补偿问题的可能解的范围。随着时间的推移，更多台站较长的时间序列可用，允许改善推断的地震信息。PreSEIS基于神经网络方法。以土耳其伊斯坦布尔市的例子来描述此方法。

5.1　引言

在过去的几年中，地震数据实时获取和通信技术取得显著进展，同时地震处理软件能力显著增强，这为世界范围内的设计和实施地震预警系统铺平了道路。日本、中国台湾地区和墨西哥的地震预警系统已在运行中 (Nakamura, 1989; Wu and Teng, 2002; Wu and Kanamori, 2005; Espinosa-Aranda et al., 1995)。在其他国家，如罗马尼亚、土耳其，地震预警系统处在建设之中 (Wenzel et al., 1999; Erdik et al., 2003b)。

地震预警系统能到达的理论最大预警时间受限于震源附近一个或更多地震传感器检测到 P 波时间和在可能用户场地大振幅 S 波或面波到时之间的时间差。一般来说，可用的预警时间小于 70s。如果应用地震预警系统启动和执行自动装置，使易损系统和危险过程对即将到来的危险有所准备，那么地震预警系统是减轻灾害的有效工具。例如，地震预警系统可用来降低高速列车速度以防止其脱轨，切断输油和输气管道以减小火灾发生的危险，停止制造业生产操作以降低设备的可能破坏，或保存重要的计算机信息防止数据丢失。Goltz（2002）收录了对预警做出响应所采取的有效措施。

尽管迄今存在的预警系统大部分集中关注于震中距约 100km 范围内的可能用户，但现地预警系统可用来服务地方性范围内的更广大用户。现地预警系统通过对单台而不是台网数据进行分散处理和约束其信息来省出预警时间，一般来讲，仅分析 P 波到达的最初几秒，并用于快速估算触发地震震级和震中位置。应用地震动的频率成分作为确定震级的指标是地震预警的一条有发展前景的途径（(Nakamura, 1985; Kanamori, 2005)。由于单台观测存在较大的分散性，震级的预测通常是对认为是彼此独立的几个台站估计值取平均。例如：Wu 和 Kanamori（2005）研究表明，在台湾地区，应用震中距小于 21km 的头 8 个台站的震级平均值可以得到可靠的震级预测值，严格说来这一点与现地预警的初始定义是相矛盾的。

我们利用区域和现地预警概念二者的优点开发了一种新的地震预警方法。PreSEIS 结合几个场地的地震动观测来解决震级 - 震中距的相互补偿问题。在估算发布之前，PreSEIS 并不需要地震波到达所有场地，即使未触发台站能够对可能的震源位置提供有价值的信息。和现地预警方法一样，PreSEIS 只要求一个传感器触发便采取行动，同时考虑一地方台网几个台站的地震动观测（即它们没有触发），这比使用单台提供更详细的地震信息，例如破裂扩展和辐射花样方面的信息。PreSEIS 提供估计值的速度和现地预警方法一样快，因此适合于震中距小于 100km 范围内用户的地震预警。随着时间进行和信息可用性提高，估算结果自动更新。

　　本文应用土耳其的伊斯坦布尔大城市为例来描述 PreSEIS。伊斯坦布尔面临巨大地震的危险，这是由于北安那托利亚断裂带向西延伸体——马尔马拉主断层（Main Marmara Fault）引起的。马尔马拉主断层的一些段部分地在马尔马拉海中延伸，仅距马尔马拉海岸和伊斯坦布尔约 20km（图 5.1），对超过 1100 万的人口构成巨大的地震威胁。马尔马拉地区超过 2000 年的历史地震目录表明：平均每 50 年至少一次中等烈度（Ⅶ~Ⅷ）地震袭击伊斯坦布尔城市；高烈度（Ⅷ~Ⅸ）事件的平均复发周期为 300 年。Parsons（2004）对先前马尔马拉海地区地震和 1999 年 8 月 17 日伊兹米特地震（$M_W = 7.4$）应力转移研究确定伊斯坦布尔大城市地区在今后 30 年中强震动概率为（53 ± 18）%。Erdik 等（2003a）估计马尔马拉海地区在发生 $M_W = 7.5$ 地震的情况下，损失总计可达 110 亿美元，大约 4 万~5 万人死亡，43 万~60 万间房屋被毁。

　　1999 年，土耳其科贾埃利省和迪兹杰发生的破坏性地震为降低伊斯坦布尔城区和马尔马拉地区的地震危险性开启了机会之窗。降低地震危险性的一个组成部分是实时地震信息系统，即伊斯坦布尔地震快速响应

图 5.1　靠近伊斯坦布尔的马尔马拉断裂段的位置作为本项工作中模拟地震动实例的输入（图来源于 Armijo 等，2002；经本人修改）

断裂段 4 代表断裂段 1~3 的联合断裂带。三角形表示 10 个三分量加速度计的位置，这些加速度计实时链接到坎迪里观象台，作为伊斯坦布尔地震预警系统的一部分（Erdik et al., 2003b）

和预警系统（IERREWS）。Erdik 等（2003b）给出 IERREWS 详细内容。地震预警系统是 IERREWS 中的一部分，包括 10 个沿马尔马拉海岸部署的三分量强震动仪器（图 5.1），实时的无线电和卫星通讯链路以及一个位于伊斯坦布尔的土耳其海峡大学坎迪里观象台的中心处理设施。伊斯坦布尔靠近发震断层，这对地震预警系统的设计是一个重大挑战，因为在伊斯坦布尔地区地震信号检测和最大振幅达到之前的时间窗非常短。

5.2　方法

当部署的地震台网（这里是伊斯坦布尔地震预警系统的 10 个台站）第一个传感器检测到 P 波信号，PreSEIS 便给出触发地震的震级和位置估计值。PreSEIS 利用人工神经网络（ANN）方法快速表征地震震源。ANN 为那些不得不在经验而不是显性规则基础上设计的系统和过程提供统计模型（例如，Swingler, 1996）。人工神经网络是通过简单的处理单元（称为神经元）建立起来的，它们之间彼此紧密相连。在网络中，每个链接的重要性是通过其赋予的权重来控制的。

PreSEIS 应用 ANN 从地震图的初始部分快速估算震源参数；这些 ANN 近似描述地震波传播和衰减，无需特定的地壳属性，比如速度分布和衰减模型。较短的处理时间和对噪声高度容忍使得 ANN 成为人们关注的地震预警工具。

PreSEIS 使用所谓双层前馈神经网络，神经元排列在隐层和输出层。这样网络的映射函数可以写为：

$$y_k^{\text{net}} = \tilde{g}\left(\sum_{j=0}^{M} w_{2kj}^{\text{net}} g\left(\sum_{i=0}^{d} w_{1ji}^{\text{net}} x_i^{\text{net}} \right) \right) \tag{5.1}$$

其中 y_k^{net} 表示在网络 net 中第 k 个神经元的输出，x_i^{net} 表示网络 net 中第 i 个神经元的输入；$g(\ )$ 和 $\tilde{g}(\ )$ 是非线性激活函数；w_{1ji}^{net} 描述输入神经元 i 与隐层中的神经元 j 之间链接的权重；w_{2kj}^{net} 描述隐层中的神经元 j 与输出层中的神经元 k 之间链接的权重。

地震可用信息具有明显的时间依赖性：随着时间 t 推移，PreSEIS 中的近似震源参数持续更新。在每次时间步长中应用所有可用信息有助于限定可能解的范围，即使某些传感器仍然没有触发，这一信息也是有帮助的。应用单台数据，震级 – 震中距相互补偿问题很明显是欠定的。然而良好的预警算法设计支持考虑所有可用信息的能力，包括利用关于断层位置等先验信息，从而快速和可靠收敛于正确的震级和震源位置。

PreSEIS 中的快速震源定位和震级估算两个任务通过两个不同的神经网络设计来解决，简称为 net hypo 和 net M_w。定位基于传感器 $j=1,\cdots,10$，t_j^trigg 的 P 波检测时间和最先触发的台站 i 的 P 波检测时间 t_i^trigg 之间标度后的时间延迟 $\Delta t_j^\mathrm{trigg}$，因而 $t_i^\mathrm{trigg} \leqslant t_j^\mathrm{trigg}$。如果台站 j 在时间 t 没有触发，PreSEIS 认为 $t_j^\mathrm{trigg}=t$。因此，net hypo 的输入可写为：

$$x_j^\mathrm{hypo}(t)=\Delta t_j^\mathrm{trigg}(t),\ j=1,\cdots,10 \tag{5.2}$$

其中，$\Delta t_j^\mathrm{trigg}(t) \equiv (t-t_i^\mathrm{trigg})$，如果 $t < t_j^\mathrm{trigg}$ （5.2a）

$\Delta t_j^\mathrm{trigg}(t) \equiv (t_j^\mathrm{trigg}-t_i^\mathrm{trigg})$，如果 $t \geqslant t_j^\mathrm{trigg}$ （5.2b）

对于震级的估算，net M_w 使用地震台网不同地震台站在 t 时刻的可用的观测震动 $a_j(t)\ j=1,\cdots,10$，更严格来说，PreSEIS 应用（加括号的）累积绝对速度值（CAV）（Benjamin et al., 1988），也就是 t_j^trigg 和 t 时间间隔内测量的积分速度值。CAV 相对于其他地动参数的显著优点之一是其本身的积分特征，使之 CAV 与地震破裂历史的细节（例如由非均匀滑动引起的）无关。PreSEIS 应用（标度后的）CAV 的对数值作为 net M_w 的输入：

$$x_j^{M_w}(t)=\lg(CAV_j(t)+1),\ j=1,\cdots,10 \tag{5.3}$$

其中，台站 j 和时间 t 的 CAV 定义为：

$$CAV_j(t)\equiv 0，如果 t < t_j^\mathrm{trigg} \tag{5.3a}$$

$$CAV_j(t) \equiv \int_{t_j^\mathrm{trigg}}^{t} |a_j(t)|\,\mathrm{d}t，如果 t \geqslant t_j^\mathrm{trigg} \tag{5.3b}$$

由 net hypo 估算的震源位置作为 PreSEIS 的进一步输入参数。

假定地震 l 实际的震源位置为 $\bar{X}_l=(X_l^\mathrm{hypo}, Y_l^\mathrm{hypo}, Z_l^\mathrm{hypo})$，震级为 $M_\mathrm{w,l}$；PreSEIS 相对应的估计结果为 $\hat{\bar{X}}_l=(\hat{X}_l^\mathrm{hypo}, \hat{Y}_l^\mathrm{hypo}, \hat{Z}_l^\mathrm{hypo})$ 和 $\hat{M}_\mathrm{w,l}$。通过使训练数据集中的 n 对目标值 t_k 和输出值 y_k 的误差值极小化，由样本模式确定 ANN 的模型参数。例如，选择函数绝对平均误差 E^net，使

$$E^\mathrm{net}=\frac{1}{n}\sum_{l=1}^{n}\left(\sum_{k=l}^{c} |y_{k,l}^\mathrm{net}-t_{k,l}^\mathrm{net}|\right) \tag{5.4}$$

对于 net hypo，我们得到

$$\widetilde{E}^{\text{hypo}} = \frac{1}{n}\sum_{l=1}^{n}\left(|\hat{\widetilde{X}}_l^{\text{hypo}} - \widetilde{X}_l^{\text{hypo}}| + |\hat{\widetilde{Y}}_l^{\text{hypo}} - \widetilde{Y}_l^{\text{hypo}}| + |\hat{\widetilde{Z}}_l^{\text{hypo}} - \widetilde{Z}_l^{\text{hypo}}|\right) \qquad （5.4a）$$

对于 net M_w，得到

$$\widetilde{E}^{M_w} = \frac{1}{n}\sum_{l=1}^{n}|\hat{\widetilde{M}}_{w,l} - \widetilde{M}_{w,l}| \qquad （5.4b）$$

其中 ~ 表示标度后的值，^ 表示估算的参数（Swingler, 1996）。

除了所描述的震级和震源位置的估算，PreSEIS 可以用来预测破裂延展过程。即使对于这些参数的估算通常存在显著的误差，但这些信息是必要的。如果结合经验衰减规律，可以计算实时警报图（alert map），警报图表明了峰值地动加速度值（PGA）、地震烈度（I）或其他感兴趣的地震动参数的可能分布，因此，与地震动图（shake map）（Wald et al., 1999)紧密相关，但区别在于警报图是基于预测而非观测的地震动数据。地震警报图的目标是快速判别受强烈地震动影响的可能区域。相对于地震震源为单一点源的简单假设而言，估算地震破裂的延展过程可以显著改善地震警报图。

5.3 数据库

北安那托利亚断层具有高地震活动性。然而，近些年来记录的大多数地震发生在 1500km 长断层的中部和东部部分。另一方面，马尔马拉地区地震活动性较低，在此研究背景下，设计和验证地震预警系统具有较高的挑战性。模拟地震动过程有助于克服适用数据的缺乏。

尽管原理上，长周期地震动是可以预测的，但短周期地震动很难估算，这是由于受震源和地壳属性小尺度不均匀性的影响，高频地震波的非相干性增加。短周期地震动可以看为随机现象：在远离震源处的地震动可以用特征频率为 ω^n 的有限持续时间有限频率高斯噪声来描述，其傅立叶振幅谱（FAS）为：

$$|S(x,\omega)| = \frac{R^{\Theta\Phi}M_0}{4\pi\rho\beta^3}\left[1 + \left(\frac{\omega}{\omega_c}\right)^2\right]^{-(n+1)/2} \qquad （5.5）$$

其中 $R^{\Theta\Phi}$ 表示辐射花样，M_0 是地震矩，ρ 是密度，β 是地震波传播介质的地震波速度，ω 是圆频率，ω_c 为傅立叶振幅谱的拐角频率。

通过给定描述地震震源谱的形状和简单地球模型的参数，其中地球模型考虑了传播介质和台站场地响应的影响，随机方法可以用来模拟任意场地的地震动时间序列（Boore，1983）。然而，在较近距离，必须考虑有限震源尺度。在本工作中，根据 Beresnev 和 Atkinson（1997）的提议，将点震源方法扩展到有限断层中。有限断层随机模型的基本思想认为断层破裂体系是由多个点源组成的：对每个子断层赋予由式（5.5）描述的具有特征频率 ω^n 的傅立叶振幅谱。Atkinson 和 Beresnev（1997，1998）研究过目标谱和不同的子断层参数之间的关系。

为了给随后的研究工作提供现实的数据库，对某些震源参数赋予可变性，这些震源参数包括：应力降，滑动速度，破裂尺度和断层上的平均凹凸体大小（Böse，2006）。模拟不同的滑动分布，并与不同方向的破

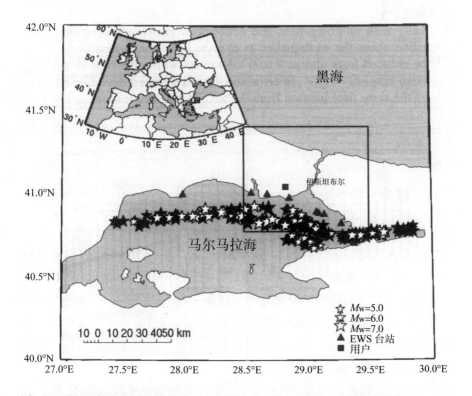

图5.2 马尔马拉海中随机模拟的 250 个地震（$4.5 \leqslant M_w \leqslant 7.5$）震中分布图

黑色星表示训练事件的位置，白色星则表示 PreSEIS 中人工神经网络测试数据集。地震沿图 5.1 所示的 5 个断层段分布，深度分布为 5~20km。地震震源参数随机变化；模拟不同滑动分布和滑动方向，包括单向和双向破裂

裂过程相结合，包括双向和单向的情况。在 Boore 和 Joyner（1997）确定的 NEHRP 土壤分类方法的基础上，由高频减小和场地放大（例如，土壤沉积物的影响）结合而成的场地效应作为依赖于频率的因子也包括进来。因此，我们认为合成的数据库包括了一定程度的事件间和事件内可变性。

我们利用有限断层的随机模型模拟伊斯坦布尔地震预警系统 10 个台站记录的 250 个地震的地震动，震级范围为 M_w=4.5~7.5。另外，我们模拟伊斯坦布尔附近的工业园区（User$X$）的地震动时间序列，我们把该工业园区作为需要预警的可能用户。地震震中位于马尔马拉海中的五个断裂段，如图 5.1 和图 5.2 所示。引进断层段 4 对于与断层段 1~3 的联合破裂相关的地震是必要的，模拟过程只允许线性破裂传播。模拟地震的震源深度分布在 5~20km 范围内。对于合成数据库的详细描述如 Böse（2006）文章所述。

对于 PreSEIS 中的神经网络学习，我们把模拟地震记录数据库随机分成各有 200 和 50 个模式的训练和测试数据组。合成数据组的震中分布如图 5.2 所示：黑色星表示训练用地震的位置，白色星表示测试用事件。通过应用回弹反向传播（Resilient Backpropagation）算法确定在 $\widetilde{E}^{net}$ 足够小同时 ANN 又有高推广能力之处的网络权重组合，这里 ANN 的推广能力是借助独立的测试数据集来定量确定的。

5.4   结果

第一个传感器触发后 0.5~10.0s 之间各时间步长处（未标度的）位置 E^{hypo} 和震级绝对预测误差 E^{M_w}，示于图 5.3(a) 和图 5.3(b)。在误差分析过程中，我们考虑数据库中所有的 n=250 个地震，即包括全部训练事件和测试事件。如预期那样：随着时间的进展，预测两个震源参数的可靠性也逐渐增加，因此随着可用地震信息的增加，在头 10s 内平均定位误差从几乎 9km 减小到 6km；在同样的时间间隔内，平均震级误差及其单位标准偏差从 0.5 减小到 0.25 个震级单位。

下面，我们将应用测试数据集中的两个地震实例来展示 PreSEIS。第一个实例显示发生于断层段 3，M_w=6.7（Scenario 1）；第二个地震发生在断层段 5，M_w=5.4，（Scenario 2）。图 5.4(b) 和 5.5(b) 中的五角星表示震中位置，相应的断层破裂如图 5.4(c) 和 5.5(c) 所示。值得注意的是：马尔

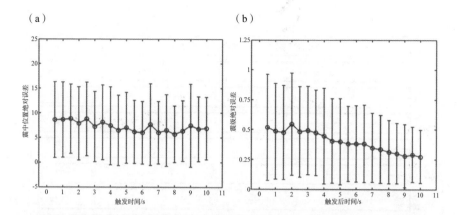

图5.3 由 PreSEIS 对全部训练和测试数据组的估计震中位置和震级给出的绝对误差
（a）震源位置；（b）震级（绝对误差为第一个台站触发后的时间函数。
图中所表示的为平均误差和单位标准偏差。在第一个台站触发后头 10s 内，平均定位误差可从
9km 减小到 6km。在同样的时间间隔内，平均震级误差可从 0.5 减小到 0.25 个震级单位

马拉海西部地区台站分布密度比较低。实例 1 中 PreSEIS 位于 USER*X* 处
（图 5.4b 中方形所示）的可能用户将得到 20s 的最长预警时间。另一方面，
对于实例地震 2，发生在台站密度较高的马尔马拉海东部地区，USER*X*
位置处的用户仅有 10s 的预警时间。图 5.4(a) 和图 5.5(a) 表示预警台站和
工业园区（USER*X*）模拟加速度地震动水平分量均值。地震记录按照 P
波到时顺序排列。

我们应用以下的衰减规律计算地震烈度的震动图和警报图，所用衰
减规律是从土耳其西北部地区观测数据和模拟地震动记录导出的（Böse，
2006）。

$$\ln(I)=0.8089+0.2317M_\mathrm{w}-0.1073\ln(r_{jb}+0.6M_\mathrm{w})-0.0052r_{jb}+C(\mathrm{site},M_\mathrm{w}) \quad (5.6)$$

其中我们还应用振幅谱和地震烈度的经验关系（Sokolov，2002）。

Joyner–Boore 距离 r_{jb} 定义为观测点和破裂在地表面垂直投影间的最
近水平距离（以 km 为单位）；校正项 $C(\mathrm{site}, M_\mathrm{w})$ 考虑与震级相关的场地
响应对地震动的影响（Böse，2006）。

图 5.4(c) 和图 5.5(c) 显示在考虑岩石条件情况下，地震实例 1 和 2
的地震烈度震动图。图 5.6 和图 5.7 显示 PreSEIS 第一个传感器触发后
0.5 ~ 2.0s 内 4 个时间点的相应预测结果：左侧图表示估算的震中位置；

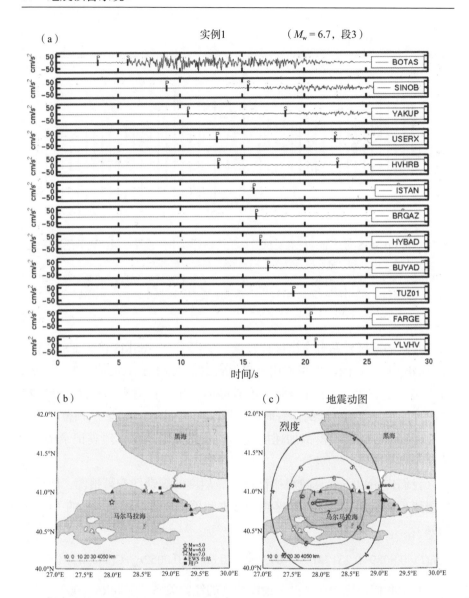

图 5.4 在断层段 3 上的模拟地震实例 1

震级 M_w=6.7，深度为 12.2km。（a）预警台站和工业园区 UserX 的模拟加速度地震记录经过 0.05~12.0Hz 滤波的平均水平分量图，地震记录按照 P 波到时顺序排列；（b）用星形表示的地震震中位置；（c）断层破裂和基于岩石类型的地震动烈度分布图

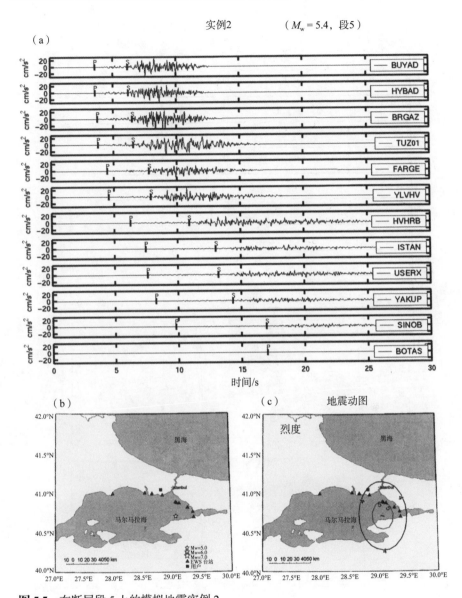

图 5.5 在断层段 5 上的模拟地震实例 2

震级 M_w=5.4，深度为 7.2km。进一步解释如图 5.4 所示

右侧图表示应用式（5.6），由估算的震级和破裂延展结果确定的地震烈度警报图。

图 5.6、图 5.7 和图 5.4、图 5.5 分别显示实例 1 和实例 2 的震中位置、

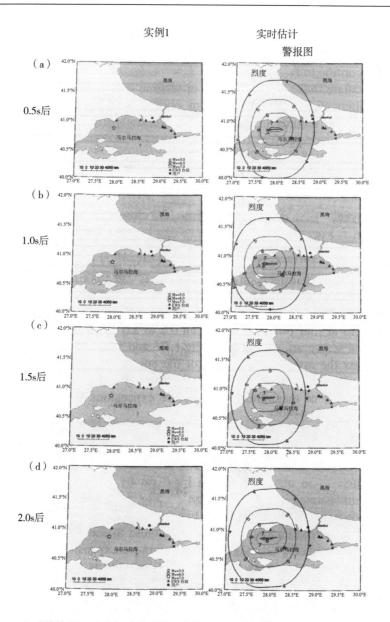

图 5.6 实时估算的地震实例 1 的震中位置和地震烈度警报图

(a)、(b)、(c)、(d) 分别表示在台站 BOTAS 触发后 0.5s、1.0s、1.5s 和 2.0s 的震中位置（左）和地震烈度警报图（右）。模拟的加速度时间序列和目标值如图 5.4 所示。为计算警报图，PreSEIS 估算震级、断层破裂的起始点和结束点，并使用例如式 (5.6) 给出的衰减规律。随着时间的延续，预测的结果很稳定，给出与实际震源参数很好的近似结果（图 5.4）

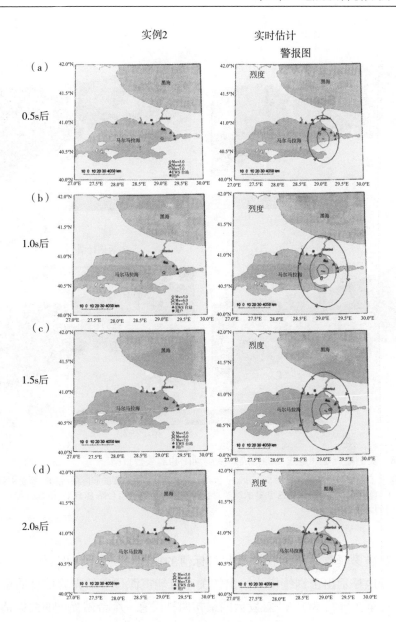

图 5.7 实时估算的地震实例 2 的震中位置和地震烈度警报图

(a)、(b)、(c)、(d) 分别表示在台站 BUYAD 触发后 0.5s、1.0s、1.5s 和 2.0s 的震中位置（左）和地震烈度警报图（右）。模拟的加速度时间序列和目标值如图 5.5 所示。解释见图 5.6

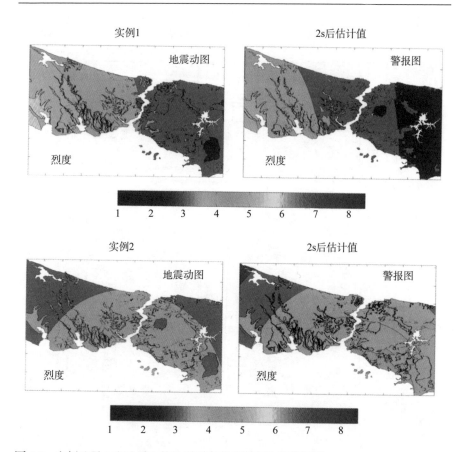

图 5.8　实例地震 1 和地震 2 的地震烈度震动图和地震警报图

图中考虑了依赖于震级的场地效应（Böse，2006）。震动图是由地震的实际震级和破裂延展计算得到的。警报图是应用 PreSEIS 估算的震源参数得到的，分别表示台站 BOTAS 和 BUYAD 触发后 2s 时的结果

震级和破裂延展范围的预测值和目标值的比较。实例 1（图 5.8，左图）中很好地显示出由训练模式给出的关于可能震源位置的先验信息的重要性：甚至在台站 BOTAS 触发后的最初两秒仅有一个台站提供的数据情况下，PreSEIS 画出的震中也接近于实际的震源位置（图 5.4(b)）。与估算的震级和破裂延展相似，预测的震源位置是很稳定的，地震烈度值比实际烈度值低估 0.5 个单位。最初 2s 内估算的震级在 $\hat{M}_{\mathrm{w}}$= 6.3 和 $\hat{M}_{\mathrm{w}}$= 6.4 之间变化。在实例 2 中，在台站 BUYAD 触发后的最初 2s 内估算的震源参数预测值是基于来自 4~6 个场地的数据地震震源位置和地震大小被快速判

定（图5.7）。PreSEIS发布的震级估计值在$\hat{M}_W$= 5.3和$\hat{M}_W$= 5.7之间。

图5.8比较了实例地震1和地震2对伊斯坦布尔地区造成的地震烈度震动图和警报图，图中包括依赖于震级的场地效应（Böse，2006）。

5.5 结论

我们利用区域和现地预警的概念发展了一种地震预期方法：PreSEIS结合不同场地的地震动测量，不需要在地震预警发布之前地震波已经到达全部传感器。PreSEIS预警的发布速度和基于现地单台的方法一样快，而且能利用更多的地震信息来估算震源参数。

PreSEIS利用人工神经网络ANN来快速估算地震震级、震源和破裂位置。估计破裂延展所产生的警报图形式表现的地震动分布比假设地震为点震源估算的地震动更近似于实际的地震动分布。ANN从训练数据集中，可以学习到关于断层位置和地震震级相对频度等重要信息，和地震预警的虚拟地震学家方法（Cua and Heaton，2004）相似。然而，ANN通过训练模式间接地综合了先验信息，也就是说，不必要有清楚的可用背景知识。

PreSEIS利用（加括号的）累积绝对速度值实现地震动参数化，作为ANN的输入。我们期待其他参数也能适用，例如，描述地震动信号包络或频率成分的参数。

文中以面对巨大地震风险的大伊斯坦布尔市为例。显示PreSEIS在预警时间很短的地区内进行地震预警的可能。

5.6 致谢

本项目由德国联合研究中心支持，461：强震——地球科学和土木工程研究挑战，资金资助来源于德国基金研究会。

参考文献

Ambraseys N (2002) The seismic activity of the Marmara Sea region over the last 2000 years. Bull Seism Soc Am 92(1): 1~18

Armijo R, Meyer B, Navarro S, King G, Barka A (2002) Asymmetric slip partitioning in the

Sea of Marmara pull-apart: a clue to propagation processes of the North Anatolian Fault? Terra Nova 14(2): 80~86

Benjamin JR and associates (1998) A criterion for determining exceedance of the operating basis earthquake. EPRI-report NP-5930, Electric Power Research Institute, Palo Alto, California

Beresnev IA, Atkinson GM (1997) Modeling finite-fault radiation from the ω n spectrum. Bull Seism Soc Am 87(1): 67~84

Beresnev I, Atkinson G (1998) FINSIM - a FORTRAN program for simulating stochastic acceleration time histories from finite faults. Seism Res Lett 69(1): 27~32

Böse M (2006) Earthquake early warning for Istanbul using artificial neural networks. PhD thesis, Karlsruhe University, Germany, in prep.

Boore DM (1983) Stochastic simulation of high-frequency ground motions based on seismological models of the radiated spectra. Bull Seism Soc Am 73: 1865~1894

Boore DM, Joyner WB (1997) Site amplifications for generic rock studies. Bull Seism Soc Am 87(2): 327~341

Building Seismic Safety Council (BSSC) (1995) NEHRP Recommended Provisions for Seismic Regulations for New Buildings, FEMA 222A/223A. Technical report, Federal Emergency Management Agency, Washington D.C

Erdik M, Aydinoglu N, Fahjan Y, Sesetyan K, Demircioglu M, Siyahi B, Durukal E, Özbey C, Biro Y, Akman H, Yuzugullu O (2003a) Earthquake risk assessment for Istanbul metropolitan area. Earthquake Engineering and Engineering Vibration 2(1): 1~23

Erdik M, Fahjan Y, Özel O, Alcik H, Mert A, Gul M (2003b) Istanbul Earthquake Rapid Response and the Early Warning System. Bulletin of Earthquake Engineering 1; 157~163, Kluwer Academic Publishers, Netherlands

Espinosa-Aranda J, Jimenez A, Ibarrola G, Alcantar F, Aguilar A, Inostroza M, Maldonado S (1995) Mexico City Seismic Alert System. Seism Res Lett 66(6): 42~53

Goltz JD (2002) Introducing earthquake early warning in California: A summary of social science and public policy issues. Caltech Seismological Laboratory, Disaster Assistance Division, A report to OES and the Operational Areas

Kanamori H (2005) Real-time seismology and earthquake damage mitigation. Annual Reviews of Earth and Planetary Sciences 33: 5.1~5.20

Nakamura Y (1985) A concept of one point detection system and its example using personal computer for earthquake warning. In Proceedings of 18th Earthquake Engineering Symposium of Japan

Nakamura Y (1989) Earthquake alarm system for Japan Railways. Japanese Railway Engineering 8(4): 3~7

Parsons T (2004) Recalculated probability of $M \geqslant 7$ earthquakes beneath the Sea of Marmara, Turkey. J Geophys Res 109: B05304, doi: 10.1029/2003JB002667

Riedmiller M, Braun H (1993) A direct adaptive method for faster backpropagation learning: The RPROP algorithm. In Proceedings of the IEEE International Conference on Neural Networks

Sokolov V (2002) Seismic intensity and Fourier acceleration spectra: Revised relationship. Earthquake Spectra 18(1): 161~187

Swingler K (1996) Applying neural networks - A practical guide. Academic Press Inc., San Diego

Wald D, Quitoriano V, Heaton T, Kanamori H, Scrivner C, Worden C (1999) Tri-Net ShakeMaps: Rapid generation of instrumental ground motion and intensity maps for earthquakes in southern California. Earthquake Spectra 15: 537~556

Wenzel F, Oncescu M, Baur M, Fiedrich F (1999) An early warning system for Bucharest. Seism Res Lett 70(2): 161~169

Wu Y-M, Kanamori H (2005) Experiment on an onsite early warning method for the Taiwan early warning system. Bull Seism Soc Am 95: 347~353

Wu Y-M, Teng T-l (2002) A virtual subnetwork approach to earthquake early warning. Bull Seism Soc Am 92(5): 2008~2018

第6章 用于地震预警的优化实时地震定位

Claudio Satriano[1]，Anthony Lomax[2]，Aldo Zollo[1]

1 那不勒斯腓特烈二世大学物理科学系RISSC实验室，意大利那不勒斯
（RISSC–Lab, Dipartimento di Scienze Fisiche, Università di Napoli Federico II, Napoli, Italy）

2 安东尼洛马克斯科学软件，法国
Mouans–Sartoux（Anthony Lomax Scientific Software, Mouans–Sartoux, France）

摘要

一个有效的地震预警系统必须能够在事件被第一次检测到的几秒钟之内给出潜在的破坏性地震震中位置和大小的估值。

本文中，我们提供了一个实时演进的定位技术，它是基于等时差（EDT）方程和估计震源位置的一种概率方法。在每个时间步长上，这种算法依靠来自触发台站和尚未触发台站的信息。在只有一个初至记录时，震源位置可以由第一个触发台站所在的沃罗诺伊单元来限定。随着时间的推移，可以用到更多的触发台站，实时演进的定位结果趋向于标准EDT定位。

我们用南意大利伊尔皮尼亚地震台网 ISNet 实际的几何分布进行了理论计算定位测试，用来评估这种算法的准确度以及在出现异常值时的稳健性。

6.1 引言

来自一个大地震的具有破坏性的 S 波和面波从震源区域传播至较远

的人口密集区和敏感的基础设施区域需要几十秒的时间，如果在震源区域有一个地震监测台网，那么现代的地震学分析方法和通信系统能够在几秒钟内确定事件并发出警报信息，从而为采取减灾行动留出几十秒的时间。这个过程称作地震预警。例如，对于意大利南部伊尔皮尼亚地区的一个地震，在第一个携带大能量的 S 波序列到达约 80~100km 处的那不勒斯之前约有 25~30s 的时间。用一个地震预警系统就可以在强震动开始前 20s 或更多时间为那不勒斯关键区域发出警报。

地震最重要的特征包括震源位置和震级大小（Zollo et al.，2007，本书第 4 章）。现在我们考虑在事件被检测到之后随着时间的推移尽可能地限定震源位置。本文将这种限定表示为在 3D 空间里关于震源位置的概率密度函数（pdf）。这种实时优化的震源位置概率信息将成为预警系统的一个关键部分，从而能根据发布每次消息时所估计的可能震源距离和方向范围来采取行动（Iervolino et al.，2007，本书第 11 章）。

有很多标准定位方法需要事件的所有震相到时，我们这个优化实时定位方法是建立在 Font 等（2004）和 Lomax（2005）用于标准地震定位的等时差方程（EDT）基础上。EDT 是对主台方法（master-station method）（Zhou，1994）和 Milne（1886）引用的"双曲线法（method of hyperbolas）"的一般化。EDT 定位结果是由准双曲面上叠加结果的最大值给出的，在每个双曲面上，到两个台站的计算走时差等于到这两个台的观测到时差。EDT 定位与发震时间无关，简化为在经度、纬度和深度上的三维搜索。因为它使用了叠加，EDT 在数据有异常值的情况下仍是很稳健的。对于本研究的问题，这种稳健性至关重要，因为我们往往只有少量数据而且可能有异常数据，比如由于大能量的后续震相而产生的误触发和震相的误拾取。

目前用于地震预警的地震定位工作包括很多新的方法，能用比标准定位更少的观测数据和更早地限定震源位置。Horiuchi 等（2005）联合标准 L2 范数事件定位、准双曲面 EDT 定位和来自未到达数据的信息，在有两个台站触发时便开始限定震中位置。这两个到时能确定一个双曲面，而我们的震源就在这个双曲面上。最大可能包括震源的区域由 EDT 曲面界定，该 EDT 曲面用当前时间（t_{now}）代替尚未触发台站的未知到时。即使没有新的台站记录到时，这个区域也随着 t_{now} 的更新而缩小。Rydelek

和 Pujol（2004）对于只有两个台站触发的情况应用了 Horiuchi 等（2005）的方法。

6.2　方法

我们假设一个地震台网已知有哪些台站工作和哪些台站不工作，当一个地震发生时，有来自一些工作台站的可用的 P 波初至读数，也可能有与 P 波初至无关的异常值读数。我们的方法与 Horiuchi 等（2005）提出的方法有关，并在以下几点进行延伸和一般化：①在只有一个台站被触发时就开始定位过程；②自始至终使用 EDT 方法来组合已触发到时和未触发台站；③用作为概率密度函数的概率值而不是一个点来估计震源位置；④对于每一次定位估值都采用充分的全局搜索。

当第一个台站 S_n 的初至在 $t_n=t_{now}$ 时到达，使 S_n 触发时，我们就已经能够对一个可能包含震源的概率密度函数区域给出有效的限定。这些限定是由条件 EDT 表面限制的，在这些曲面上，P 波到第一个触发台站的走时 $tt_n(x)$ 等于 P 波到每一个正常工作但未触发台站的走时 $tt_l(x)$，$l \neq n$。在均匀介质中，震源的概率密度函数区域是由围绕第一个记录台站的沃罗诺伊单元，它是由第一个台站与最近的几个台站之间的中垂面圈定的（图 6.1(b)）。

随着当前时间 t_{now} 的推进，我们获得了其他的信息，即尚未触发的台站只能在 $t_l > t_{now}$ 的时候触发。因此震源的概率密度函数区域由条件 EDT 表面限定，所说的条件 EDT 表面满足不等式 $tt_l(x)-tt_n(x) < t_{now}-t_n$，$l \neq n$。更新后的震源概率密度函数区域比之前的区域小，因为更新的条件 EDT 表面将会呈包围第一个已触发台的趋势收敛（图 6.1(c)）。

当第二个和之后更多的台站触发后，我们用方程 $tt_l(x)-tt_m(x)=t_l-t_m$，$l \neq m$ 在所有已触发的两个台站 S_l、S_m 之间建立真正的标准 EDT 曲面。这些 EDT 表面与前面所说的由未触发台站确定的区域的叠加，就是我们当前的震源概率密度区域（图 6.1(d)~(f)）。事实上，所有的 EDT 曲面都因为误差而具有一定的宽度，该误差是由到时拾取和走时计算带来的。

随着更多的台站触发，未触发台站越来越少，于是真实 EDT 曲面和条件 EDT 曲面圈定区域的叠加收敛于使用全部工作台站数据由标准 EDT 方法得到的震源概率密度函数区域。

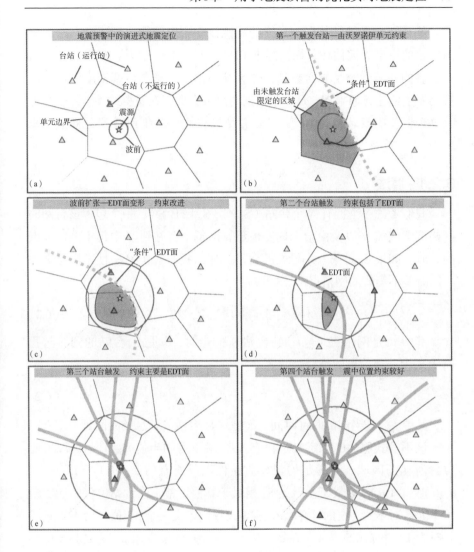

图6.1 演化地震定位算法

(a)已知台站是否正常工作的一个地震台网，我们可以预先定义与每个台站关联的沃罗诺伊单元；(b)当第一个台站触发时，我们可以由"有条件的"EDT曲面定义一个可能包括震源的区域，在这个曲面上P波到第一个触发台站的走时等于到每个正常工作但未触发台站的走时；(c)随着时间的推移，我们从未触发台站获得了更多信息：EDT曲面向着包围第一个触发台站的方向弯曲，震源区域相应缩小；(d)当第二个台站触发，我们可以定义"真正的"EDT曲面，此时实际的震源可能位于这个"真正的"EDT面与之前定义的逐渐缩小的区域之间的交面上；(e)当第三个台站触发后，我们可以再得到两个"真正的"EDT曲面，增加了对震源位置的约束；(f)随着更多的台站触发，定位结果收敛于标准EDT定位结果如果有少量异常数据，最终的震源概率密度函数区域通常会给出震源位置的一个无偏估计，如同标准 EDT 定位那样。但是，如果有一个或者更多的初至到时是异常数据，那么开始给出的震源概率密度函数区域将会发生偏差，如果 N_{out} 是异常数据的个数，那么在获得约 $4+N_{out}$ 个初至时这个偏差应该显著减小，并且随着结果收敛于标准 EDT 定位而进一步减小。

6.2.1　算法

我们考虑一个拥有 N 个台站（S_0, ..., S_n）的台网、一个包含该台网的网格搜索区域 V 以及由给定速度模型算出每个台站到 V 中每个网格节点的走时。如果 S_n 是第一个触发的台站，那么我们就在 V 中搜索满足下列一组时差不等式的网格点（i,j,k）：

$$(tt_l - tt_n)_{i,j,k} \geqslant \delta t_{n,l}; l \neq n \tag{6.1}$$

其中 tt_l 是网格点（i,j,k）到台站 S_l 的走时，δt 是 S_n 台站的到时与我们从 S_l 台获得信息的最后时间之差：

$$\delta t_{n,l} = t_{now} - d_k - t_n \tag{6.2}$$

其中 t_{now} 是当前的时钟时间，d_l 是从 S_l 台接收信息的时间延迟。

该不等式组（6.1）定义了只有 S_n 台触发后的当前 t_{now} 时刻震源可能位置所在的区域。当满足均匀介质条件以及所有的 $\delta t_{n,l}$=0（即 t_{now}=t_n 和 d_l=0），式（6.1）定义了由台站 S_n 相对于其他正常工作台站位置的沃罗诺伊单元。对于式（6.1）中的每个不等式我们定义一个 $p_{n,l}$ 值，当不等式成立时为 1，不成立时为 0。在每个格点，对每个台站 l 求 $p_{n,l}$ 值之和，即得到一个非归一化的概率密度 $P(i,j,k)$。对于所有不等式都成立的那些格点，$P(i,j,k)$=N–1，否则 $P(i,j,k)$ 值小于 N–1。

当有新的台站触发时，我们会用所有已触发台站 S_n 和所有尚未触发台站 S_l 重新评定不等式组（6.1）。接下来，我们搜索满足下式的格点：

$$|(tt_l - tt_m) - (t_l - t_m)|_{i,j,k} \leqslant \sigma; l \neq m \tag{6.3}$$

其中 S_l 和 S_m 是已触发台站，σ 给出了在到时拾取和走时计算中的误差。这是标准 EDT 方程。

我们定义一个值 $q_{l,m}$，当式（6.3）满足时为1，不满足时为0。我们将 $q_{l,m}$ 与重新评定式（6.1）后得到的 $p_{n,l}$ 加起来，得到一个新的 $P(i,j,k)$。P 的最大值是：

$$P_{\max} = (N - n_T)n_T + \frac{n_T(n_T - 1)}{2} \qquad (6.4)$$

其中 n_T 是触发台站个数。式（6.4）的第一项是对式（6.1）中的不等式个数计数，而第二项是对式（6.3）中的不等式个数计数。

由 P，我们定义一个值：

$$Q(i,j,k) = \left(\frac{P(i,j,k)}{P_{\max}}\right)^N \qquad (6.5)$$

可以当作给定网格元包含震源位置的相对概率密度。

当有新的台站触发或者是过了一个预设的时间间隔，我们都重新计算 $Q(i,j,k)$。然后就可以发出一个警报，其中包括关于当前震源位置范围的信息。这个信息可以包括：比如 $Q(i,j,k)$ 值最大的网格点，或者由满足 $Q(i,j,k) > \alpha Q$（α 是小于1的常数）的单元之间最大水平向及垂向距离所给出的震源位置不确定度。对于在特定位置接收警报的人，所提供的震源位置和不确定度信息可能是到该特定位置的可能震中距范围。

6.3　定位测试

为了评估这种定位技术的准确性和稳健性，我们用 ISNet（Webber et al.，2007，本书第16章）的几何布局和在该地区的 $V_\mathrm{p}/V_\mathrm{s}$ 为常数 1.68 的 $1DV_\mathrm{p}$ 速度模型（表6.1）进行了理论测试。

表6.1

深度（km）	V_p（km/s）
0.0	2.0
1.0	3.2
2.5	4.5
15.0	6.2
35.0	7.4
40.0	8.0

我们的第一个测试考虑一个浅源地震，发生在该台网中心深度为

1km 的地方，事件定位只用 P 波触发到时。图 6.2 中的小图是定位概率密度 $Q(i, j, k)$ 沿穿过真正震源的三个正交平面的投影。第一幅截图是在第一个台站 ST24 触发（$T=0$）的时刻，对震中位置的限制来自于式（6.1）定义的区域，在深度上没有限制。1s 之后，ST25 台触发，定位结果由之前定义的区域（已在 ST24 周围收缩）和式（6.3）给定的 EDT 曲面限定。2s 之后，4 个台站触发，定位结果已经限定到足够用来做预警。

图 6.3 显示的是只用 P 波触发到时对发生在台网外部、深度为 10km 处的一个事件进行定位。在 $T=0$ 时刻的最大概率区域只被约束为朝向台网。在 1s 之后，又有两个台站触发，此时各个方向都有了约束。随着时间的推移，对定位区域的控制也逐渐改善，但是仍然保持狭长的形状，这是因为对于网外的地震，震源距离被确定得不够好。对深度的限制很小，但是限制的范围包括了真值。

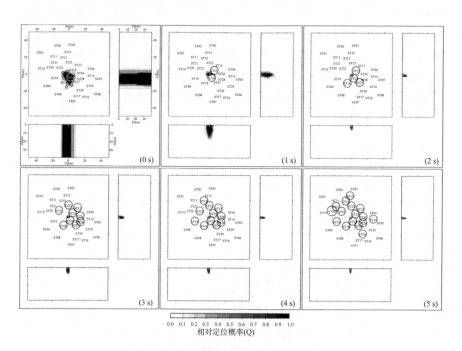

图 6.2　发生在 ISNet 台网中心的地震事件定位测试

概率函数被投影到穿过真正震源（图中五角星处）的三个平面上。$T=0$ 秒是第一个台站触发的时间。在每个截图中，被触发台站被圆圈圈了起来。定位只用 P 震相读数近年来在意大利发生了一些大地震，其特点是有多重事件破裂和与前震、余震有关的强烈地震活动，即 1976 年的弗留利（Friuli）（Zollo et al.，1997）、1980 年的伊尔皮尼亚（Bernard and Zollo，1989）、1997 年的 Umbria-Marche（Amato et al.，1998）。1980 年伊尔皮尼亚地区的仪器记录主震（M_W=6.9）有多个子事件，其中 3 个主震动彼此间隔在约 20s 之内。因此，检测我们的演进定位方法在两个或更多事件接连发生时的表现是很重要的。

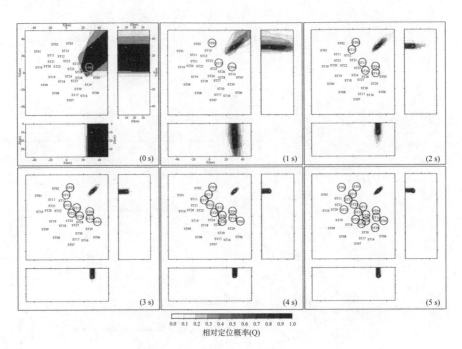

相对定位概率(Q)

图 6.3　对发生在台网外部地震的定位测试（见图 6.2 说明）

我们拾取了 P 波和 S 波初至，对发生在伊尔皮尼亚地震台网内不同地区的两个发震时间相距 3s 的合成事件进行了定位测试（图 6.4a）。如果来自第一个事件的 S 波（S1）是在来自第二个事件的 P 波（P2）之后，我们假设触发系统有 20% 的概率误把 P2 当成了 S1。比如说，ST13 是第一个记录到第二个事件的台站，但是它并未正确触发。第一个触发来自台站 ST25，在定位过程刚开始时，将震源位置定偏了（图 6.4(b)、6.4(c)）。但是随着更多的台站相继触发，这种偏差在大约 1s 之后减小很多。还有其他误拾取，分别是 T=4.6s（ST13，S1 当作 S2）、8.7s（ST14，S1 当作 P2）、8.8s（ST04，S1 当作 S2）和 12.5s（ST02，S1 当作 P2）。但是这些异常值没有明显影响定位结果的质量，因为它已经被大量的正确拾取限定了（图 6.4c）。在第一个触发的 2s 后，震中位置已经被确定下来，没有太大的变动，而深度是在 4~5s 后被适当地限定。对这两个事件，在第一个触发的 4s 后，x 和 y 方向的不确定范围已经小于 1km 了，而在 5s 之后，在 z 方向上的不确定范围小于 2km。

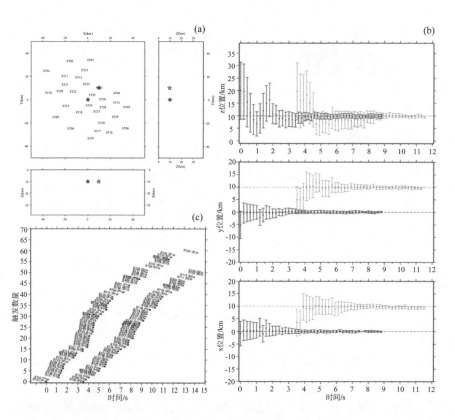

图 6.4 对发生在伊尔皮尼亚地震台网内不同地区的两个发震时间相距 3s 的合成事件的定位测试

T=0s 是第一个台站触发的时间。（a）第一个震源（黑色五角星）和第二个震源（灰色五角星）的实际位置；（b）对第一个事件（黑色短线段）和第二个事件（灰色短线段）定位结果在三个方向上的均值和标准偏差。虚线代表真实值；（c）对于第一个事件的触发序列（上面的序列）和对第二个事件的触发序列（下面的序列）。P 触发用点标记，S 触发用星号标记。误判的到时用黑体标记

6.4 讨论

我们已经介绍了一种基于等时差（EDT）方法的实时演进定位技术，即使在有异常值时也能保持稳健。每过一个时间步长，这种算法都会使用已触发到时和尚未触发台站信息。当第一个台站触发时就能马上限制震中范围，并且定位结果以固定的时间间隔或当新的台站触发时被更新。

震源定位结果是作为一个网格搜索区域中定义的概率密度函数来进行估值的。这使得将定位结果加入到一个地震预警的判断系统中变得很容易。这样的系统能使判定规则基于对某种地动强度测量（IM）（如PGA 或 PGV）超过给定阈值的概率的计算（Iervolino et al., 2007，本书第11 章）。IM 的概率密度函数是由对灾害积分（hazard integral）评估计算得来的：

$$\hat{f}_{IM}(im) = \iint_{M\ R} f_{IM|M,R}(im \mid m,r)\, \hat{f}_M(m)\, \hat{f}_R(r)\, \mathrm{d}m\mathrm{d}r$$

其中 $f_{IM|M,R}$ 是一个衰减定律，f_M 是震级的概率密度函数［实时估定的（Zollo et al., 2007，第 8 章）］，f_R 是震源距（或震中距）的概率密度函数，它可以由我们的定位技术直接获取。

理论定位测试显示出，大概在 4~5s 后达到好的准确度，很接近标准"离线"算法。对两个准同时事件的测试表明，只要触发系统有足够好的检测能力，对这两个事件的定位能够按照两个独立的过程处理，误触发也能看作异常值处置，当可用多个一致性到时时，异常值造成的偏差会大大减小。

6.5 致谢

本项研究是在 AMRA 资格中心框架内开展的。

参考文献

Amato A et al. (1998) The 1997 Umbria-Marche, Italy, earthquake sequence: a first look at the main shocks and aftershocks. Geophys Res Lett 25(15): 2861~2864

Bernard P, Zollo A (1989) The Irpinia (Italy) 1980 earthquake: Detailed analysis of a complex normal faulting. J Geophys Res 94(B2): 1631~1647

Font Y, Kao H, Lallemand S, Liu C-S, Chiao L-Y (2004) Hypocentral determination offshore Eastern Taiwan using the Maximum Intersection method. Geophys J Int 158: 655~675

Horiuchi S, Negishi H, Abe K, Kamimura A, Fujinawa Y (2005) An Automatic Processing System for Broadcasting Earthquake Alarms. Bull Seism Soc Am 95: 708~718

Iervolino I, Convertito V, Giorgio M, Manfredi G, Zollo A (2007) The crywolf issue in earthquake early warning applications for the Campania region. In: Gasparini P, Manfredi G, Zschau J (eds) Earthquake Early Warning Systems. Springer

Lomax A (2005) A Reanalysis of the Hypocentral Location and Related Observations for the Great 1906 California Earthquake. Bull Seism Soc Am 95: 861~877

Milne J (1886) Earthquakes and Other Earth Movements. Appelton, New York, 361

Rydelek P, Pujol J (2004) Real-time seismic warning with a 2-station subarray. Bull Seism Soc Am 94: 1546~1550

Weber E, Iannaccone G, Zollo A, Bobbio A, Cantore L, Corciulo M, Convertito V, Di Crosta M, Elia L, Emolo A, Martino C, Romeo A, Satriano C (2007) Development and testing of an advanced monitoring infrastructure (ISNet) for seismic early-warning applications in the Campania region of southern Italy. In: Gasparini P, Manfredi G, Zschau J (eds) Earthquake Early Warning Systems. Springer

Zhou H (1994) Rapid 3-D hypocentral determination using a master station method. J Geophys Res 99: 15439~15455

Zollo A, Lancieri M (2007) Real-time estimation of earthquake magnitude for seismic early warning. In: Gasparini P, Manfredi G, Zschau J (eds) Earthquake Early Warning Systems. Springer

Zollo A, Bobbio A, Emolo A, Herrero A, De Natale G (1997) Modelling of ground acceleration in the near source range: the case of 1976, Friuli earthquake ($M = 6.5$), northern Italy. Journal of Seismology 1(4): 305~319

第7章　虚拟地震学家(VS)方法:用于地震预警的贝叶斯方法

Georgia Cua[1], Thomas Heaton[2]

1 瑞士联邦理工学院(ETH)瑞士地震服务中心,瑞士苏黎世
(Swiss Seismological Service, Swiss Federal Institute of Technology(ETH)
Zurich,Switzerland)

2 加州理工学院土木工程系,美国帕萨迪纳
(Department of Civil Engineering, California Institute of Technology, Pasadena,
USA)

摘要

地震预警(Earthquake Early Warning)的目的是提供及时的信息以指导从检测到地震至大的地震动到达给定场地的几秒钟内所能采取的减灾行动。从一个用户的角度来说,有效的地震预警应该包括预期地动的实时信息和如何利用这些信息及其本身的不确定度来进行决策的方法。虚拟地震学家(The Virtual Seismologist(VS))是一种用于地震预警的贝叶斯方法(Bayesian approach),它为实时震源估值以及用户决策问题提供了一个统一的框架。通过贝叶斯定理将先验信息引入震源估值问题,使得 VS 方法不同于其他地震预警方法范例。台站位置、先前观测到的地震活动性以及已知的断层迹线等这类信息,都可用来解决震级和定位的折中关系,这种折中关系单凭地震破裂初期的地动观测是无法解决的。在台站分布密度较低的地区,较大的台间距导致震源估值只能建立在相对较少的观测数据上,此时先验信息的作用最明显。而先验信息的缺点是由于震源估值结果不能再由高斯分布(Gaussian distributions)来适当描述,

使得必须通告用户的信息变得复杂。我们描述了 VS 方法在台站分布高密度和低密度区域的性能，并讨论了用户需求如何最终决定必须怎样解决实时震源估值问题。

7.1 引言

用户想利用地震预警信息来降低地震带来的损失，他们通常希望能在破坏性地面震动到达之前完成一系列选定的行动。这类用户要基于不确定的信息来决定是否启动减灾行动，因此，怎样由这些不确定信息来做出最佳决定是他们面对的最基本问题。要想正确回答这个问题，需要依次考虑地震学和经济学问题。地震学问题是关于实时震源估值的，可以表述为：对于给定的可用数据，其最佳定位和震级估值是什么？经济学问题是用户反馈问题，可以表述为：对于给定的当前的震源估值及其不确定度，其最佳的行动决定或过程是什么？

虚拟地震学家（VS）方法是地震预警的一种依次考虑地震学和用户响应问题的贝叶斯方法。在震源估值问题上，VS 方法与其他建议的预警方法（Nakamura, 1988；Allen and Kanamori, 2003；Wu and Kanamori, 2005a，2005b），都使用相对频率成分或者卓越周期和衰减关系由可用的地动观测来估计地震震级和（或）位置。将先验信息引入震源估值问题是 VS 方法与其他预警方法范例的不同之处。在地震破裂初期，单凭少数地动观测无法解决震级和位置之间的折中关系，贝叶斯定理则允许使用"背景"知识来解决这个关系。能够包括在贝叶斯先验信息中的信息类型有：地震台网的运行状态、先前观测到的地震活动性、已知的断层位置以及古登堡 - 里克特震级 - 频度关系（Gutenberg-Richter magnitude-frequency relationship）。先验信息在台站分布稀疏地区的优点是最明显的，因为较大的台间距会导致震源估值只能建立在相对较少的观测数据上。我们用两个事件的数据测试了 VS 方法，分别是在台站分布较密的地区用来自 $M=4.75$ 美国加州 Yorba Linda 地震的数据，和在台站分布较疏地区用来自 $M=7.1$ 美国加州 Hector Mine 地震的数据。本文中的例子均将震源看做点源。尽管对于 $M<6$ 的地震，本方法看来是适用的，但需要进行修正才能使其对长破裂有效，那里甚至在震中距较大的地方预计也会存在近源地动。Yamada 和 Heaton（2006）发表了一个将 VS 方法拓展到处理长破裂

的方案。

除了在地震破裂初始阶段用少量信息进行震级和位置估值的方法之外，对于地震预警研究同样重要的是，解决如何让用户利用预警信息来做出最优抉择的问题。不同的用户需要不同的预警信息，取决于用户对漏警报和（或）误警报的容错度。归根结底，是用户的需要决定了必须如何表达震源估值问题。这不同于地震预警研究中震源估值和用户反馈分开的传统。VS方法促成一种综合解决方案，它承认用户决策过程对构建震源估值问题所起的作用。

7.2 实时震源估值

7.2.1 贝叶斯定理回顾

假设我们想由一组可用地动观测数据来估计一个地震的震级和震源位置。根据贝叶斯定理，由给定的一组观测数据 Y_{obs} 得到震级和震源位置的可信程度由下式给出：

$$P(M, loc \mid Y_{obs}) = \frac{P(Y_{obs} \mid M, loc) \times P(M, loc)}{P(Y_{obs})} \qquad (7.1)$$

其中 M 是震级，loc 是震源位置参数（震中距或震中位置），Y_{obs} 是一组可用的地动观测值。由于 $P(Y_{obs})$ 不是被估值参数（M, loc）的函数，所以我们使用贝叶斯定理的比例形式：

$$P(M, loc \mid Y_{obs}) \propto P(Y_{obs} \mid M, loc) \times P(M, loc) \qquad (7.2)$$

$P(M, loc|Y_{obs})$ 是后验概率密度函数（pdf）；它是由震级和震源位置为 M, loc 的地震产生一组观测数据 Y_{obs} 的条件概率。VS 估值（M, loc）VS 是由给定的可用观测数据得到的震源最可能估计值；他们使 $P(M, loc|Y_{obs})$ 得到最大值。$P(M, loc|Y_{obs})$ 的展开产生了 VS 震源估值的不确定性。在该式的右手一侧，$P(Y_{obs}|M, loc)$ 是似然函数；它是对给定震级和震源位置的地震观测到一组地动 Y_{obs} 的条件概率。该似然函数要求地动模型将震源参数（M, loc）与观测地动振幅联系起来。VS 方法使用①地动峰值和震级之间的比例关系和②将观测幅值表示为震级和震中距函数的地动衰减关系，来定义似然函数 $P(Y_{obs}|M, loc)$。$P(M, loc)$）是贝叶斯先验概率，它代表相对

地震概率的背景知识，独立于观测值，这些知识是我们要包括在估值过程的知识。先验信息的复杂程度是可变的。我们能使用的最简单的先验信息是假定所有的震级或震中位置都是等概率的。这样做简化了必要的计算，其代价是对发生地震的一般认识作出了不准确的表述。替代做法是将一些对发生地震的普遍认识加入到先验信息中去：①地震的震级－频度关系遵循古登堡－里克特定律；②很多地震发生在已知的断层上；③地震往往在时间和空间上群集。我们还能包括地震台网的运行状态信息。在 VS 地震预警估值的开始阶段，先验信息的选择具有很大影响；在估值的初期，震级和震源位置之间的折中问题偏向于使用先验信息。在实时震源估值问题中，对先验信息的使用可能是 VS 方法与其他建议的地震预警范例最重要的区别。

作为可用信息的函数，VS 地震预警震源估值的演进模仿了那些理智并训练有素的人们（与那些非理智并心怀偏见的人们相反）如何根据不断更新的地震信息来改变想法。VS 初期估值通常是建立在较为匮乏的观测数据基础上，例如第一个触发台站可得到的开始几秒钟峰值振幅数据。对于这些初步估值，不能单凭可用的观测数据来解决震级和震源位置之间的折中问题。在任何给定时刻，VS 估值（M,loc）VS 是最可能的震源估值；它们是使 $P(M,loc|Y_{obs})$ 最大化，并且与可用的观测数据保持一致，还利用给定的先验信息解决了震级和震源位置之间的折中关系。最初，当观测数据较为稀少，（M,loc）VS 主要受先验信息影响；当地面震动传播到更远的台站时，观测数据将作出主要的贡献。当足够多的可用观测数据完全约束了震级和震源位置估值之后，先验信息的选择就无关紧要了；（M,loc）VS 也将完全由观测数据决定。

7.2.2　定义似然函数 $P(Y_{obs}|M,loc)$

先假设一个均一的先验条件 $P(M,loc)=c$，c 为一个常数，式（7.2）变为

$$P(M,loc|Y_{obs}) \propto P(Y_{obs}|M,loc) \tag{7.3}$$

令 Y_{obs} 为一组在给定时刻可用的水平向和垂直向上的加速度、速度和滤波（3s 高通）位移峰值的对数，假设 Y_{obs} 是独立的并且呈对数正态分布，那么使 $P(M,loc|Y_{obs})$ 取最大值等价于取似然函数的对数 $L=\lg(P(Y_{obs}|M,loc))$ 的最大值，对于最一般的情况，即在多个台站可得到 P 波和（或）S 波振

幅，我们对 L 的定义如下：

$$L(Y_{obs}, M, loc) = \sum_{i=1}^{n} \sum_{j=1}^{P,S} L(M, loc)_{ij} \qquad (7.4)$$

$$L(Y_{obs}, M, loc)_{ij} = \frac{(Z_{obs_{ij}} - \bar{Z}_j(M))^2}{2\sigma_Z^2} + \sum_{k=1}^{4} \left(\frac{(Y_{obs_{ij}} - \bar{Y}_{ijk}(M, loc))^2}{2\sigma_{ijk}^2} \right) \qquad (7.5)$$

$L(Y_{obs}, M, loc)$ 包括了每个台站 6 个通道的地面运动（加速度、速度、滤波位移的垂直向最大值和两个水平分量最大值的均方根）。我们假设每个台站有 1 个垂直向和 2 个水平向传感器能够输出加速度或宽频带速度值，并且递归滤波器可以实时提供加速度、速度和滤波位移。在式（7.4）和式（7.5）中，i 是带有 P 波触发器的 n 个台站的下标，j 是关于 P 波和 S 波震相的下标，k 是通过地动衰减关系对似然函数有贡献的各通道的下标，通道包括观测的垂直向速度以及水平向加速度、速度和滤波位移。剩余的两个通道，即观测的垂直向加速度和滤波位移由涉及 $Z_{obs_{ij}}$ 的项计及。$Z_{obs_{ij}}$ 是 Cua 和 Heaton（2006b）提出的表示震级大小的最好的量，是可用垂直向加速度峰值和可用垂直向滤波位移峰值的比值。表示如下：

$$Z_{obs_{ij}} = \lg \left(\frac{PVA_{ij}^{0.36}}{PVD_{ij}^{0.93}} \right) = 0.36 \lg(PVA_{ij}) - 0.93 \lg(PVD_{ij}) \qquad (7.6)$$

在式 7.6 中，PVA_{ij} 和 PVD_{ij} 分别表示在第 i 个台站第 j 个体波的可用垂直向速度峰值和可用垂直向（滤波）位移峰值。$Z_{obs_{ij}}$ 是地面运动相对频率成分的度量。与基于优势周期的方法（Nakamura, 1988；Allen and Kanamori, 2003；Wu and Kanamori, 2005ab）相似，都是建立在这样一种思想上，即由于包含较小破裂滑动的小地震会辐射出较高频率的能量，而包含有限破裂的大地震则会释放更长周期能量，所以地面运动的相对频率能作为震级大小的指示。

Cua（2005）以及 Cua 和 Heaton（2006b）给出用来确定 $Z_{obs_{ij}}$ 及其与震级关系的线性判别分析的细节。对于 P 波和 S 波有不同的系数来表征 Z_{obs} 对震级的依赖关系。

$$\bar{Z}(M) = -0.615M + 5.495, \quad \sigma_Z = 0.17（对于P波）$$
$$= -0.685M + 5.517, \quad \sigma_Z = 0.193（对于S波） \qquad (7.7)$$

在使用式（7.5）、（7.6）和（7.7）前，我们必须估计或假设给定台站的幅度峰值是来自 P 波或者 S 波。Cua（2005）以及 Cua 和 Heaton（2006b）发展了以下准则来区别 P 波和 S 波。

$$PS = 0.43\lg(PVA) + 0.55\lg(PVV) - 0.46\lg(PHA) - 0.55\lg(PHV) \quad (7.8)$$

如果 $PS > 0$，振幅很有可能来自 P 波；

如果 $PS < 0$，振幅很有可能来自 S 波。

在式（7.8）中，PVA 表示垂直向加速度峰值，PVV 表示垂直向速度峰值，PHA 是水平加速度峰值，PHV 是水平速度峰值。对于美国南加州 70 个 $2 \leqslant M \leqslant 7.3$、震中距 $R<200km$ 的地震的地面运动数据集，该准则

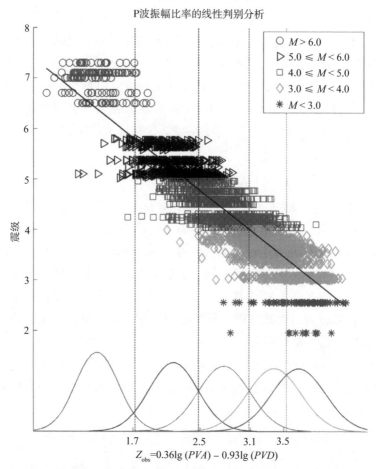

图7.1　对于 P 波振幅震级与地面运动比 $Z_{obs}=0.36\lg(PVA)-0.93\lg(PVD)$ 的关系图

在 88% 的时间可以正确识别 P 波。图 7.1 显示了由这一数据集中的 P 波振幅峰值得到的 Z_{obs} 与震级的关系。Cua 和 Heaton（2006a）还用这一数据集发展了 P 波和 S 波振幅衰减关系$\overline{Y}_{ijk}(M,R)$，它定义了似然函数中的第二项。

似然函数的第二项表示观测的垂直向速度峰值、加速度水平向峰值、速度峰值和位移峰值以及它们各自的衰减关系$\overline{Y}(M,R)$在约束震级和震源位置方面的贡献。式（7.5）用震源参数 M、loc 表示，在最一般的情况下，loc 代表震中的经纬度坐标值。给定震中经纬度坐标值后，就可以计算出 R 了。这样，$\overline{Y}_{ijk}(M,loc)$等效于$\overline{Y}_{ijk}(M,R)$，由 Cua 和 Heaton（2006a）给出下列模型

$$\overline{Y}_{ijk}(M,R) = \alpha_{jk}M - b_{jk}(R_{1i} + C_{jk}(M)) - d_{jk}\lg(R_{1i} + C_{jk}(M)) + e_{jk} + \alpha_{ijk} \quad (7.9)$$

其中$R_{1i} = \sqrt{R_i^2 + 9}$，$R_i$ 是第 i 个台站的震中距，

$$C_{jk}(M) = c_{1jk}(\arctan(M-5) + \frac{\pi}{2}) \times \exp(c_{2jk}(M-5))$$

在 VS 方法中，回归系数 (a,b,c_1,c_2,d,e)（省略脚标）为已知量（表 7.1）。不同的地面运动通道、P 波和 S 波震相、岩石和土壤场地有不同的衰减系数。特定台站的场地校正因子 α_{ijk} 考虑了在给定场地观测的地动相对于由衰减关系推测的平均地动水平的系统放大或衰减。Cua 和 Heaton（2006b）确定了 135 个 SCSN 台站的水平、垂直加速度、速度、滤波位移的 α_{ijk}；这些都可以通过以下网址在线获取：http://resolver. caltech.edu/CaltechETD:etd-02092005-125601。VS 震源估值 $(M,loc)_{VS}$ 是使后验概率密度函数 $P(M,loc|Y_{obs})$ 最大化的震源参数；一般说来，这些估值是先验信息和可用的观测数据的函数。设 $(M,loc)_L$ 表示使对数似然值 $L=\lg(P(Y_{obs}|M,loc))$ 最大化的震源参数；这些是与可用观测数据最一致的震源估值，不管是在单台还是在多台可以得到这些观测数据。单台估值涉及设 $n=1$，如果希望的话，还可以使用震中距 R 作为 loc 参数。采用均一的先验信息，则有 $(M,loc)_{VS}=(M,loc)_L$。在一个台站振幅向似然函数贡献其前，VS 方法至少需要 P 波初至后 3s 的数据（或者 S 波初至后 2s 的数据）。假设 P 波能够通过短时均值与长时均值之比的方法检测到。S 波初至可以由等式（7.8）来确定。

表7.1　P波和S波峰值振幅的衰减关系

$$\overline{Y}(M,R) = aM + b(R_1 + c(M)) + d(R_1 + C(M)) + e + \alpha$$

$$R_1 = \sqrt{R + 9}$$

$$C(M) = c_1\left(\arctan(M-5) + \frac{\pi}{2}\right) \times \exp(c_2(M-5))$$

其中 $\overline{Y}$ = 加速度（cm/s^2）、速度（cm/s）或位移（cm）

$$R = \begin{cases} 震中距（km） & （当 M < 5） \\ 到最近断层距离（km） & （当 M \geqslant 5 可以得到该距离时） \end{cases}$$

				a	b	c_1	c_2	d	e	σ
水平向振幅的均方根	P波	加速度	岩石	0.72	3.3×10^{-3}	1.6	1.05	1.2	-1.06	0.31
			黏土	0.74	3.3×10^{-3}	2.41	0.95	1.26	-1.05	0.29
		速度	岩石	0.80	8.4×10^{-4}	0.76	1.03	1.24	-3.103	0.27
			黏土	0.84	5.4×10^{-4}	1.12	0.97	1.28	-3.13	0.26
		位移	岩石	0.95	1.7×10^{-7}	2.16	1.08	1.27	-4.96	0.28
			黏土	0.94	-5.17×10^{-7}	2.26	1.02	1.16	-5.01	0.3
	S波	加速度	岩石	0.78	2.6×10^{-3}	1.48	1.11	1.35	-0.64	0.31
			黏土	0.84	2.3×10^{-3}	2.42	1.05	1.56	-0.34	0.31
		速度	岩石	0.89	4.3×10^{-4}	1.11	1.11	1.44	-2.60	0.28
			黏土	0.96	8.3×10^{-4}	1.98	1.06	1.59	-2.35	0.30
		位移	岩石	1.03	1.01×10^{-7}	1.09	1.13	1.43	-4.34	0.27
			黏土	1.08	1.2×10^{-6}	1.95	1.09	1.56	-4.1	0.32
垂直向振幅	P波	加速度	岩石	0.74	4.01×10^{-3}	1.75	1.09	1.2	-0.96	0.29
			黏土	0.74	5.17×10^{-7}	2.03	0.97	1.2	-0.77	0.31
		速度	岩石	0.82	8.54×10^{-4}	1.14	1.11	1.36	-0.21	0.26
			黏土	0.81	2.65×10^{-6}	1.4	1.0	1.48	-2.55	0.30
		位移	岩石	0.96	1.98×10^{-6}	1.66	1.16	1.34	-4.79	0.28
			黏土	0.93	1.09×10^{-7}	1.5	1.04	1.23	-4.74	0.31
	S波	加速度	岩石	0.78	2.7×10^{-3}	1.76	1.11	1.38	-0.75	0.30
			黏土	0.75	2.47×10^{-3}	1.59	1.01	1.47	-0.75	0.30
		速度	岩石	0.90	1.03×10^{-3}	1.39	1.09	1.51	-2.78	0.25
			黏土	0.88	5.41×10^{-4}	1.53	1.04	1.48	-2.54	0.27
		位移	岩石	1.04	1.12×10^{-5}	1.38	1.18	1.37	-4.74	0.25
			黏土	1.03	4.92×10^{-6}	1.55	1.08	1.36	-4.57	0.28

　　任何给定时刻的 $(M,loc)_L$ 是与观测的 P 波、S 波振幅以及地动比的地理分布（在最小二乘意义下）拟合最好的点源。由似然函数得到的定位估值是基于振幅的定位，并没有包括到时信息和速度模型。它类似于强震动中心（Kanamori，1993）。基于振幅的定位不会很准确，但是较基于震相到时的定位方法更为稳健，而且是将观测值的空间分布转换为地震后响应的有效手段（Kanamori，1993）。随着地面运动传播到更远的台站，

似然函数产生了一个全局极大值。在估值过程的开始阶段，可用的观测数据较为稀少（例如，第一个接收到 P 波初至台站触发 3s 后），似然函数可能没有全局极大值；在震源参数估值之间存在折中（较近的小震还是较远的大震），这是可用的观测数据无法解决的问题。这种情况下，包括先验信息是最有用的。

7.2.3 定义先验信息 P(M,loc)

贝叶斯先验信息是指与正在处理的参数估值问题相关的"背景"知识的描述。在 VS 方法里，我们用 P(M,loc) 来为实时震源估值问题引进关于相对地震概率和地震台网工作状态的信息。这里列举可以包括在先验条件中的不同类型信息。

——国家长期灾害图或已知的断层迹线都可以作为备选信息加入贝叶斯先验信息中，这是因为这些在过去产生过大地震的断层，例如美国加州的圣安德烈斯断层（San Andreas fault）或土耳其的北安那托利亚断层（Northern Anatolian fault），也有可能在未来产生大地震。

——古登堡－里克特定律说明小地震事件比大地震发生频度要高。基于地震活动性的短期地震预报认为地震的震级－频度分布遵循古登堡－里克特定律，并认为地震具有时空集群特性，以大森定律（Omori's Law）控制余震个数的减少作为主震后时间的函数（Reasenberg and Jones, 1989；Gerstenberger et al., 2003）。

——由于很多大震有前震，故先前观测到的地震活动位置成为重要的先验信息。Abercrombie 和 Mori（1996）发现，在他们观测到的 59 个 $M>5$ 的美国加州地震数据集中，44% 具有前震。Jones（1984）发现在 20 个圣安德烈斯地震数据集中，35% 在主震前 1 天和 5km 内有前震。

——对于一个没有已知断层或先前观测到的地震活动性的地区，我们可以假设所有的位置成为震中都是等概率的，这意味着震中距相对而言更可能较大。

——工作台站的最邻近区域或者沃罗诺伊单元对震中位置提供了有用的限制条件。指定台站的沃罗诺伊单元是指到该台站的距离比到台网中其他任何台站距离都近的一组位置坐标。检测到一个事件的第一个 P 波初至意味着事件发生在第一个触发台站所在的沃罗诺伊单元中。地震台网中台站布设越密，平均的台站沃罗诺伊单元区域越小，对震中位置的限制就越严格。

——正如 Horiuchi 等（2004）以及 Rydelek 和 Pujol（2004）中所述，"未到达"数据这一概念可以与台站沃罗诺伊单元结合使用来描述随着 P 波初至的检测其震中位置可能区域的演化。本文中，我们把符合观测到时的区域称之为可能震中所在的区域。这与似然函数取最大值估计的基于振幅的位置是相互独立的。由 Rydelek 和 Pujol（2004），符合前两个 P 波初至到时的位置满足

$$R_2 - R_1 = \overline{V}_\mathrm{P} \times (t_2 - t_1) \qquad (7.10)$$

其中 R_1 和 R_2 分别为前两个 P 波初至台站的震中距，t_1 和 t_2 是相应的 P 波初至到时，$\overline{V}_\mathrm{P}$ 为平均 P 波速度。给定头两个检测到的 P 波到时差，等式（7.10）将震中位置限制在穿过两个台站之间的一条双曲线上。

按照当初 Horiuchi 等（2004）以及 Rydelek 和 Pujol（2004）的描述，当接收到两个 P 波初至时即可使用"未到达"数据。而沃罗诺伊单元与略微修改使用的"未到达"数据相结合，可以在接收到第二个 P 波初至之前就能用来描述对震中位置约束的持续演化。考虑如下情况：台站 1 检测到 P 波初至，Δt s 后，与台站 1 共有沃罗诺伊单元的其他 m 个台站并没有相继检测到 P 波初至。$i=1,\cdots,m$ 每个台站的"未到达"提供以下不等式约束

$$R_i - R_1 > \overline{V}_\mathrm{P} \times \Delta t \qquad (7.11)$$

可能震中的所在区域在台站 1（由第一个 P 波检测约束的位置）所在的沃罗诺伊单元和由符合式（7.11）描述的 m 个不等式约束的区域的交集。这一可能震中区域的面积与 Δt 成反比。当 P 波到达第二近的台站时，可能震中的区域迅速扁缩至 Rydelek 和 Pujol 双曲线上。第三个到达确定震中。

由于沃罗诺伊单元源自台站位置，因此它是严格意义的先验信息，独立于地震破裂过程。而"未到达"数据不是严格意义的先验信息，因为自第一个 P 波初至检测到后的延续时间 Δt 是观测数据。然而我们并没有将 Δt 包括到概率似然密度函数中，这是因为它并未涉及观测的振幅。

先验信息在台站密度较小的地方显得尤为有用，因为在那里，第一个检测到的 P 波到时和第二个检测到的 P 波到时间隔可能比较长。

7.3　VS 方法对部分美国南加州地震数据的应用

7.3.1　2002 年 9 月 3 日 *M*=4.75 美国加州 Yorba Linda 地震：高密度台网

　　Yorba Linda 地震于 2002 年 9 月 3 日发生在美国洛杉矶郊区，该地区布设美国南加州地震台网（Southern California Seismic Network（SCSN））的高密度实时台站。SCSN 将主震定位于 33.92°N、117.78°W 和深度 12.92km (Hauksson et al., 2002)。两个前震 (震级分别为 *M*=2.66 和 *M*=1.6) 距离主震震中在 1km 内，在主震发生前的 24h 内。

　　VS 方法的应用说明了该方法如何在高密度台网内工作。尽管大部分时候并不需要先验信息，但是还是将台站所在的沃罗诺伊单元、先前的观测地震活动性、古登堡－里克特关系囊括到了先验信息中。由于震中区域台站布设密度较高，很快就有足够的观测数据来约束震源估值，而无需求助于先验信息。

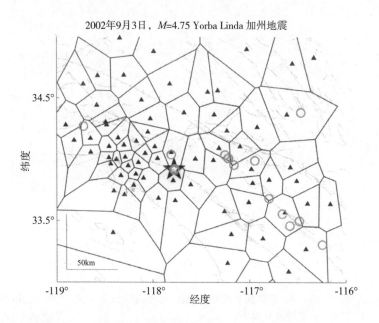

图 7.2　美国加州 Yorba Linda 地震的先验信息

SCSN 台站位置（三角形），相应的沃罗诺伊单元（多边形）和主震（五角星）发生前 24h、200km 内的地震活动（空心圆）。两个前震发生在距离震中最近的台站 SRN 所在沃罗诺伊单元中（阴影部分）

图 7.2 展示了震源区的 SCSN 台站。三角形表示主震发生时正常工作的台站；多边形是对应的沃罗诺伊单元。圆圈表示主震前 24h 内由 SCSN 记录到的 $M>1$ 的地震。由于台站布设密度较高，沃罗诺伊单元区域（那些远离台网边缘的单元）也相对较小，在 $250\sim700\text{km}^2$ 的范围内。

第一个到达台站是 SRN 台，将震中限制到其所在的沃罗诺伊单元中（带阴影多边形）。图 7.3 显示了与 SRN 为第一个到达台站相符合的不同震中距的相对概率。在检测到初至 P 波的情况下，最简单的假设是震中就在第一个触发台站处。从图 7.3 中可以看出这种假设最大的可能误差是 15km。

初始的 VS 估值是基于 SRN 台检测到 P 波初至 3s 后得到的振幅峰值。只用单台数据（式（7.4）中 $n=1$），可以用震级和震中距将震源估值问题参数化。图 7.4 显示了用 SRN 台检测到 P 波初至 3s 后 6 个通道（水平向和垂直向的加速度、速度和滤波位移）的振幅峰值得到的似然函数（无先验信息）等值线图。似然函数的拉长等值线表示震级与震中距之间的折中

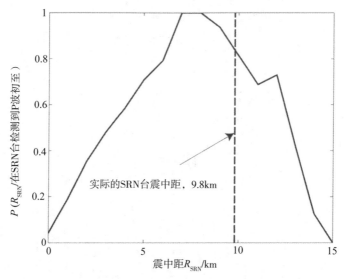

图 7.3 与 SRN 台第一个检测到 P 波相符合的 Yorba Linda 地震到 SRN 台的震中距可能范围（y 轴最大值为 1）

指定 SRN 所在沃罗诺伊单元中所有位置的权重相等，由此得到不同距离的权重（y 轴）。最可能的震中距（8km）是 SRN 所在的沃罗诺伊单元中最频繁发生的值。若我们已经将地震活动性包含于先验信息中，那么主震震中处有两个前震就意味着这个分布在主震的距离处包含一个脉冲函数

关系未能完全由单台振幅峰值化解。似然函数在 $M=5.5$ 和 $R=33$ 处得到最大值。由 M、R 表达的似然函数，我们可以将符合第一个触发台站是 SRN 的震中距范围（图 7.3）以及古登堡－里克特关系包括到先验信息中。

图 7.5 除了展示沃罗诺伊单元对震中距的约束，还展示了包括古登堡 - 里克特关系对后验概率密度函数等值线的影响。注意到后验概率密度函数是似然函数和先验概率密度函数的乘积，而使后验概率密度函数最大化的震源估值是最可能的震源估值。图 7.5 指出了最可能的震级和震中距估值 $(M,R)_{VS}$。先验信息中不包含古登堡－里克特关系的 3s VS 估值比先验信息中包含该关系的 VS 估值更接近于 SCSN 基于到时定位的实际震级和震中距。随着地震动传播到其他台站，用地理坐标（纬度、经度）代替 n 个台站的震中距来参数化地震预警位置估值更为方便。

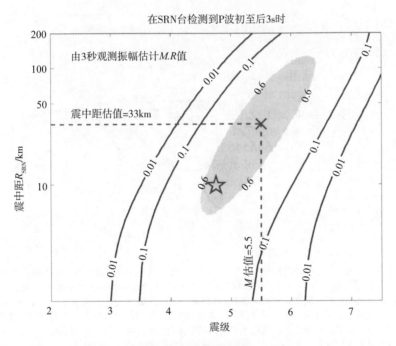

图 7.4 Yorba Linda $M=4.75$ 地震似然函数的等值线

该函数用 SRN 台检测到 P 波初至 3s 后的振幅峰值得到的震级和震中距表达（没有先验信息，只有 SRN 台的观测振幅峰值）。似然函数的峰值被换算到 1，在 0.6、0.1 和 0.01 水平处绘制了等值线。换算值大于 0.6 的区域用阴影表示。似然函数在 $M=5.5$ 和 $R=33$km 处有最大值。等概率的拉长区域表示 M 和 R 之间的折中关系不能被可用的振幅值和衰减关系化解。似然函数中的地动比值项将可能的震级约束于大约 $5<M<6$。五角星标记了 Yorba Linda 主震的真实震级和到 SRN 台的震中距，$M=4.75$，$R=9.8$km

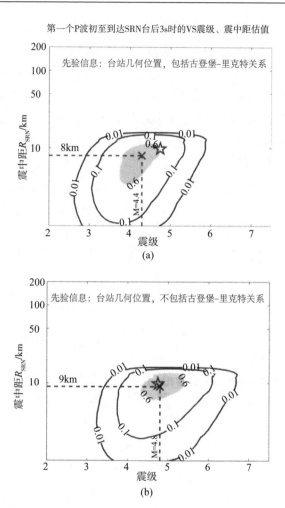

图 7.5 后验概率密度函数等值线

展示出将古登堡－里克特震级－频率关系包括在先验信息中对在检测到第一个 P 波初至 3s 时 M 和 R 估值的影响。图 7.5(a) 和图 7.5(b) 包括了由 SRN 台的沃罗诺伊单元对震中距的约束。图 7.5(a) 包括了古登堡－里克特关系对震级的约束，而图 7.5(b) 没有。五角星标记了 Yorba Linda 主震的真实震级和震中距。叉号标志了 M、R 空间中的 VS 估值。古登堡－里克特关系更有利于采用到距台站震中距较小的震级较小事件。尽管在包含古登堡－里克特关系时（7.5a），对震级的估值要系统性地小于真实震级，但贝叶斯统计使我们确信这是最可能的解

    图 7.6 展示了不同震级范围内符合 SRN 台 3s 振幅峰值的位置。这里的折中关系与图 7.4 相似的。我们不能只凭借单台振幅信息来清晰地区分较小的近震和较大的远震。若考虑先前观测地震活动性和沃罗诺伊单元约

束，情况将会改善许多。估值过程中考虑先前观测地震活动性的最佳途径就是将短期的、基于地震活动性的地震预报（例如 STEP(Gerstenberger et al., 2003)）作为先验信息的一部分。本例中，我们的简单作法是如果一个特定的点位于前 24 小时内发生的一个事件的 5km 范围内，就对该点是震中的概率增大 2 倍。图 7.7 展示了使用 SRN 台检测到 P 波初至后 3s 内振幅峰值确定似然函数并在先验信息中包含先前观测地震活动性以及沃

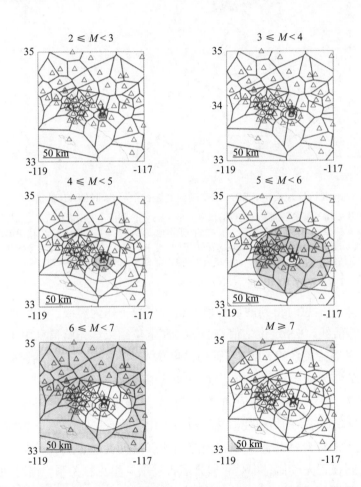

图 7.6　不同震级范围内的似然函数截图，该函数表示为震级和震源位置的函数

每个子图中的阴影区域表示符合 SRN 台检测到 P 波初至后 3s 时可得到的振幅峰值的位置。震级和震源位置之间的折中关系与图 7.3 类似。若先验信息中不包含台站位置的几何分布、先前的观测地震活动性或古登堡－里克特关系，那么我们就无法区别较小震中距的小震和较大震中距的大震

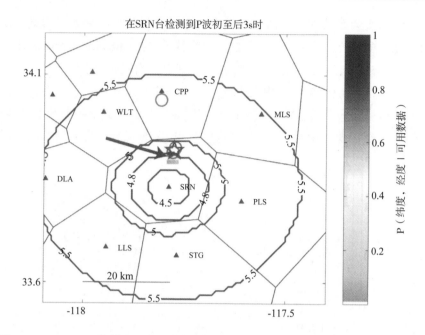

图7.7　Yorba Linda 地震中，SRN 台检测到 P 波初至后 3s 时的 VS 估值

阴影的深浅表示了震中定位于给定点的概率大小。VS 定位估值（图中箭头所指处）与 SCSN 报告结果相差在 2km 内。先验信息包含了先前的观测地震活动性（空心圆）、沃罗诺伊单元信息以及相邻台站的初至可用性信息。等值线表示先验信息中不包含古登堡－里克特关系时给定位置的 VS 震级估值。该估值（$M=4.8\pm0.425$）较好地符合 SCSN 报告震级 $M=4.75$

罗诺伊单元信息时得到的后验概率密度函数（作为震级、纬度和经度的函数）等值线。VS 定位估值符合 SCSN 定位结果。先验信息中不包含古登堡－里克特关系的 VS 震级估值结果是 $M=4.8\pm0.4$，包含古登堡-里克特关系的结果为 $M=4.4\pm0.4$。SCSN 报告震级为 $M=4.75$。

　　图7.8 展示了震级估值的演化，作为地震台网数据持续时间的函数。标为"只用振幅"的估值使似然函数最大化（没有先验信息）。两种 VS 震级估值（都将台站几何分布和先前的地震活动性包含到先验信息中）的主要不同在于先验信息中是否包含了古登堡－里克特关系。当时间增加，可用的观测值足够多时，所有的震级估值都趋向于 SCSN 结果。早期震级估值的不同主要是由于先验信息不同。检测到 P 波初至后 3s，先验信息中不包含古登堡－里克特关系的 VS 震级估值结果与 SCSN 报告结果相差在 0.05 个震级单位内。

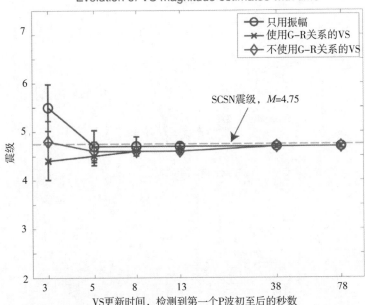

图 7.8　Yorba Linda 地震不同震级估值的演化

该震级是来自台网的数据持续时间的函数。标为"只用振幅"的估值对应于使似然函数最大化（不含先验信息）得到的震级估计。我们区别了贝叶斯先验信息中包含和未包含古登堡－里克特震级－频率关系的两种 VS 震级估值（都将台站几何分布和先前的地震活动性包含到先验信息中）。当时间增加，可用观测值足够多时，所有的震级估值都趋向于 SCSN 结果。早期震级估值的不同是由于包含的先验信息不同。检测到 P 波初至后 3s 时，先验信息中不包含古登堡－里克特关系的 VS 震级估值结果与 SCSN 报告结果相差在 0.05 个震级单位内

在发震时刻后较长一段时间 t 时的定位估值是使后验概率密度函数取得最大值的值（与在长时间 t 时使似然函数取得最大值的结果相同），它是稳健的基于振幅的定位结果，可以用来验证基于到时的定位结果。在图 7.9 中，基于振幅的定位结果（绿色等值线）是由 P 波 S 波振幅峰值在 89 个台的分布得到的。基于到时的定位结果是由 89 个 P 波到时和一个平均 P 波速度 6km/s 得到的。五角星标记了 SCSN 报告的定位结果。基于振幅和基于到时的定位估值总体上一致，表明基于到时的定位结果很可能是正确的。这些估值彼此相互独立，因为它们是由不同类型的数据得到的。

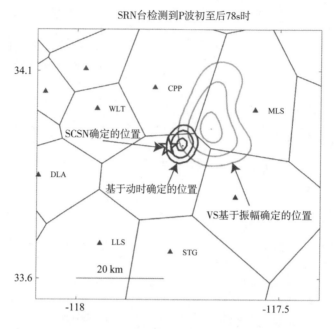

图 7.9　Yorba Linda 地震发震后 80s 时，基于振幅和基于到时的定位结果对比

基于振幅的定位结果（绿色等值线）是由 P 波 S 波振幅峰值在 89 个台的分布得到的。基于到时的定位结果是由 89 个 P 波到时和一个平均 P 波速度 6km/s 得到的。五角星标记了 SCSN 报告的定位结果。基于振幅和基于到时的定位估值总体上一致，表明基于到时的定位结果很可能是正确的。这些估值彼此相互独立，因为它们是由独立的数据集得到的

7.3.2　1999 年 10 月 16 日 *M*7.1 美国加州 Hector Mine 地震：台站分布密度较低

　　*M*7.1 美国加州 Hector Mine 地震发生在 SCSN 台站密度较低的区域。最近的台站 HEC 位于震源以北 27km 处。主震由 SCSN 定位于 34.59°N，116.27°W，深度为 5km，在发震前 24 小时内、距震中 1km 内有 18 个 1.5 ≤ *M* ≤ 3.8 的前震构成震群（Hauksson, 2002）。对 Hector Mine 地震数据应用 VS 方法显示了先验信息在台网密度较低区域的重要性。

　　图 7.10 展示了运行的 SCSN 台站（三角形）、沃罗诺伊单元（多边形）和主震前 24 小时内的地震活动（空心圆）。HEC 及其相邻台站的沃罗诺伊单元面积范围是 880~8020km²；这比 Yorba Linda 地震震中区域的沃罗诺伊单元大一个数量级。

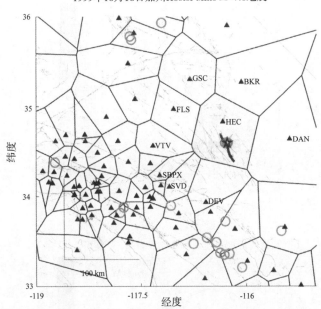

1999年10月16日加州Hector Mine M=7.1地震

图 7.10　运行的 SCSN 台站（三角形）、相应的沃罗诺伊单元（多边形）和美国加州 Hector Mine M7.1 主震（五角星）前 24 小时内、到震中 200km 以内的地震活动（空心圆）（距主震震中 1km 内共发生 18 个地震）

VS 估值过程开始于台站 HEC 检测到 P 波初至后 3s 时。由于台间距较大，HEC 台的 P 波初至与第二近台检测到 P 波初至之间相差 8s。图 7.11(a) 和 7.11(b) 展示了 HEC 台检测到 P 波初至后 Δt=3s 和 Δt=7s 时的 VS 估值。符合 HEC 台的沃罗诺伊单元以及相邻台站"未到达"信息的可能震中区域被打上了阴影。这个区域作为自检测到首个 P 波初至起的时间的函数连续变化。在可能是震中位置的区域中，最可能的位置估计对应于先前观测到的地震活动集中的区域。因此，仅仅在首个 P 波初至被检测到的 3s 后，只用第一个触发台站的 P 波初至，VS 定位估值即与实际位置（与 SCSN 报告）一致。3s 震级估值为 M=6.2 ± 0.45；7s 震级估值为 M=7.2 ± 0.45。

图 7.12 展示了 Hector Mine 主震不同震级估值的演化，分别基于①不包括先验信息，只用观测振幅，②先验信息中包含沃罗诺伊单元、地震活动性和古登堡 – 里克特关系的观测振幅和③类似于②但不包括

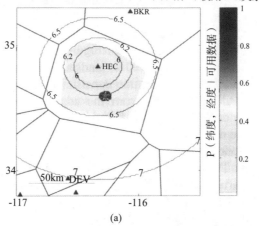

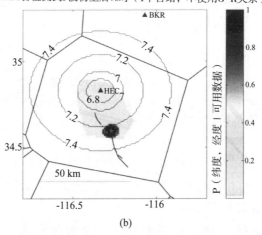

图 7.11 Hector Mine 地震 HEC 台检测到 P 波初至后 3s 和 7s 时的 VS 估值

阴影色标表示给定点是震中的概率大小。阴影区域是符合 P 波先到 HEC 台的震中可能区域。相邻台站在 3s 和 7s 后都没有接收到后到的波至。在可能震中位置的区域中，最可能的位置是前 24 小时内地震活动集中的区域。利用沃罗诺伊单元和未触发台站数据，即使在第二个 P 波初至之前 VS 定位估值也在持续演变。似然函数基于 HEC 台检测到 P 波初至后 3s 内得到的振幅峰值。等值线展示了在先验信息中不包含古登堡－里克特关系情况下对给定位置的 VS 震级估值

古登堡－里克特关系。在观测值稀少的估值过程初始阶段，这三种估值有明显不同。随着时间的增加，更多观测值可用，而先验信息则越来越不重要，此时不同的估值结果都趋向并接近 SCSN 报告中的震级 $M7.1$。

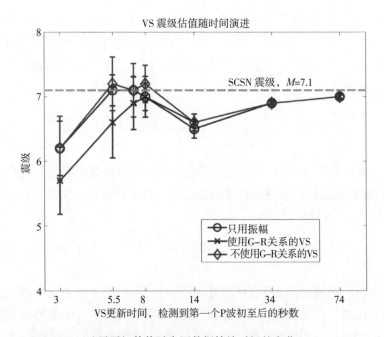

图 7.12 Hector Mine 地震震级估值随台网数据持续时间的变化

标记"只用振幅"的估值对应于使似然函数取最大值的震级（即不包括先验信息）。图中还展示贝叶斯先验信息中包含和不包含古登堡－里克特关系的 VS 震级估值

当有了足够的数据时，估值取决于观测值（振幅和到时），与先验信息的选择无关。先验信息只在估值过程的初始阶段重要，那时没有足够的观测数据来适当地约束估值结果。

7.4 用户能如何使用预警信息

归根结底，地震预警系统的目标是为用户提供信息，以帮助他们在所关注地区的破坏性地动水平开始前几秒钟内确定最佳行动方案。

考虑这样一种情况，一个用户想在关注地区的地动峰值超过阈值水平 $Y_{max} > Y_{thresh}$ 时采取预定的一组减灾行动。给出预警震源估值及其不确定度，就可以通过衰减关系预测预期的地动水平。这些预测地动水平的不确定度 σ_{pred} 结合了预警震源估值的不确定度和衰减关系的不确定度。随着可用观测数据的增加，震源估值的不确定度减小，σ_{pred} 趋于地动衰减关系的不确定度。从表 7.1 中看到，不同振幅类型（岩石和黏土地区 P 波 S 波的水平及垂直的加速度、速度和位移）的 σ_{pred} 数量级为 0.3 个对数单位，或者说因子 2。由预警估值给出预测的地动值 Y_{pred} 后，观测到最大地动水平 Y_{max} 的概率如下：

$$P(Y_{max} \mid M, loc) = \frac{1}{\sqrt{2\pi}\,\sigma_{pred}} \exp\left[-\frac{(Y_{max} - Y_{pred}(M, loc))^2}{2\sigma_{pred}^2}\right] \quad (7.12)$$

在等式（7.12）中，Y_{pred} 是预测的关注地区预期最大振幅。这些由表 7.1 中水平 S 波振幅的包络衰减关系给出。给定预警震源估值后，超过地动阈值 Y_{thresh} 的概率 P_{ex} 为：

$$P_{ex} = P(Y_{max} > Y_{thresh} \mid Y_{pred}) = \int_{Y_{thresh}}^{\infty} P(Y_{max} \mid M, loc) \quad (7.13)$$

当用户必须对是否开始行动作决定时，当地实际的地动峰值 Y_{max} 显然是未知的；是否开始行动的决定必须以预测地动 Y_{pred} 的某种函数为基础。Y_{max} 和 Y_{pred} 之间的不确定度产生了次于最佳决策的可能性：①导致开始行动的误报，事实上不需要采取行动，即 $Y_{max} < Y_{thresh}$，②导致未能开始行动的漏报，事实上需要采取行动，即 $Y_{max} > Y_{thresh}$。

下面是用基本的决策理论为那些想在 $Y_{max} > Y_{thresh}$ 时开始一系列行动的用户提供的一个简单的成本效益分析（Grigoriou, 1979）。

令 $H = hi$，$i = 1, \cdots, n$ 为（完备的并且相互独立的）一组可能的自然状态。在我们的例子中，$n = 2$；仅有的可能为① $Y_{max} > Y_{thresh}$ 或者② $Y_{max} < Y_{thresh}$。令 $B = bj$，$j = 1, \cdots, m$ 为一组可能的行动。本例中 $m = 2$，我们考虑的可能行动为①开始行动和②不行动。令 $C(bj, hi)$ 为假如自然状态为 hi 时采取行动 bj 的代价。令 Pi 为 hi 的概率，C_{damage} 为由于地动峰值超过阈值（$Y_{max} > Y_{thresh}$）而未采取行动导致的破坏损失；它是漏报代价。C_{act} 为采取减灾行动所付出的代价，它也是误报的代价。为简单起见，假设 C_{damage} 和 C_{act} 是已知的。事实上，这些也都是不确定的，需要用概率模型来描述这些量。以 $C_{ratia} = \dfrac{C_{damage}}{C_{act}}$ 表示的代价表见表 7.2。对某一行动的预计代价 $E[C_j]$ 由下式给出：

$$E[C_j] = \sum_{i=1}^{n} C(b_j, h_i) P_i \quad (7.14)$$

表7.2 预警用户的成本

h_j	$P_i=P(h_j|Y_{pred})$	"不行动"	"开始行动"
$Y > Y_{thresh}$	P_{ex}	$C_{ratio}1$	1
$Y < Y_{thresh}$	$1-P_{ex}$	0	1

给出一个预警震源估值后的最佳行动是代价最小的行动。如果我们设置 E["开始行动"]、E["不行动"]，我们发现临界超越概率（大于这一概率时采取行动最佳）为：

$$P_{ex,crit} = \frac{1}{C_{ratio}} \qquad (7.15)$$

因为 $P_{ex,crit}$ 是一个概率值，它的值在 0 到 1 之间。这意味着 $C_{ratio} \geq 1$；说明不采取行动所导致破坏的代价必然等于或者大于采取行动的代价，否则预警信息对用户没有任何益处。

我们能将 $P_{ex,crit}$ 与最佳行动的临界地动水平 $Y_{pred,crit}$ 联系起来

$$Y_{pred,crit} = Y_{thresh} - \sigma_{pred} \sqrt{2}\left[erf^{-1}\left(1 - \frac{\sqrt{2\pi}\,\sigma_{pred}}{C_{ratio}}\right)\right] \qquad (7.16)$$

因此，考虑到由预警震源估值预测的地动具有不确定性，用户开始行动的一个合适的准则就是 $Y_{pred} > Y_{pred,crit}$，其中 $Y_{pred,crit}$ 取决于用户指定的阈值 Y_{thresh} 和 C_{ratio}，以及预测地动估值的不确定度 σ_{pred}。

图 7.19 展示了 $Y_{pred,crit}$ 作为不同 C_{ratio} 值时 σ_{pred} 的函数。Y_{thresh} 仅只是一个常数偏移；本图中，我们令 $Y_{thresh}=0$。对于选择 C_{ratio} 近似 1 的用户，误报相对损失大些，若 σ_{pred} 较大，有时候即使预测地动值超出阈值（$Y_{pred} > Y_{thresh}$），最佳选择还是"不行动"。对于选择 $C_{ratio} \gg 1$ 的用户，误报的损失相对较小；即使当 $Y_{pred} < Y_{thresh}$ 时也最好开始行动。这突出了预警信息的优化使用中 C_{ratio} 的重要性。简单的应用比如打开消防站的门或者停止最近楼层的电梯等，都有较高的 C_{ratio} 值。需要对更复杂情况下如何选择合适的 C_{ratio} 值投入更多有针对性的研究，例如转移机场交通、将核电站转入安全模式或者停止运行灵敏的工业设备等情况。每个用户都需要投入精力来确定合适的 C_{ratio}，并检验其是否在实际上适用于预警。

7.5　台站密度与估值不确定度的演进

地震预警中震源估值的不确定度换算为预测地动的不确定度，它在用户使用预警信息做决策的过程中起重要作用。在 VS 方法中，后验概率密度函数是震级、纬度和经度的三维函数。台网应如何将震源估值及其不确定度传送至用户呢？如果能用高斯分布描述后验概率密度函数，那么向用户传送 6 个参数（3 个均值和 3 个标准差）就足够了。无论是否包括古登堡 - 里克特定律，震级的边缘概率密度（沿纬度和经度积分）总能被描述为高斯分布（图 7.13a 和 7.14a）。

对于经度和纬度的估值，情况不总是这样。最简单的定位估值是假设地震就发生在第一个触发台站处。在台网密度高的区域，这是个较好的假设。这种估值的最大可能误差取决于台间距。在仪器分布密度较高的区域（例如，Yorba Linda 主震的震中区），这是一个合理的假设，最大可能误差为 10km 量级。相反，在台站密度较低的区域或者在台网边缘，这种假设就不合适了。在 Hector Mine 地震的震中区域，若假设事件发生于首个触发台站处，最大的可能误差将达到 60km（与沃罗诺伊单元几何分布一致的最大震中距）。

在 SCSN 台网内仪器布设较少的区域，在这种假设下的最大可能定位误差有可能达到 120km。台网密度较高时，后验概率密度函数可由三个高斯函数来表示，这是由于①假设定位于第一个触发台站处是合适的，和②先验信息不是必要的，因为有足够快到达的初至来约束震源位置。

当台站密度低时，假设地震位于首个触发台站处会产生很大误差。这种地区的先验信息对于初始估值是重要的，因为大的台间距意味着需要一段时间才能有足够的观测值来恰当地约束震级和定位估值。像先前的观测地震活动性和已知的断层位置这样的先验信息使得经纬度的边缘概率密度函数很不规则和有多种模式。就时间和通讯带宽而言，台网不能为用户传送完整的三维后验概率密度函数。尽管如此，还是很有必要为用户提供这个信息。一个有吸引力的选择是台网向用户发送似然函数，而用户在现场将先验信息与似然函数结合。该选择可以在以下几方面为用户提供更多的灵活性：①定义他们自己的先验信息（比如，是否包括古登堡 - 里克特关系）；②确定计算资源（比如能在并行处理器上实现后验概率密度函数的最大化）。

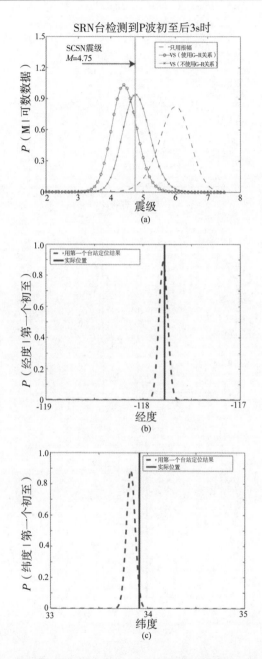

图7.13　在台网密度高的区域，例如 Yorba Linda 地震的震中区域，假设地震发生于首个触发台站是合理的。VS 震级估值和定位估值的边缘概率密度函数可以近似为高斯分布。关于预警估值的相关信息可以概括为 6 个参数（3 个均值和 3 个标准差），能够容易地传送至用户

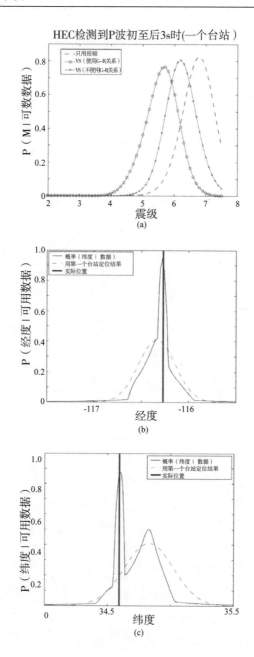

图 7.14 在台网密度低的区域，例如 Hector Mine 地震的震中区域，初期 VS 估值受先验信息的严重影响。尽管震级估值的边缘概率密度函数仍能表示为高斯分布，但是位置估值的边缘概率密度函数却不是高斯分布，这是由于先前观测地震活动性的影响

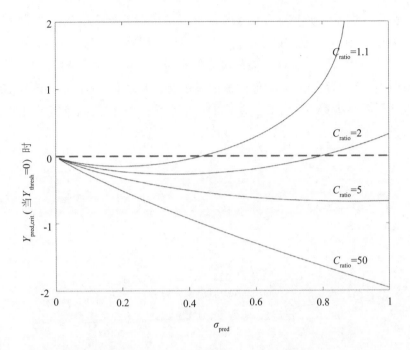

图7.15 地动的临界预测水平 $Y_{pred,crit}$，当高于这一水平时预警用户应开始行动，它是预测地动的不确定度 σ_{pred} 和 C_{ratio} 的函数。取决于不同的 C_{ratio} 值，即使当预测地动水平低于发生灾害的阈值 Y_{thresh} 时，地震预警用户开始行动也可能是划算的

　　用户对先验信息中是否包含古登堡－里克特关系进行控制是十分重要的。图 7.16 展示了 4 个美国南加州地震的不同震级估值（只用振幅、先验信息中包含古登堡－里克特关系的 VS 估值和先验信息中不包含古登堡－里克特关系的 VS 估值）的演进。在所有情况下，当有足够的观测数据来恰当地约束估值时，VS 震级估值会趋近于 SCSN 报告震级，而不依赖如何选择先验信息。当由观测振幅解得的震源参数具有折中关系时，VS 估值的先验信息中不包含古登堡－里克特关系的结果要比包含古登堡－里克特关系的结果误差小。这似乎表明古登堡－里克特关系所提供的信息是没用的。然而，已经观测到古登堡－里克特关系在世界范围普遍成立。这个明显的矛盾可以由用户的考虑来解决。在这 4 个例子中，先验信息中包含古登堡－里克特关系的 VS 震级估值要比实际震级小。基于包含古登堡－里克特关系的 VS 估值进行决策的用户将会降低误报的可能，其代价是增加了漏报可能性。

因此，取 C_{ratio} 近似于 1 的用户应该考虑将古登堡－里克特关系包含入先验信息中。相反，使用 $C_{ratio} \gg 1$ 的用户可以将古登堡－里克特关系从先验信息中排除，这样才能从较小的震级误差中获益。这类用户对漏报要付出较高的代价。因为他们重视能在少数大地震中做出适当的决定，所以他们需要接受一个由 C_{ratio} 决定的误报水平。VS 估值如何随时间演进有待进一步研究。

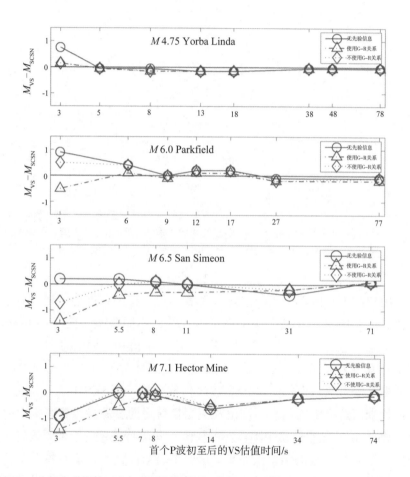

图 7.16 对于选定的美国南加州地震数据集，作为台网数据持续时间函数的不同震级估值

只用振幅、先验信息中包含古登堡－里克特关系的 VS 估值和先验信息中不包含古登堡－里克特关系的 VS 估值）随时间的演进。先验信息中包含古登堡－里克特关系的估值降低了误报的概率。用户应该有一定的灵活性来根据漏报和误报的相对代价决定哪种类型的震级估值最适合应用

7.6　结论

虚拟地震学家（VS）方法是一种贝叶斯方法，它为地震预警中解决实时震源估值和用户响应问题提供了一个统一的框架。不同类型的信息，比如先前的观测地震活动性、台站位置和古登堡－里克特关系都通过贝叶斯先验信息包含到震源估值问题中。震源估值开始阶段不能通过可用的观测数据解决的折中问题有赖于先验信息。震源估值的演进作为可用数据的函数，类似于人们如何根据新的信息来改变他们的选择或判断。当数据较少时先验信息是重要的，但这种影响随着可用观测数据的增加而降低。

贝叶斯先验信息中要包含什么类型的信息，以及因此要求解决哪种类型的震源估值，都取决于用户特有的考虑，特别是漏报和误报的相对代价。对于误报要付出较大代价的用户应该把古登堡－里克特关系包含到先验信息中，其代价是增加漏报的可能性。对于漏报要付出较大代价的用户应该使用排除古登堡－里克特关系的震源估值。如果目标是在少数大地震中采取合适的行动，则必须接受某种误报水平。

7.7　致谢

我们对 Hiroo Kanamori、Egill Hauksson、James Beck 和 John Clinton 表示感谢，感谢他们热烈的讨论和对作为本文基础的论文的评论。这篇文章得到美国加州理工学院土木工程系（Department of Civil Engineering at the California Institute of Technology）的支持。本文是在波多黎各地震台网（Puerto Rico Seismic Network）、波多黎各强震项目（Puerto Rico Strong Motion Program）以及瑞士地震服务（Swiss Seismological Service）的支持下完成的。

参考文献

Allen RM, Kanamori H (2003) The potential for earthquake early warning in Southern California. Science 300: 786~789

Cua G (2005) Creating the Virtual Seismologist: developments in ground motion characterization and seismic early warning. PhD thesis, California Institute of

Technology. http://resolver.caltech.edu/CaltechETD: etd-02092005~125601

Cua G, Heaton T (2006) Characterizing average properties of Southern California ground motion envelopes. (in preparation)

Cua G, Heaton T (2006) Linear discriminant analysis in earthquake early warning. (in preparation)

Gerstenberger M, Wiemer S, Jones L (2003) Real-time forecasts of tomorrow's earthquakes in California: a new mapping tool. United States Geological Survey Open File Report, 2004~1390

Goltz JD (2002) Introducing earthquake early warning in California: a summary of social science and public policy issues. Technical Report, Governor's Office of Emergency Services

Grazier V, Shakal A, Scrivner C, Hauksson E, Polet J, Jones L (2002) TriNet strong-motion data from the M7.1 Hecor Mine, California earthquake of 16 October 1999. Bull Seism Soc Am 92: 1525~1542

Grigoriu M, Veneziano D, Cornell CA (1979) Probabilistic modeling as decision making. Journal of the Engineering Mechanics Division, ASCE EM4, 585~596

Hauksson E, Hutton K, Jones L, Given D (2002) The September 03, 2002 earthquake M4.6 near Yorba Linda. http://www.trinet.org/eqreports

Hauksson E, Jones L, Hutton K (2002) The 1999 Mw7.1 Hector Mine, Caifornia earthquake sequence: complex conjugate strike-slip faulting. Bull Seism Soc Am 92: 1154~1170

Heaton T (1985) A model for a seismic computerized alert network. Science 228: 987~990

Horiuchi S, Negishi H, Abe K, Kimimura A, Fujinawa Y (2004) An automatic processing system for broadcasting earthquake alarms. Bull Seism Soc Am 95: 708~718

Jones L (1984) Foreshocks (1966~1980) in the San Andreas system, California. Bull Seism Soc Am 74: 1361~1380

Kanamori H (1993) Locating earthquakes with amplitude: application to real-time seismology. Bull Seism Soc Am 83: 264~268

Nakamura Y (1988) On the urgent earthquake detection and alarm system (UrEDAS). Proceedings of 9th World Conference in Earthquake Engineering, Tokyo-Kyoto, Japan

Rydelek P, Pujol J (2004) Real-time seismic warning with a 2-station subarray. Bull Seism Soc Am 94: 1546~1550

Sivia DS (1996) Data Analysis: a Bayesian tutorial. Oxford University Press

Wu YM, Kanamori H (2005a). Experiment on an onsite early warning method for the Taiwan early warning system. Bull Seism Soc Am 95: 347~353

Wu YM, Kanamori H (2005b) Rapid assessment of damaging potential of earthquakes in Taiwan from the beginning of P waves. Bull Seism Soc Am 95: 1181~1185

Yamada M, Heaton T (2006) Early warning systems for large earthquakes: estimation from fault location using ground motion envelopes. Bull Seism Soc Am (submitted)

第8章 坎帕尼亚地区（亚平宁山脉南部）预警应用中的强震动衰减关系

Vincenzo Convertito[1], Raffaella De Matteis[2], Annalisa Romeo[3], Aldo Zollo[3], Giovanni Iannaccone[1]

1 国家地球物理与火山研究所，维苏威火山观测台，意大利那不勒斯
（Istituto Nazionale di Geofisica e Vulcanologia, Osservatorio Vesuviano, Napoli, Italy）

2 德尔桑尼奥大学地质与环境研究系，意大利贝内文托
（Dipartimento di Studi Geologici ed Ambientali, Universit à degli Studi del Sannio, Benevento，Italy）

3 那不勒斯腓特烈二世大学物理系，意大利那不勒斯
（Dipartimento di Scienze Fisiche, Universit à degli Studi di Napoli Federico II, Napoli，Italy）

摘要

预警应用中，所产生快速方案的可靠性和有效性强烈地依赖于可靠的强地面运动预测工具的可用性。如果地震动图是用于表示大地震造成的潜在破坏图，那么衰减关系就是用于预测峰值地面运动参数和烈度的工具。使用衰减关系的局限性之一是对于要进行预测的地区，根据其同一构造环境中收集的数据所提取出的衰减关系很少。因此，根据记录的数据，可能会低估或高估强地面运动。因为涉及震中距和震级可用数据集的限制，意大利也是一样，尤其是亚平宁南部。此外，对于"实时"预警应用，重要的是，其衰减关系的模型能根据可得到所有强震动波形时所收集到的新数据容易地更新其参数，不论在地震破裂发生期间或在震

后都应该这样做。

我们这里讨论的是意大利坎帕尼亚地区（亚平宁南部）预警应用中的强震动衰减关系。这个模型有一个经典的解析方程，它的系数从随机法合成的强震动数据集中获得。模拟技术中的输入参数是通过对过去 15 年国家地球物理与火山研究所 (Istituto Nazionale di Geofisica e Vulcanologia, INGV) 地震台网记录到的震级范围在 $M_d(1.5\sim5.0)$ 的地震的波形做谱分析得到的，而且被外推到更广的范围。

为了验证所推测关系的有效性，这里给出了两种已有衰减关系的比较。结果显示，几何扩散、品质因子 Q、静态应力降值等衰减参数及其不确定性的标定，是主要考虑的因素。

8.1   引言

时间域和频率域的强地面运动参数预测对地震灾害分析和地震预警的应用都是至关重要的。预测的可靠性主要取决于震源能量向所关注位置传播过程中，会影响其辐射的各方面因素的建模能力。

尽管已有许多预测方法（例如：经验格林函数、半经验的、半理论的，随机的和理论的），但在几乎所有容易发生地震的区域，最广泛应用的是经验法。经验模型通常被称为衰减关系，是把选定的强地面运动参数（峰值地动加速度、速度、位移或者谱坐标）与表征震源、介质（采用几何扩散、黏弹性吸收与散射）以及当地地质情况的参数，联系在一起的数学函数（Campbell, 1985）。一旦选定函数的形式，便可通过对已有的强震数据集做回归分析得到它的系数。

当把衰减关系用于预测地面运动时，一个主要的先决条件是这个估计只能用于采集数据的区域，或者在那些基于地球物理和地震学数据确定具有相似震源和传播特性的区域（Reiter, 1990）。但是，缺乏关于震级、震中距和震源机制的大型完整的数据集，是这种情况的一个严重问题。再有，必须考虑震源的点源描述所固有的局限，特别是在估计大地震近场地面运动时更是如此。实际上，这些地面运动受到震源破裂持续时间和几何形状的强烈影响，而这些影响并不能在衰减关系中予以考虑。

坎帕尼亚地区位于意大利亚平宁山脉南部，那里在近代发生过几次特大破坏性地震。最后一次是 1980 年的 6.9 级 Irpinia 地震，这次地震造成几千人死亡和严重的经济损失。现在这个区域覆盖了先进的台网，这个台网装备了大动态范围和密集分布的仪器，这将提供大震级范围的不限幅时间历程的记录（Weber et al., 2007，本书第 16 章）。这个台网的主要目的是为地震预警服务，并且由于它的几何形状，可被用来计算地震动图，以提供快速灾害图像。这些图以选定的来自大地震的强地面运动参数或简单或复杂地展现了地面震动。因而，区域衰减关系的构建受到极大的关注。

本研究的目的在于获得坎帕尼亚的强震动关系，作为近年来建立的意大利强震动衰减关系（Sabetta and Pugliese, 1987, 1996；Malagnini et al., 2000）的可能替代。这里的结果适用于峰值加速度（Pga）和峰值速度（Pgv），但可以扩展到其他时间参数或谱参数。主要困难在于缺乏所关注区域记录的强地面运动数据集。我们通过分析 1988~2003 年 INGV 台网记录的震级范围 M_d（1.5~5.0）的波形数据集，可以部分克服这个困难。尽管这些数据不能提供所需要的强震动数据集，但是可以获得区域的定标律（例如，地震矩与拐角频率；静态应力降与拐角频率）和粘弹性性质，它们可以外推到更大的地震，并通过随机模拟过程产生合成数据集。这个数据集可用来完善现有的有限数据集，还可用来直接获得区域衰减关系。

8.2 数据集和定标律

在获得区域衰减关系的过程中要面临的一个主要问题就是缺少一个大的、完善的强震动数据集。这可以部分地通过模拟技术来克服，模拟技术可以产生具有所需要的谱和时间特性的波形。本研究应用的是 Boore（1983）提出的随机模拟方法，需要输入的参数是所选择震级范围的静态应力降和拐角频率。为了推断坎帕尼亚区域的这些参数，可以通过分析 INGV 台网 1988~2003 年记录的震级在 1.5~5.0 之间的地震波形获得定标率。我们只选择至少有 6 个台站记录到清晰 P 波震相的地震。然后，我们从 788 个地震的原始目录，提取震级范围在 M_d 1.8~4.5 间的 2774 条波形数据进行分析。我们拾取初至 P 波和 S 波到时，在 Bernard 和 Zollo（1989）提出的水平分层速度模型中重新定位（如图 8.1）。

利用经典的 ω^{-2} Brune（1970）谱模型，通过位移谱反演来估计震源参数 Ω_0（低频频谱振幅），f_c（拐角频率）和 Q_p（品质因子）。绝大部分

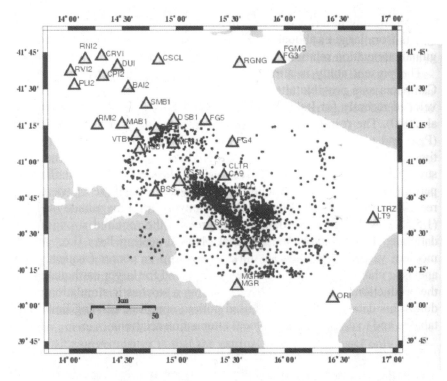

图 8.1　INGV 地震台站分布图（黑三角）和所研究的地震震中分布图（黑点）

INGV 台网地震台站配备的是单垂直向传感器，只反演 P 波谱。

在 P 波到时附近的 1s 时间窗内计算位移谱（图 8.2 中的子图 a 和 b）。时间窗宽度的选择考虑了数据库中震中距和震级的范围。使用的非线性反演技术是基于单纯形优化法（Nelder and Mead, 1965），它需要初始参考模型。这种局部搜索方法依据一个价值函数的极小化，该价值函数定义为观测谱值减去预测谱值再乘以频率平方值后的绝对值。为了克服落入局部极小值的问题，根据在合理范围内随机选择的不同初始模型参数同时进行多个反演过程。这可以避免初始模型选择标准的随意性。作为例子，Ω_0、f_c 和 Q_p 初始值和通过 P 波谱反演得到的最终值如图 8.3 所示。

所得到的参数，最终用来估计地震矩、静态应力降和拐角频率间的关系（图 8.4），在需要模拟大地震时，这些关系可以用来作为随机模拟技术的输入参数。

对于品质因子 Q_p，反演结果显示出它对震源到台站距离的线性依赖

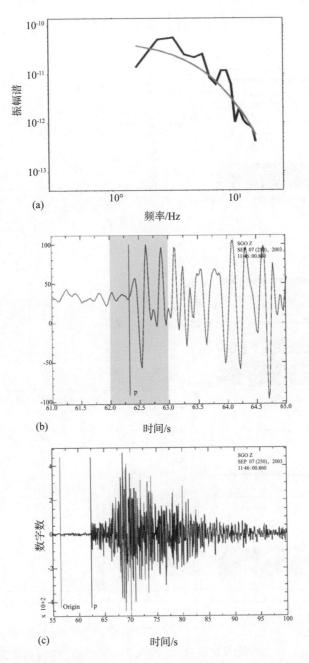

图 8.2　(a) 观测的（黑色）和反演的（灰色）位移振幅谱；(b) 选择的时间窗；(c) 速度的垂直分量

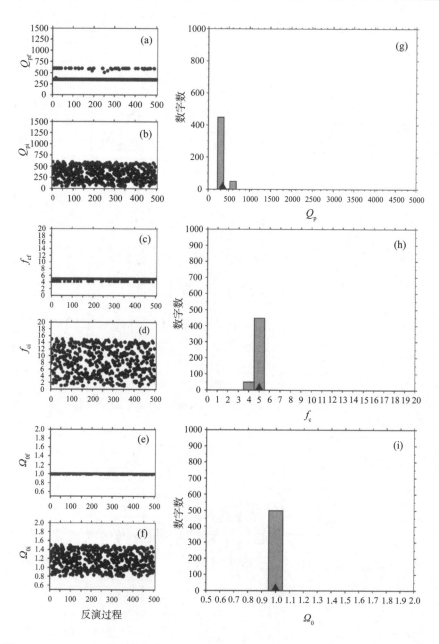

图8.3 (a)、(c)、(e) 分别是反演后 Q_p、f_c 和 Ω_0 值；(b)、(d)、(f) 分别是参数 Q_p、f_c 和 Ω_0 在反演过程中的初始值；(g)、(h)、(i) 分别是 Q_p、f_c 和 Ω_0 最终值直方图（P）和它们相应的模型值（黑色三角）

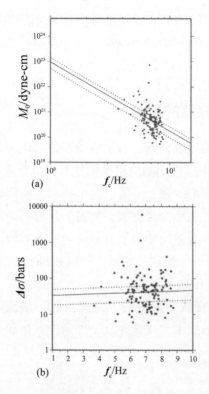

(a)

(b)

图 8.4 得到的定标律：(a) 地震矩与拐角频率；(b) 静态应力降 ($\Delta\sigma$) 与拐角频率
（实线表示中间值，虚线表示 ±1 倍标准偏差）

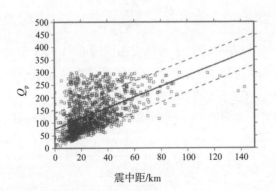

图 8.5 从 P 波谱反演中得到 Q_p 值与震中距的关系
（实线和虚线的含义与图 8.4 相同）

（图 8.5）。这可能归因于在我们的谱模型中对几何衰减作用的模拟不正确。为使其在强地面运动模拟中的影响最小化，在随机处理过程中引入了这种依赖关系，在下一章会详细说明。

8.3 地面运动峰值的模拟

坎帕尼亚区域的地震构造，为了建立所需震中距与震级范围的数据集，使用 Boore（1983）提出的随机模拟技术产生合成的运动随时间变化历程，再用它来计算 Pga 和 Pgv 值。这个技术在时间域与频率域都可以使用，该技术基于产生一个经滤波、加窗、具有有限带宽的高斯噪声时间序列，该高斯噪声有零期望均值，所选定的方差给出其振幅谱的单位值。这个频谱在乘以一个给定的频谱（例如 Brune, 1970），然后转换回时间域产生最终的时间序列。

考虑到震源、衰减（几何的、黏弹性的、表面的）和场地效应，Boore（1983）提出的技术允许选择几个加速度谱形状。在本文中使用如下加速度谱公式 $A(f)$：

$$A(f)=CM_0 S(f,f_c)\frac{e^{-\frac{\pi R}{Q\beta}}}{R} \tag{8.1}$$

其中 R 是震中距，C 是常数，由下式给出：

$$C=\frac{R_{\theta\phi}\cdot FS\cdot P}{4\pi\rho\beta^3} \tag{8.2}$$

$R_{\theta\phi}$ 是平均辐射花样，对于剪切波假设为 0.63；FS 是由于自由表面引起的放大倍数（这里取 2.0）；P 是由于能量分为两个水平分量的减小系数（这里是 $1/\sqrt{2}$）；ρ 和 β 是密度和剪切波速。

震源谱的形状是具有单一拐角频率 f_c 的经典 ω^{-2} Brune（1970）模型：

$$S(f,f_c)=\frac{f^2}{1+\left(\frac{f}{f_c}\right)^2} \tag{8.3}$$

由于本文的目的，对于几何扩散，假设的函数形式在 300km 内考虑 S 波的几何扩散，其后是面波的几何扩散。这通过距离函数 $g(r)$ 来指定，如下所示：

$$g(r)=\begin{cases} r^{-1.0} & 1 \leqslant r \leqslant 300\text{km} \\ r^{-0.5} & r > 300\text{km} \end{cases} \tag{8.4}$$

允许如下类型的频率依赖性，借以考虑黏弹性衰减作用：

$$Q(f)=Q_0\left(\frac{f}{f_0}\right)^n \tag{8.5}$$

其中 f_0 是参考频率，n 是一个用来控制低频和高频分量衰减差异的参数。遵循在相同区域之前的研究（例如，Rovelli et al., 1988；Malagnini et al., 2000），f_0 设为 1.0Hz，n 固定为 1.0（两个之前的研究中 f_0 都被设为 1.0Hz，Malagnini et al.,（2000）的研究中 n 设为 0.1）。

式 (8.5) 中 Q_0 参考值的选择基于对 P 波谱反演结果（如图 8.5 所示）的分析。从图 8.5 中可以看出 Q 因子对距离的依赖关系，这必须在式（8.5）中考虑。如前面章节提到的，这个结果可以归因于谱反演中暗含的 $1/r$ 几何扩散和 Q 因子的频率无关性间的固有折中。因此，式（8.5）被改写成为如下式：

$$Q(r,f)=(Q_0+Kr)\left(\frac{f}{f_0}\right)^n \tag{8.6}$$

这可以简单地引入到 Boore（1983）的模拟技术中。具体地说，Q_0 和 K 都是通过线性回归分析估计的，分别是 77 ± 13 和 $2.10 \pm 0.01\text{km}^{-1}$。由于本研究的目的是获得相对于基岩场地条件的地面运动估计，故没有使用 kappa 滤波（Anderson and Hough, 1984）考虑表面层造成的地震动衰减。

要为模拟指定的最后两个参数是地震矩 M_0 和静态应力降 Δc，可以认为 Δc 是震级相关或者无关。基于图 8.4(a) 所示结果，可认为 $\Delta \sigma$ 与震级无关。另一方面，对于每个固定的震级，用到了应力降的三个值。选择中间值和对应 1 倍标准偏差的值（参见图 8.4(a)）来考虑应力降估计值的不确定性，并进一步在地面运动峰值中引入不确定性。

图 8.6(a)、(b) 分别给出了震中距 5~150km、震级 5、6、7 的 Pga、Pgv 合成数据库。这些值是参照基岩场地条件计算出来的。为部分证实为随机模拟过程选择的参数的正确性，图 8.6 中还包含了 1980 年 11 月

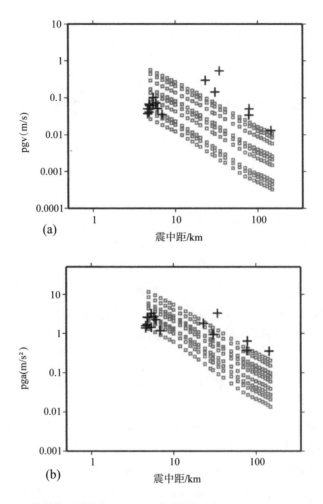

图 8.6　(a)、(b) 分别表示震级为 5、6、7 时，作为震中距函数 Pgv 和 Pga 的合成数据集
十字是 1980 年 11 月 23 日 18:34 震级 6.9Irpinia 地震的两个余震：1980 年 12 月 1 日 19:04 震级 4.6
地震和 1981 年 1 月 16 日 00:37 震级 4.7 地震的数据

23 日 18:34 震级 6.9 Irpinia 地震的两个余震：1980 年 12 月 1 日 19:04 震级 4.6 的地震和 1981 年 1 月 16 日 00:37 震级 4.7 地震的 Pga 和 Pgv 值（黑色十字）。从图 8.6 中可以看出，模拟的峰值与观测到的 Pga 和 Pgv 都符合得非常好。生成的数据库容许我们为预测强地面运动构造衰减模型和计算其系数。

8.4 回归分析

一旦根据衰减（几何的和黏弹性的）和静态应力降条件对关注区域的模拟结果做了校准，就生成了一个关注的固定震级和震中距范围的合成数据集。这个合成数据集可以用来整合现有的数据集和获得特定区域的强震动参数衰减关系。

由于本研究的目的，我们优选基于傅里叶谱衰减模型的方法（Toro et al., 1997; Rovelli et al., 1998; Malagnini et al., 2000）。实际上，对于预警的应用，需要向市政防护机构快速提供能与结构破坏相关联的代表性参数。尽管反应谱提供了大多数感兴趣的工程参数，但是 Pga 和 Pgv 仍旧是最广泛应用的。

在本研究中，合成数据集用来获得特定的衰减关系，无论是在地震发生时，或者是震后阶段，在有新的数据可用时，都可以容易地对其进行更新，形成地震动图。

假设一个经典的峰值地面运动参数衰减模型（例如 Joyner and Boore, 1981; Campbell, 1997; Sabetta and Pugliese, 1996; Abrhamson and Silva, 1997; Boore et al., 1997），公式如下：

$$\lg Pgx = a + bM + c\lg\sqrt{R^2 + h^2} \pm \sigma \tag{8.7}$$

其中 Pgx 对应 Pga 和 Pgv；M 是震级；R 是震中距 (km)；h 是虚拟深度 (km)；σ 是 Pgx 对数值的标准偏差。假设选择的模型是震级的指数函数，这来自震级的基本定义，即震级是地面运动振幅的对数值（Campbell, 1985），几何衰减 $1/R$ 和 h 表示的性质通常称为"随距离饱和"（Joyner and Boore, 1981; Campbell, 1985）。假设的模型没有考虑场地效应，到目前为止，这个作用都是使用具体的土壤分类（例如，QTM）和所选强地面运动参数的放大系数，在震动图中后验引入（Wald et al., 1999）。

为了拟合每个震级的数据集，参数 c 在反演过程中是固定的，而参数 a 和 b 是允许变化的。通过试错法，发现 c 是 -1.4，h 对于 Pga 是 5.5km，对于 Pgv 是 5.0km。由于所考虑的 Pga 和 Pgv 属于不同的频率范围，因而衰减不同，造成 h 值不同。

表 8.1 给出通过一般最小二乘法获得的参数 a 和 b 最优估计值和相对不确定性，以及 Pgx 对数值的标准偏差。

表8.1 对于Pga和Pgv，式（8.7）中的回归系数和标准误差

Pgx	a	b	c	h	σ
Pga(m/s²)	-0.514	0.347	-1.4	5.5	0.145
	± 0.007	± 0.001			
Pgv(m/s)	-3.04	0.552	-1.4	5.0	0.154
	± 0.01	± 0.002			

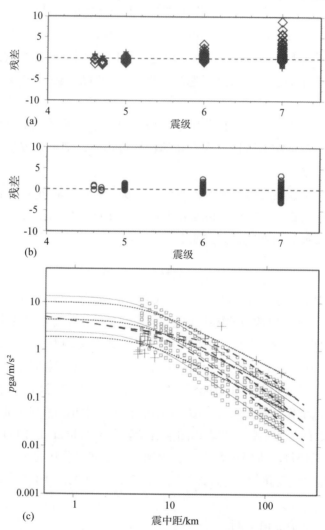

图 8.7 (a) SP96（十字）和 CA97（菱形）衰减关系的残差分析；(b) 本研究中导出的衰减关系的残差分析；(c) 震级 5、6、7 的 Pga 衰减曲线

实线是本研究的衰减关系，虚线是 SP96 的，黑体虚线是 CA97 的

图 8.7 和图 8.8 分别对 Pga 和 Pgv 给出了震级 5、6、7 的衰减关系（实线）和数据集（灰色方块）。为了对比，也在图中给出相同震级的另外两个衰减关系。虚线表示 Sabetta 和 Pugliese（1996）的衰减曲线（下文中称为 SP96），黑体的虚线表示 Campbell（1997）的衰减曲线（下文中称为 CA97）。选择这两个衰减模型是基于如下事实：SP96 模型获得于包含主

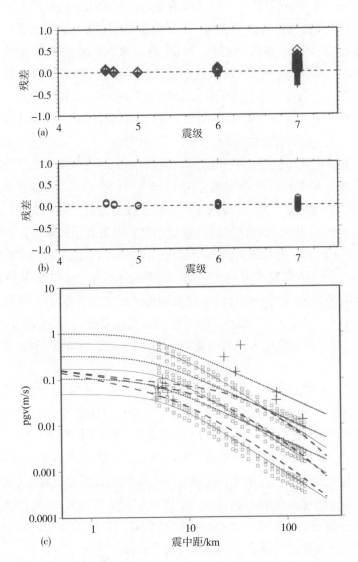

图 8.8 与图 8.7 一样，但对象为 Pgv

要正断层和逆断层机制的意大利强震数据集，而 CA97 衰减模型则是从包含不同地震构造环境和更大量断层类型的全球数据库中获得的。通过对比不同的曲线发现，本文获得的衰减关系在震中距大于 20km 的情况下，与 CA97 在衰减方面的表现相似，但是他们给出了不同的地面运动估计。因此，除震级 7 的 Pgv 外，CA97 对每个震级给出了较大的 Pga 和 Pgv。相比之下，与 SP96 对比，地震动峰值的估计和衰减的趋势都不同。这进一步强调了需要从进行估计的同一区域收集数据以导出衰减关系。

图 8.7 与图 8.8 中的子图 (b) 和 (c) 表示每个衰减关系的残差（观测 Pga 值减去预测 Pga 值）与震级间的关系，子图 (b) 中的圆圈表示本研究中计算的相应残差，子图 (a) 表示 SP96（十字）和 CA97（菱形）相应的衰减关系。结果显示本研究的估计与 SP96 的估计一致，但是比 CA97 的估计小，尤其是对较大的震级。

为了验证式（8.7）中假设的回归模型和表 8.1 中给出的计算的系数，进行了进一步实验，这个实验应用 1980 年 11 月 23 日 18:34 震级 6.9 的 Irpinia 地震的数据，用二阶段法重新进行了残差分析。第一阶段，比较使用本研究中取得的回归模型对于 6.9 级和具有可用数据的震中距给出的估计值。Pga 和 Pgv 的结果分别示于图 8.9 和图 8.10。在图 8.9 和图 8.10 的子图（b）中，三角表示可用的数据，圆圈表示在同一震中距从本研究取得的衰减关系中得到的估计值。在相同的子图上还显示了依据衰减关系 SP96（十字）和 CA97（菱形）的估计值，直线是针对震级 6.9 和连续距离范围。这些线的使用方式与图 8.7 对应。相应的残差如图 8.9(a) 和 8.10(a) 所示。

在第二阶段的分析中，把 1980 年 11 月 23 日 18:34 震级 6.9 的 Irpinia 地震数据加入到合成数据集中，重做回归分析，使这三个不同的衰减关系得到相同的开始信息。在表 8.2 中给出新得到的 Pga 和 Pgv 的系数与相对不确定性。可以看出系数有微小的变化，而不确定性不变。相应的 Pga 和 Pgv 衰减曲线分别在图 8.9 和图 8.10 中展示（加黑的虚线）。也给出了每个数据点的估计值和不确定性（子图 b 中的反三角）。正如预期，从残差分析可以看出，把关于 1980 年 11 月 23 日 18:34 震级 6.9 的 Irpinia 地震数据引入到合成数据集中部分地改进了估计。

表8.2　1980年11月23日18:34震级6.9的Irpinia地震数据加入到合成数据集后，
式（8.7）中Pga和Pgv的回归系数及标准误差

Pgx	a	b	c	h	σ
Pga(m/s²)	-0.559	0.383	-1.4	5.5	0.155
	± 0.007	± 0.001			
Pgv(m/s)	-3.13	0.570	-1.4	5.0	0.185
	± 0.01	± 0.002			

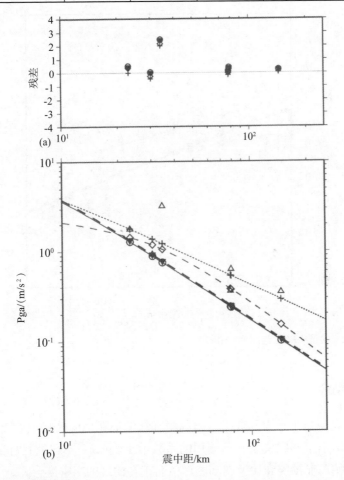

图 8.9　Pga 验证实验

(a) 验证实验的残差分析，符号与子图 (b) 一样；(b) 三角表示 1980 年 11 月 23 日 18:34 震级 6.9 的 Irpinia 地震的数据，圆圈表示由本研究中获得的衰减关系给出的估计，十字对应于 SP96 衰减关系的估计，菱形对应于 CA97 衰减关系的估计。反三角对应于 1980 年 11 月 23 日 18:34 震级 6.9 的 Irpinia 地震数据加入到合成数据集后，本研究得到的衰减关系给出的估计。线表示连续的距离范围；详细参见图 8.7 文字说明

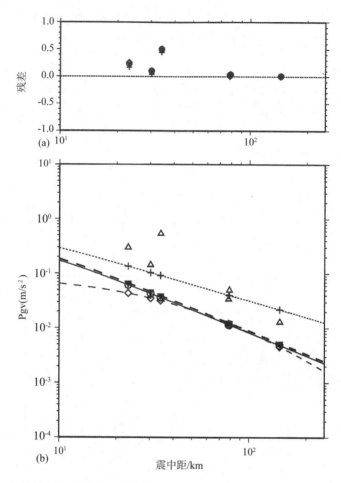

图 8.10 Pgv 验证实验（与图 8.9 相同）

8.5 结论

本研究获得了意大利亚平宁山脉南部坎帕尼亚地区的特定衰减关系。式（8.7）给出了回归模型，预测用的系数示于表 8.2。本研究目标的驱动力是为坎帕尼亚预警和快速震动图评估而正在实现的高密度台阵。

由于缺乏大的完整的强震动数据集，对于 1988~2003 年 INGV 台网记录的震级范围 M_d（1.5~5.0）的地震波形记录做了谱分析。从而获得定标率（即地震矩与拐角频率，静态应力降与拐角频率），这可以外推到更大的地震。然后这些导出参数用作 Boore（1983）提出的随机模拟技术的输入参数，来计算所关注震级范围（$M5$、$M6$、$M7$）的合成波形以及相关的 Pga 和 Pgv 值。

建成数据集后，进行了回归分析和残差比较试验。由本研究中获得的衰减关系给出的估计值与两种已有衰减关系给出的估计值进行了比较。结果显示，Pga 和 Pgv 大体上一致，而衰减（几何的和黏弹性的）趋势不同，因而强调了需要根据所估计区域的数据来获得衰减关系。

8.6 致谢

本文中的图形绘制使用 Generic Mapping Tools（Wessel and Smith，1991）。

参考文献

Abrahamson NA, Silva WJ (1997) Empirical response spectral attenuation relations for shallow crustal earthquakes. Seism Res Lett 68: 94~127

Anderson JG, Hough SE (1984) A model for the shape of the Fourier amplitude spectrum acceleration at high frequencies. Bull Seism Soc Am 74: 1969~1993

Bernard P, Zollo A (1989) The Irpinia (Italy) 1980 earthquake: detailed analysis of a complex normal faulting. J Geophys Res 94: 1631~1648

Boore DM (1983) Stochastic simulation of high-frequency ground motion based on seismological models of the radiated spectra. Bull Seism Soc Am 73: 1865~1893

Boore DM, Joyner WB, Fumal TE (1997) Equations for estimating horizontal response spectra and peak acceleration from Western North American earthquakes: a summary of recent work. Seism Res Lett 68: 128~153

Brune J (1970) Tectonic stress and spectra of seismic shear waves from earthquakes. J Geophys Res 75: 4997~5009

Campbell KW, Eeri M (1985) Strong Motion Attenuation Relations: A Ten-Years Perspective. Earthquake Spectra 1(4)

Campbell KW (1997) Empirical Near-Source Attenuation Relationships for Horizontal and Vertical Components of Peak Ground Acceleration, Peak Ground Velocity, and Pseudo-Absolute Acceleration Spectra. Seism Res Lett 68; 154~179

Joyner WB, Boore DM (1981) Peak horizontal acceleration and velocity from strong-motion records including records from the 1979 Imperial Valley, California earthquake. Bull Seism Soc Am 71: 2011~2038

Malagnigni L, Herrmann RB, Di Bona M (2000) Ground-Motion Scaling in the Apennines (Italy). Bull Seism Soc Am 90: 1062~1081

Nelder JA, Mead R (1965) A simplex method for function minimization. Computer Journal 7: 308

Reiter L (1990) Earthquake hazard analysis-Issues and Insights. Columbia University Press, New York, 254

Rovelli A, Bonamassa O, Cocco M, Di Bona M, Mazza S (1988) Scaling laws and spectral parameters of the round motion in active extensional areas in Italy. Bull Seism Soc Am 78: 530~560

Sabetta F, Pugliese A (1987) Attenuation of peak horizontal acceleration and velocity from Italian strong-motion records. Bull Seism Soc Am 77: 1491~1513

Sabetta F, Pugliese A (1996) Estimation of Response Spectra and Simulation of Nonstationary Earthquake Ground Motions. Bull Seism Soc Am 86: 337~352

Toro R, Abrahamson NA, Schneider JF (1997) Model of Strong Ground Motions from Earthquakes in Central and Eastern North America: Best Estimates and Uncertainties. Seism Res Lett 68: 41~57

Wald DJ, Quitoriano V, Heaton TH, Kanamori H, Scrivner CW, Worden BC (1999) TriNet "ShakeMaps": Rapid Generation of Peak Ground Motion and Intensity Maps for Earthquake in Southern California. Earthquake Spectra 15: 537~555

Weber E, Iannaccone G, Zollo A, Bobbio A, Cantore L, Corciulo M, Convertito V, Di Crosta M, Elia L, Emolo A, Martino C, Romeo A, Satriano C (2007) Development and testing of an advanced monitoring infrastructure (ISNet) for seismic early-warning applications in the Campania region of southern Italy. In: Gasparini P, Manfredi G, Zschau J (eds) Earthquake Early Warning Systems. Springer

Wessel P, Smith WHF (1991) Free software helps map and display data, EOS Trans. AGU 72(441): 445~446

第9章 地震灾害的定量评估

Jean Virieux[1]，Pierre- Yves Bard[2]，Hormoz Modaressi[3]

1 蔚蓝地球科学，法国瓦勒堡
（Géosciences Azur，Valbonne，France）

2 LGIT-地球科学实验室，法国圣马丹代雷
（LGIT-Maison des Géosciences，Saint-Martin-d'Hères，France）

3 法国地质调查局，法国奥尔良
（BRGM，ARN，Orléans，France）

摘要

　　为了更准确地估计地面震动，我们根据振幅、频率成分和持续时间，分析了进行确定性波形传播模拟所需的要素。在破坏性地震发生前绘制各种情况下的期望地面震动图可能对设计减轻地面振动影响方法和地震发生后地面震动图的快速校正有所帮助。三维结构的重建需要收集两种不同尺度的信息：区域尺度的（几十千米）和局部的（几十米到几百米）。从永久台站到临时台站，从主动震源到被动震源，这些不同的技术以及其他地球物理及土工技术的研究都会提供必要信息。另一个挑战是可能震源的特征描述，这需要对感兴趣区域的地震构造进行仔细分析。再现来自这些假设的空间扩展震源的波传播可能带来较大的不确定性。这些模拟的频率成分更多的是受限于我们关于介质的知识而不是计算机资源。实际上，为了实现这种模拟，已知的地质结构的分辨率要在十分之一波长范围内。持续时间和振幅受震源机制和地下结构力学性质的影响。最好给出地面震动估计的变化，并应该识别出主要参数。设计出通过记录数据校正这些模拟的方法以及与概率方法的必要链接，这些都是未来需要解决的。

9.1 引言

由于破坏性地震产生的地面震动运动导致建筑物倒塌是人员伤亡的主要原因，因此修正先验地面震动估计是一个有效减灾策略的必要组成，但实际上并不充分。地震动的定量估计策略从纯确定性的策略走向更统计学的策略。

为了约束对地震波传播的地壳结构的描述和建立合适的有限扩展震源机制，我们尝试性地提出所需的观测。为了更好地估计地面震动，我们将会介绍互相补充的不同方法。地球物理和土工技术测量法可能用于模型的重建。重大地震的记录图以及小地震记录图的可能外推都能提供数据，波形传播工具第一步会描述这些数据，而在更重要的第二步将会消化这些数据。

对于给定的具体频率成分（目前还限制在低频，即一般低于 1Hz），数值方法可以通过纯确定性方法提供地面震动的估计值。由于计算机效率的显著提高，一旦在以给定的分辨率指定震源和介质，我们将检验那些似乎能给出相当逼真地震图的不同方法的潜力。

三个主要的问题尚未解决，本文将尝试性地解决它们，并通过一些例子予以阐述：

（1）这种方法的频率上限是多少？我们知道这依赖于准确描述传播介质和震源的能力。

（2）如何验证这些地面震动估计值？我们应对这些结果赋予多大的置信度？

（3）如何将这些确定性方法与更具有统计性的方法结合重建准确模型？对于不可能重建准确模型的较高频范围，这些更具有统计性的方法似乎是必要的。

9.2　利用被动和主动数据采集系统重建地壳和地表速度

基本上，两个尺度的介质描述对于地面震动估计是非常重要的：局部范围和区域范围，分别从几十米到几千米。

从震源到地表，地震波的振幅依赖于地震波如何在区域尺度的地质结构中传播。随深度变化的波速可能导致波的路径和振幅的显著变化。

例如，海陆边界的通道波可能改变影响海岸线附近城市的到达波。图 9.1 显示利古里亚海岸附近的震测作业密度。由于这个尺度的信息有限，三维地壳结构的重建会仅限制在长波长的变化，而且依赖于地质信息和重力测量之类的地球物理信息 (Truffet et al., 1993) 或可用的主动和被动地震勘查（Le Meur et al., 1997; Latorre et al., 2004; Paul et al., 2001）。因此，永久的地震台网和临时台网一样都会从地方地震活动和远震震源得到有价值的信息。接收函数技术（Bertrand, 1999; Bertrand et al., 2002）将增加我们对区域结构的认识。Shapiro 等（2005）提出的基于噪声互相关的新方法可以在区域范围内重建模型，而不需要地方震源。当然，地震波的激发将来自像海洋风暴之类的一般震源。

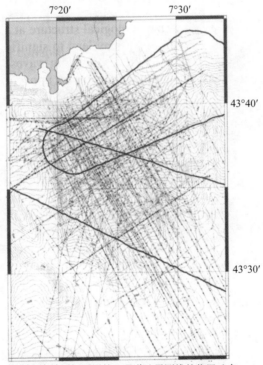

尼斯和摩纳哥间可用的 6 通道地震测线的位置（古地中海巡航，1999～2005）。黑色粗线为96通道地震测线（MALIS巡航，1990）

图9.1　利古里亚海的高密度空间采样，来自高分辨率的地震剖面
　　　　（Françoise Sage 提供）

　　局部地表传播和场地效应导致地震图的复杂性，需要对地表下几十米到几百米的准确描述。在风化层和沉积层覆盖区观测到最大的力学差异，强烈地改变了弹性波的传播（汇聚、衍射等），与具有简单损耗机制的简单几何传播所预期的相比，这种力学差异改变了在不同频率范围的相对振幅成分。在建筑物振动前，这种调制作用影响并经常增大特定频率范围的地震动振幅。此外，当地表土在较大应变（百分之零点几到百分之几）时表现为非线性，这层的精细特性需要众多的参数来适当地模拟复杂的流变性质，尤其是最浅层（上层 20~30m）。采集钻孔的信息往往是不够，这是因为有限的采样以及空间数据插值带来不确定性。此外，标准的土工技术 / 地球物理勘查（例如跨孔法和井下法）由于特殊的波传播路径会带来偏差。

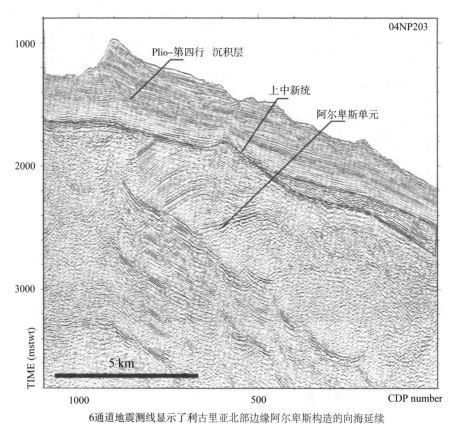

6通道地震测线显示了利古里亚北部边缘阿尔卑斯构造的向海延续

图 9.2　时间偏移剖面中对表层结构的描述

该描述对地质单元的识别是有用的。该信息用于三维模型的重建

　　另外一种选择，可以考虑从主动震源试验（如果可以得到的话）
（Zollo et al., 2005）和被动震源试验（Tiziana et al., 2005）获得浅部的定量
性质。地震的面波分析（Stokoe, 1989; Park, 1999; Miller, 1999; Liu, 2000）
可以重建垂直剖面。无论使用何种方法，都需要高密度的仪器布设。目前
通过脉动波场的仔细分析获得剪切波剖面是充满发展前景的，或是简单
（但是有时难处理和易引起误解）的，如 H/V 技术（Nogoshi and Igarashi,
1971; Nakamura, 1989; Kudo, 1995; Bard, 1998），或是更先进的，如台阵
技　术（Aki, 1957 ; Horike, 1985; Matsushima and Okada, 1990; Tokimatsu
et al., 1992; Tokimatsu, 1997; Cornou, 2002; Sèbe, 2004; Le Bihan, 2001;
Schissele, 2002; Schisselle et al., 2004; Arai and Tokimatsu, 2004; Ohrnberger
et al., 2004; Wathelet et al., 2005）。

　　高分辨率的地震剖面同样使海上不同地质单元的精细描述成为可能，
这可以实现地下浅部几百米的三维重建（图 9.2）。当传感器的密度增加
时，可以根据转换震相的横向相干性和冗余性从地震图中获取更多信息。
局部区域速度阻抗的急剧变化可能对约束模型的重建有用。复杂结构的
主动震源偏移方法（Pratt et al., 1998; Operto et al., 2004）和转换震相分析

图 9.3　利用 geomodeller 产生的法国 Nice 地区的模型描述（承蒙 BRGM 提供）

（Latorre et al., 2004）都将提高重建的分辨率，就像我们在水库特性提取和监测中所做的那样。

无论我们用何种方式获得用于描述确定性三维模型的信息，这些信息的插入必须使用一种动态更新策略，这种策略是基于对不同来源提供的具有不同质量、分辨率和不确定性的不同信息的组合（Nivlet et al., 2002; Caimon et al., 2004；Mallet, 2004; Castaniè et al., 2005）。这些模型产生器（http://www.geomodeller.com）应能整合从地质的到地球物理的各种信息，并且必须给出适当的波传播模拟所需的输出：例如，为 Nice 城区提供的各向异性的介质描述（图 9.3）。随着研究区域的相关知识增加，可以更新产生器内部的信息，提供一个新的用于更好模拟的重建模型。

9.3 特定地震构造区域的震源描述

无论介质的描述如何，为了准确模拟介质的激发和波的传播，我们需要对预期的震源作出定量估计。需要同时提供滑动区域的几何形状和滑动的分布。模型的数值约束会引出其他具体指标，例如网格的密度或者模拟单元的有限尺寸，不过它们可以随着改进模型的建立而减小。

对地震构造的描述方式必须能实现对可能震源的这种估计。活动断层的识别是这一震源定义中的一个重要元素，古地震活动（Michetti et al., 2005）与历史地震活动（Lambert and Levret-Albaret, 1995）的衔接也和关注区域的构造框架一样至关重要。应该提供断层源几何形状和滑动分布的不确定性，因为通过实现不同的场景，模拟可能部分地克服这类知识问题。可以通过大量的计算来估计地面震动的可变性。当然，因为这种估计的花费很大，所以对土地管理部门而言，通过更好地限制指定区域的可能震源来缩小这一可变范围是至关重要的。

目前直接震源模拟方法的状态是低频的地震图通过运动学和动力学震源模型计算，而高频成分通过随机震动模拟。这些模拟的一个主要难点是对全部频率预测物理上正确的辐射方向性。应该识别出这两种模拟之间的临界频率限，但这个临界限肯定是有几赫兹的范围。因此，整合的策略应该找到一种将这些结果组合到一个共同框架内的方法。这个分析必定会对震源描述造成约束：小的特征对于波的传播模拟可能不是必需的，因此可以避开。

这种频率限制与缺乏地壳结构和短波高频震源的运动学知识有关，致使我们得到有几赫兹范围的一个频率值。另一个策略是通过小地震外推来估计假定的大地震。在不可能重建模型的地方，只要震源被正确地描述，记录到的相关的地震图可以用作经验格林函数。为了这个目的，必须以更好的定位和准确的震源机制对小地震进行尝试性的准确描述。震级的估计是基本的，需要准确估计以进行矩张量转换。对记录到的小地震的研究将会帮助获得所调查地震活动区更精确的孕震特性。这些震源特性可以通过少数不限幅地震图来重建（Delouis et al., 2002），提供了定义期望主事件的关键认知。

此外，当模拟工具改进后，这些地震图还可以帮助适当地检验地震动的估计。当然，小地震和大地震的力学性质和表现的不同还将是个问题，当记录到大地震后，这可能解决。

什么会是未来可行的策略：依赖准确的运动学震源模型，其中能够准确重建断层面上滑动分布随时间的变化（Hartzell and Heaton, 1983; Archuleta, 1984; Beroza and Spudish, 1988; Boatwright et al., 1991; Herrero and Bernard, 1994; Hartzell et al., 1995; Cotton and Campillo, 1995; Couboulex et al., 1997; Cocco et al., 1997; Delouis et al., 2002; Vallée and Bouchon, 2004; Emolo and Zollo, 2005）或者考虑动力学模型，其中同时考虑摩擦定律和粘聚力的分布（Andrews, 1972; Andrews, 1976; Madariaga, 1976; Virieux and Madariaga, 1982; Day, 1982; Harris et al., 1991; Cochard and Madariaga, 1994; Olsen et al., 1997; Fukuyama and Maradiaga, 1998 ; Madariaga et al., 1998; Oglesby et al., 2000; Peyrat et al., 2001; Aochi and Fukuyama, 2002; Aochi et al., 2003; Aochi and Madariaga, 2003; Peyrat et al., 2004）。这两种方法在文献中都用来对震源进行模拟和成像，不过动力学方法用来复原断层面上的摩擦函数和破裂函数需要高性能计算机。

9.4 对地震波在三维（3D）不均匀介质中传播问题的挑战

由于主要在地球表面采集的新数据为我们提供了积累信息，地壳结构的知识未来会不断地增加。对于不同的具体地震情况，我们可以通过各种技术进行准确的和确定性的地震动模拟。到目前为止，还没有出现适用于地面震动模拟的特定方法，而气候模拟已聚焦于各种准频谱方法

（pseudo-spectral method）。那些方法被证明是相当可靠、有效的，并且广泛用于球体的偏微分积分（Eliasen et al., 1970; Foster et al., 1992）。因此，我们一直仍在研究用于区域尺度地震波传播的方法及其性能，尤其是要准确实现扩展震源：例如，Day 等（2005）分别研究了有限差分技术和边界元法的性能。

当地震波撞击场地区域时，我们往往必须考虑不同的衰减机制和可能的非线性土壤状态，这些将大大修正地面震动响应。地形和不均匀的地下结构增加地震图的复杂性。模拟时肯定要考虑到这些因素。

如果非线性起重要作用，我们必须慎重使用小地震的地震图经验估计较大地震的地面震动。应该在已有的数据上测试和构建精确的外推方法，不过在这个方向上几乎没有多少进一步评论的空间。

三种标准方法已经被不同的小组应用到地震波传播模拟中。边界积分方法是非常引人注意的，因为它们使离散化的维数减少了一维。有限差分方法和更通用的有限体积方法依赖于很简单的原理，使得这些方法相当有效。最后，有限元方法处理复杂的几何问题，具体的谱元方法使精细模拟成为可能。基于微观尺度描述离散元间简单相互作用的新兴方法，可以模拟波的传播性质，并可以扩展到更复杂的孔隙介质和非线性表现。

最后，推荐一种基于结合不同数值方法的可能策略，以利用每种方法的优点避免它们的缺点。例如，Aochi 和合作者（2003, 2004）在由有限差分法离散化的三维结构中嵌入边界元，以模拟非平面震源。浅部的非线性沉积可通过有限元法模拟，其中通过大尺度的有限差分计算提供边界上的阻抗（Aochi et al., 2005）。

9.4.1 边界积分方程

边界积分法需要使表面离散化，这些表面划分出其中介质的属性能满足解析计算格林函数要求的若干区域。表面如何离散会因公式的不同而不同（Aki and Larner, 1970; Sanchez-Sesma, 1983; Bard and Bouchon, 1985; Aubry and Clouteau, 1991; Sanchez-Sesma and Luzon, 1995）。当表面的点在同一位置瓦解时，点间的相互作用会导致奇异性。在准确模拟时需要仔细估计这些奇异性（Dangla et al., 2005）。

9.4.2 有限差分—有限体积法

有限差分法因其设计的简单性而非常流行，这种设计的简单性与数值计算效率有关，而在考虑三维几何时，数值计算效率是至关重要的（参见 Moczo et al.,（2006）关于有限差分法的评述）。如何使介质离散化是一个关键问题，尤其是考虑到密度和弹性参数时：Graves（1996）提出了一种局部调和平均来更好地模拟衍射，其他如 Pitarka（1999）引入了空间不规则网格。Moczo 等（2004）仔细分析了三维结构中自由表面的数值精度。Olsen（2001）进行了充分的模拟。吸收边界条件的实现在过去几年取得了显著的改进：例如 Marcinkovich 和 Olsen（2003）提出完全匹配层法（PML）在地震三维结构中的实际实现。

有限体积法的应用更加困难（Dormy and Tarantola, 1995），但是最近 Käser 和 Igel（2001）的研究，由于方法的灵活性，又一次引起了兴趣，这种方法在电磁方面相当成功（Piperno et al., 2002）。

9.4.3 有限元方法（谱元法）

有限元方法很久以前就用于地震波传播的模拟（Marfurt, 1984; Aubry et al., 1985）。并行的有限元方法现在已经可以用于区域尺度的地震波传播模拟（Foester et al., 2005）。基于 Gauss-Lobato-Legendre 点的新的高阶插值方法显示了局部插值的解的谱收敛（参见 Chajlub et al., 2006）。全球尺度的各种扩展体现了这个变分公式有多强健（Komatitsch and Vilotte, 1998; Komatitsch and Tromp, 2002a, 2002b; Komatitsch et al., 2004）。各种复杂的影响，例如重力，Chajlub 和 Valette（2004）就已经考虑到了。在定义无限介质时也已经应用了 PML 边界条件（Komatitsch and Tromp, 2003; Festa and Vilotte, 2005）。

9.4.4 离散元法（格法）

源于流体流动模拟的格法适用于考虑复杂介质（Rothman, 1988）。因为必须要考虑两种传播速度，这种方法少有尝试用于地震波的传播。Huang 和 Mora（1994a）提出了带有潜在复杂非线性特性的声波公式（Huang and Mora, 1994b）。最近，Toomey 和 Bean（2000）考虑单元间其他简单的相互作用，可以重现弹性传播特性。此外，Toomey 等（2002）

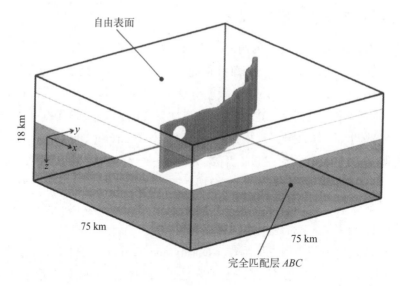

图 9.4 嵌入在分层结构中的 Landers 地震断层面的方块图
（红色区域为成核区域）

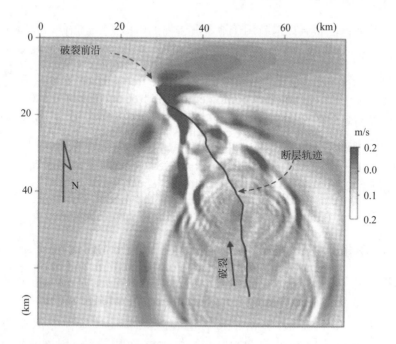

图 9.5 Landers 地震成核现象开始后，给定时间在地球自由表面计算出的垂直质点速度
（动态参数的取值使得由断层破裂带发射冲击波）

发现也可以考虑破裂的介质。在消耗计算机资源的前提下，这种方法似乎有希望模拟复杂力学特性介质里地震波的传播。

概括地说，随着计算机资源的显著增强，不久的将来可能实现准确模拟地震波在复杂不均匀介质中传播，包括扩展的震源。图 9.4 显示用于模拟 Landers 地震的地震波在分层介质中传播的几何轮廓。断层面是一个复杂的二维垂直走滑面，它与自由表面的破裂轨迹吻合。图 9.5 展示的是对 Landers 地震计算出的地球自由表面的垂直质点速度。这个模拟采用的是一个三维有限差分程序代码，所用边界条件是由 Cruz - Atienza 和 Virieux（2004）定义的。动态参数来自 Peyrat 等（2001）的定义。可以看到当破裂尖端的破裂速度比剪切波快时产生的冲击波。可以在模型中的任何位置计算合成地震图。断层破裂带和不均匀介质的动态相互作用显著增加了地震图的复杂性。

遗憾的是，地面震动估计必须将这些模拟与我们对介质的知识和对可能震源的定义当中的不确定性结合起来。由于我们知识和理解的局限，对由此造成的可变性进行估计所采取的策略是至关重要的。

9.5 地面震动估计离差的定量化

这些不确定性一般分为两类：与我们不完备的知识（例如传播介质）相关的认知类不确定性，这个未来应该会减少，而随机变化被认为与一些伪随机的或者随机过程（例如与不可预测的震源各向异性以及短波长有关的过程）相关；这种区分在将来可能改变，因为有希望在 100 年后知识可以增加到使现在认为是"伪随机"的一些变化得到确定性的解释。这两类不确定性都可能带来地面震动估计的显著变化，需要对这两种不确定性进行估计，尽管这远不是一项容易的工作。

9.5.1 确定性模拟方法和灵敏度研究

由于确定性模拟方法中，我们对介质和震源认知的贫乏，出现了大量认知类的可变性。对传播效应的"精准"模拟实际上需要十分之一波长尺度分辨率的地质结构。遗憾的是实际上达不到，而且可能未来几十年也无法达到。因此，我们不得不允许一个具有已知平均特性、平均几何结构和较大空间涨落的随机地质模型。这些涨落在波场传播中的作用是非常重要的，因为它们控制高频的多次散射（因而控制信号的时空衰减）以及相长干涉和相消干涉的位置，还可能控制一些聚焦或发散效应，所有这些现象都会在具有工程意义的频率上造成明显的后果。实现基于直接数值模拟的可能方法通常有两个途径：随机介质中的经典波形传播理论一般是考虑散射体随机分布的参考模型（一般是均匀的），这些散射体经常表现为单一的衍射体（Antwerpen et al., 2002），而其他方法考虑具有强烈空间涨落的不均匀平均介质（Krüger et al., 2005）。这些方法代表基本不同的物理假设，并且使用不同的模拟技术。

对于一些震源参数也能给出相似的评论，其中成核点位置的不确定性和随后滑动的时间演变会导致运动学震源非常不同的方向性效应。类似的，凸凹体或障碍体的位置以及各种摩擦定律可能允许动力学扩展震源有不同的辐射花样。目前，估计对地面震动参数造成的后果需要使用许多不同的模型来获得震源特性的完整变化，由于要花费大量的计算时间，这可能很快就行不通。为将这种灵敏度方法应用到经验格林函数技术中，Pavic 等（2000）提出一种方法通过"拉丁超立方体"（Latin Hypercube Sampling）采样技术估计震源参数的"标准"不确定性来限制运行次数，最终得到的地面震动特征的变化只比直接观察到的变化稍大一点（例如在"经验衰减关系"的标准偏差中）。

无论模拟的合成地面震动趋势如何，它们都应该与由观测推导出来的衰减关系极为相似，而它们的变化（标准偏差）也应该有此相似。随着观测点的增加和来自地震图记录对被拟合衰减关系的更好约束，我们可以希望能用变化区域内的模拟来重现衰减关系中的震源和传播特征。

9.5.2　对经验方法中可变性的估计

因为介质和震源知识的贫乏，一种有发展前景的策略来源于对记录信号的使用，这种使用或者是基于特定场地（经验格林函数方法），或者是以统计方式实现。后者的确是标准的工程实践，与现今相当好地识别出来并定量化的不确定性相关联（"衰减关系"或者地面震动预测方程（Ground-Motion Prediction Equations，GMPE）以及它们的标准偏差）。

这些 GMPE 是通过一些来自选定（强地面震动）记录的简单地面震动参数与计算震级与距离依赖关系的通用公式、还可能有场地条件之间的最小二乘拟合导出的。现在科学文献里有成百上千这种 GMPE，它们取决于原始数据集、为得到震级和距离依赖关系而选择的通用函数形式以及拟合过程。

除了嵌入标准偏差中的固有（随机）不确定性，两个不同的 GMPE 可能导致相同震级、距离和场地条件的地面震动估计有很大差别。

因此通过这种等式估计地面震动需要谨慎和警告。从一开始使用的独立参数，例如震级、断层的类型，距离的测量和场地的类别，都应该与每个 GMPE 的源数据集一致。这常隐含着一些参数的变换（包括每次变换中涉及的适当的不确定性）。已经提出一些算法用于这些变换（Douglas et al.，（2004）及其计算机代码 CHEEP 或 Scherbaum et al.，（2005））。

而后，为了真实地获取 GMPE 方法中的认知类不确定性，决不可以使用一个单独的 GMPE，而是要使用几个最适合于具体情况的 GMPE：Cotton 等（2005）提出了一个选择"最佳"GMPE 的算法。第一代这种"GMPEs"（Ambraseys et al., 1996）使用了不依赖震级的空间衰减率，因此只适用于有限的震级范围（参见 Douglas et al., 2004；或者 Ambraseys et al., 2005）。考虑到 Anderson（2000）的理论研究，出现了新一代的方程式（Abrahamson and Silva, 1997; Bragato and Slejko, 2005; Cotton et al., 2005; Pousse, 2005）：他们确定性地给出了一个依赖震级的衰减速率，可以在较大的震级范围内得到可靠的地面震动估计：与大地震的空间衰减速率（接近于 $1/R$ 定律）相比，弱地震有更快的空间衰减（比 $1/R^2$ 定律更快）吗？原则上，适当的场地条件描述应该减小数据的分散，但是有两个额外的不确定性来源。第一个在于场地的分类，这是由于可用信息的缺乏所致。第二，即使对每个场地的分类都正确，但由于所用必然简单的分类固有的限制，以及显然不可预测的场地响应变化，都可能造成不同的场地放大效应（例如 Boore, 2004）。

为了实现涉及多个变量和（线性与非线性）约束的模拟，使这些模拟能重现观测到的全部关系和变化（GMPE），将现有的确定性地面震动估计工具与校准关键数值参数（例如构成模型）的最优化算法以及参数研究结合起来，肯定是一个至今尚未充分探索的方向。

9.5.3　概率性方法

站在工程应用的角度，选择概率性灾害估计而不是纯确定性估计（即使与灵敏度研究和不确定性评估结合）是无可置疑的强烈趋势：当与易损曲线卷积时，这样一种方法实际上能更好地评估最终危险水平。地震危险概率分析的基本结果是给出"危险曲线"，代表一个地面震动参数（例如 PGA）在给定位置超过给定水平的年概率。

估算地震灾害概率分析（PSHA）研究中的不确定性意味着自动估算 GMPE 的分散性以及通过逻辑树估算认知性不确定性，这些逻辑树具有不同分支，对应于不同的"似乎可能的"假设，这些分支被赋予不同的权重，而且不同的专家可能给出不同的权值。

这些方法看上去是吸引人的和让人相信的，实际上面临大量急需解决的困难：

（1）实际应用中认知性不确定性和随机变化之间的区别不是很清楚，而且一些不确定性还有被"重复"考虑的危险，最终会导致过于悲观的估计。

（2）对很低概率水平（低到 10^{-5} 或者甚至 10^{-7}）的应用可能导致显然完全不真实的值（例如，高达 5g 的 pga，高达 10g 的谱加速度）。这个和 GMPE 残差的尾端分布的确切形状密切相关，而通过目前的可用数据集还不知道这个确切形状（参见 Bommer et al., 2004）。未来努力的另一个方向是寻找地震地面震动的物理上限。

（3）另一个挑战是发展一种方法校准 PSHA 对可用数据的研究，例如非常短时间区间的仪器记录（少于几十年），几个世纪的（模糊的）烈度：可能有一个对短的和长的重复周期两边都有效，并且能只在一边校准而能用于另一边的模型吗？

最后，最困难的问题之一是匹配和协调（如果可能的话）地球科学家和工程师的观点：如果前者能在两倍的范围内预测其观测值，则他们非常满意和骄傲，而经济的制约强迫后者"最优化"他们的设计，这导致他们请求（强烈要求？）地震学家预测地面震动的误差不超过 10%~20%……

9.6　讨论和结论

随着在许多不同区域记录到小地震和中等地震，地面震动的估计（被定义为地震危险性的预测）可能更加准确，实现更好的经济评估。然而必须知道，未来几十年仍会存在非常大的不确定性，地震学家仍然有责任为工程界提供定量描述不确定性的方法并实现其工程应用。

要调查研究不同的方法，我们应该识别在什么频率范围可以依靠确定性方法来概率性估计地面震动。超过这个频率范围，我们需要考虑更加统计的性质和信息用来进行概率性估计，并且我们应该设计连接这两种不同方法的策略。

值得注意考虑的一个方面是当地震发生时，如何尽快缩小地面震动预测范围。随着特定事件信息精确度的增加，我们可以通过确定性和概率性方法更好地估计这个事件的地面震动吗？如果回答是肯定的，这可能主要实现于地震预警。

9.7　致谢

非常感谢 QSHA 项目的工作人员，还有本文中引用的丰硕的科学讨论的作者。我们非常感谢国家科学研究机构（Agence Nationale de la Recherche）ANR-05-CATT-011-01 项目的部分资助。

参考文献

Aki K (1957) Space and time spectra of stationary stochastic waves, with special reference to microtremors. Bull Earthq Res Inst 35: 415~456

Aki K, Larner KL (1970) Surface motion of a layered medium having an irregular interface due to incident plane SH waves. J Geophys Res 75: 1921~1941

Aki K, Richards PG (1980) Quantitative Seismology: theory and methods. W.H. Freeman

Ambraseys NN, Simpson KA, Bommer JJ (1996) Prediction of horizontal response spectra in Europe. Earthquake Eng. & Structural Dyn 25: 371~400

Ambraseys NN, Douglas J, Sarma SK, Smit PM (2005) Equations for the estimation of strong ground motions from shallow crustal earthquakes using data from Europe and the Middle East: Horizontal peak ground acceleration and spectral acceleration. Bull Earthquake Eng 3

Abrahamson NA, Silva WJ (1997) Empirical response spectral attenuation relations for shallow crustal earthquakes. Seism Res Lett 68: 94~127

Anderson JG (2000) Expected shape of regressions for ground-motion parameter on rock. Bull Seim Soc Am 90(6B): S42~S52

Andrews DJ (1973) A numerical study of tectonic stress release by underground explosions. Bull Seism Soc Am 63: 1375~1391

Andrews DJ (1976) Rupture velocity of plane-strain shear cracks. J Geophys Res 81; 5679~5687

Andrews DJ (1985) Dynamic plane-strain shear rupture with a slip-weakening friction law calculated by a boundary integral method. Bull Seism Soc Am 75: 1~21

Antwerpen VV van, Mulder WA, Herman GC (2002) Finite-difference modeling of twodimensional elastic wave propagation in cracked media. Geophys J Int 149: 169~178

Aochi H, Fukuyama E (2002) Three-dimensional nonplanar simulation of the 1992 Landers earthquake. J Geophys Res 107(B2), doi: 10.1029/2000JB000061

Aochi H, Olsen KB (2004) On the effects of non-planar geometry for blind thrust faults on strong ground motion. Pure Appl Geophys, in press

Aochi H, Madariaga R (2003) The 1999 Izmit, Turkey, earthquake: Non-planar fault structure, dynamic rupture process and strong ground motion. Bull Seism Soc Am 93: 1249~1266

Aochi H, Fukuyama E, Madariaga R (2003) Constraints of Fault Constitutive Parameters Inferred from Non-planar Fault Modeling. Geochem, Geophys, Geosyst 4(2), doi: 10.1029/2001GC000207

Aochi H, Seyedi M, Douglas J, Foerster E, Modaressi H (2005) A complete BIEM-FDM-FEM simulation of an earthquake scenario – dynamic rupture process, seismic wave propagation and site effects, presentation at the Meeting/Conference: General Assembly of the European Geosciences Union

Arai H, Tokimatsu K (2004) S-Wave Velocity Profiling by Inversion of Microtremor H/V Spectrum. Bull Seism Soc Am 94(1): 53~63

Archuleta RJ (1984) A Faulting Model for the 1979 Imperial Valley Earthquake. J Geophys Res 89: 4559~4585

Aubry D, Clouteau D (1991) A regularized boundary element method for stratified media. In: Cohen G, Halpern L, Joly P (eds) Proceedings of the First International Conference on Mathematical and Numerical Aspects of Wave Propagation Phenomena, Strasbourg, France. SIAM, Philadephia, pp 660~668

Aubry D, Chouvet D, Modaressi H, Mouroux P (1985) Local Amplification of a Seismic Incident Field through an Elastoplastic Sedimentary Valley. In: Kawamoto, Ichikawa (eds) Numerical Methods in Geomechanics. Balkema, 421~428

Bard P-Y (1998) Microtremor measurements: a tool for site effect estimation? State-of-the-art paper. In: Irikura K, Kudo K, Okada H, Satasini T (eds) Effects of Surface Geology on Seismic Motion. Yokohama, Rotterdam, Balkema 3: 1251~1279

Bard P-Y, Bouchon M (1985) The two-dimensional resonance of sediment-filled valleys. Bull Seism Soc Am 75: 519~541

Beroza GC, Spudich P (1988) Linearized inversion for fault rupture behaviour: application to the 1984 Morgan Hill, California, earthquake. J Geophys Res 93: 6275~6296

Bertrand E, Deschamps A (2000) Lithospheric structure of the southern French Alps inferred from broadband analysis. Phys Earth Planet Interiors 122(1- 2): 79~102 (special issue)

Bertrand E, Deschamps A, Virieux J (2002) Crustal structure deduced from receiver functions via single-scattering migration. Geophys J Int 150(2): 524~541 Boatwright J, Fletcher JB, Fumal TE (1991) A general inversion scheme for source, site, and propagation characteristics using multiply recorded sets of moderate-sized earthquakes. Bull Seism Soc Am 81: 1754~1782

Bommer J, Abrahamson NA, Strasser FO, Pecker A, Bard P-Y, Bungum H, Cotton F, Fäh D, Sabetta F, Scherbaum F, Studer J (2004) The challenge of defining upper bounds on earthquake ground motions. Seismological Research Letters 75(1): 82~95

Boore DM (2004) Can site response be predicted? J Earthquake Eng 8: 1~41 (special issue 1)

Bragato L, Slejko D (2005) Empirical ground-motion attenuation relations for the eastern Alps in the magnitude range 2.5~6.3. Bull Seism Soc Am 95: 252~276

Chaljub E, Valette B (2004) Spectral element modelling of three-dimensional wave propagation in a self-gravitating Earth with an arbitrarily stratified outer core. Geophys J Int 158: 131~141

Chaljub E, Komatitsch D, Capdeville Y, Vilotte J-P, Valette B, Festa G (2006). In: Wu R-S, Maupin V (eds) Advances in Wave Propagation in Heterogeneous Media. "Advances in Geophysics" series, Elsevier, in press

Castanié L, Lévy B, Bosquet F (2005) Advances in seismic interpretation using new volume vizualisation techniques. First Break 23: 69~72

Caimon G, Lepage F, Sword C, Mallet J-L (2004) Building and Editing a Sealed Geological Model. Mathematical Geology 36: 405~424

Cochard A, Madariaga R (1994) Dynamic Faulting under Rate-dependent Friction. Pure Appl Geophys 142: 419~445

Cocco M, Pacheco J, Singh SK, Courboulex F (1997) The Zihuatanejo, Mexico, earthquake of 1994 December 10 (M=6.6): Source characteristics and tectonic implications. Geophys J Int 131: 135~145

Cornou C (2002) Contribution du traitement d'antenne et de l'imagerie sismique à la compréhension des effets de site dans l'agglomération grenobloise. Thèse de doctorat, Université Joseph Fourier, Grenoble I

Cotton F, Campillo M (1995) Frequency domain inversion of strong motions: Application to the 1992 Landers earthquake. J Geophys Res 100: 3961~3975

Cotton F, Scherbaum F, Bommer J, Bungum H, Sabetta F (2006) Criteria for selecting and adapting ground-motion models for specific target regions Application to Central Europe and rock sites. In press

Courboulex F, Singh SK, Pacheco JF, Ammon CJ (1997) The 1995 Colima-Jalisco, Mexico, earthquake (Mw 8): A study of the rupture process. Geophys Res Lett 24: 1019~1022

Cruz-Atienza VM, Virieux J (2004) Dynamic rupture simulation of non-planar faults with a finite-difference approach. Geophys J Int 158:939-954, doi:10.1111/j. 1365~246X. 2004. 02291.x

Dangla P, Semblat J-F, Xiao H, Delépine N (2005) A simple and efficient regularization method for 3D BEM: application to frequency-domain elastodynamics. Bull Seism Soc Am 95: 1916~1927

Day SM (1982) Three-dimensional finite difference simulation of fault dynamics: rectangular faults with fixed rupture velocity. Bull Seism Soc Am 72: 705~727

Day SM, Dalguer LA, Lapusta N, Liu Y (2005) Comparison of finite difference and boundary integral solutions to three-dimensional spontaneous rupture. J Geophys Res 110, B12307, doi: 10.1029/2005JB003813

Delouis B, Giardini D, Lundgren P, Salichon J (2002) Joint inversion of InSAR, GPS, teleseismic and strong motion data for the spatial and temporal distribution of earthquake slip: Application to the 1999 Izmit Mainshock. Bull Seism Soc Am 92: 278~299

Delouis B, Lundgren P, Salichon J, Giardini D (2000) Joint inversion of InSAR and teleseismic data for the slip history of the 1999 Izmit (Turkey) earthquake. Geophys Res Lett 27: 3389~3392

Douglas J, Bungum H, Scherbaum F (2005) Composite hybrid ground-motion prediction relations based on host-to-target conversions: Case studies for Europe. J Earthquake Eng, under revision

Eliasen E, Machenhauer B, Rasmussen E (1970) On a Numerical Method for Integration of the Hydrodynamical Equations with a Spectral Representation of the Horizontal Fields. Report No. 2, Institute of Theoretical Meteorology, University of Copenhagen, Denmark

Emolo A, Zollo A (2001) Kinematic Source parameters for the 1989 Loma Prieta Earthquake from the nonlieanr inversion of accelerograms. Bull Seismo Soc Am 95: 981~994

Festa G, Vilotte J-P (2005) The Newmark scheme as a Velocity-Stress Time staggering: An efficient PML for Spectral Element simulations of elastodynamics. Geophys J Int 161: 789~812, doi:10.1111/j.1365-246X.2005.02601.x

Foerster E, Dupros F, Bernardie S (2005) Parallel three-dimensional finite element computations for site response analysis. In SIAM Conference on Mathematical and Computational Issues in the Geosciences, France, June 2005

Foster I, Gopp W, Stevens R (1992) Parallel Scalability of the Spectral Transform Method, in Computer Hardware, Advanced Mathematics and Model Physics, Department of Energy Report DOE/ER-0541T, 7~10

Fukuyama E, Madariaga R (1998) Rupture dynamics of a planar fault in a 3D elastic medium: rate- and slip-weakening friction. Bull Seism Soc Am 88: 1~17

Graves RW (1993) Three-dimensional finite-difference modelling of the San Andreas Fault: Source parametrization and ground motion levels. Bull Seism Soc Am 83: 881~897

Graves RW (1996) Simulating seismic wave propagation in 3D elastic media using staggered-grid finite differences. Bull Seism Soc Am 96: 1091~1106

Harris RA, Archuleta RJ, Day SM (1991) Fault steps and the dynamic rupture process: 2-D numerical simulations of a spontaneously propagating shear fracture. Geophys Res Lett 18: 893~896

Hartzell SH, Heaton TH (1983) Inversion of strong ground motion and teleseismic waveform data for the fault rupture history of the 1979 Imperial Valley, California, earthquake. Bull Seism Soc Am 73: 1153~1184

Hartzell SH, Stewart GS, Mendoza C (1996) Comparison of L1 and L2 norms in teleseismic waveform inversion for the rupture history of the earthquake. In: Spudich P (ed) The Loma Prieta, California, earthquake of October 17, 1989–main shock characteristics. U.S. Geol. Surv. Profess. Pap. 1550-A: 39~57

Hernandez B, Cocco M, Cotton F, Stramondo S, Scotti O, Courboulex F, Campillo M (2004) Rupture history of the 1997 Umbria-Marche (Central Italy) main shocks from the inversion of GPS, DInSAR and near-field strong motion data. Ann Geophys 47: 1355~1376

Herrero A, Bernard P (1994) A kinematic self-similar rupture process for earthquakes. Bull Seism Soc Am 84: 1216~1228

Horike M (1985) Inversion of phase velocity of long-period microtremors to the S-wavevelocity structure down to the basement in urbanized area. J Phys Earth 33:59~96

Huang L-J, Mora P (1994a) The phononic lattice solid by interpolation for modeling P waves in heterogeneous media. Geophys J Int 119: 766~778

Huang L-J, Mora P (1994b) The phononic lattice solid with fluids for modeling non-linear solid-fluid interactions. Geophys J Int 117: 529~538

Huang L-J, Mora P (1996) Numerical simulation of wave propagation in strongly heterogeneous media using a lattice solid approach. In: Hassanzadeh S (ed) Mathematical Methods in Geophysical Imaging IV, Proc. SPIE 2282: 170~179

Komatitsch D, Tromp J (2003) A Perfectly Matched Layer absorbing condition for the second-order elastic wave equation. Geophys J Int 154: 146~153

Komatitsch D, Tromp J (2002b) Spectral-element simulations of global seismic wave propagation -I. Validation. Geophys J Int 149: 390~412

Komatitsch D, Tromp J (2002b) Spectral-element simulations of global seismic wave propagation -II. 3-D models, oceans, rotation, and gravity. Geophys J Int 150:303~318

Komatitsch D, Vilotte J-P (1998) The spectral element method: an efficient tool to simulate the seismic response of 2-D and 3-D geological structures. Bull Seism Soc Am 88: 368~392

Kudo K (1995) Practical estimates of site response, State-of-the-Art report. In: Proceedings of the Fifth International Conference on Seismic Zonation, October 17-19, Nice, France, Ouest Editions Nantes, 3, 1878~1907

Käser M, Igel H (2001) Numerical simulation of 2D wave propagation on unstructured grids using explicit differential operators. Geophysical Prospecting 49(5): 607~619

Krüger OS, Saenger EH, Shapiro SA (2005) Scattering and diffraction by a single crack: An accuracy analysis of the rotated staggered grid. Geophys J Int 162:25~31, doi: 10.111/ j.1365-246X.2005.02647.x

Lambert J, Levret-Albaret A (1995) Milles ans de séismes en France. Catalogue d'épicentres. Paramètres et références; Ouest-Editions, Presses Académiques, Nantes, 85

Latorre D, Virieux J, Monfret T, Lyon-Caen H (2004) Converted seismic wave investigation in the Gulf of Corinth from local earthquakes. CR Geoscience 336:259~267

Le Bihan N (2001) Traitement algébrique des signaux vectoriels: application en séparation d'ondes sismiques. Thèse de Doctorat, Institut National Polytechnique de Grenoble,

Grenoble, 135

Le Meur H, Virieux J, Podvin P (1997) Seismic tomography of the Gulf of Corinth: a comparison of methods. Ann Geofis 40: 1~24

Liu H-P, Boore DM, Joyner WB, Oppenheimer DH, Warrick RE, Zhang W, Hamilton JC, Brown LT (2000) Comparison of phase velocities from array measurements of rayleigh waves associated with microtremor and results calculated from borehole shear-wave profiles. Bull Seism Soc Am 90: 666~678

Madariaga R (1976) Dynamics of an expanding circular fault. Bull Seism Soc Am

66:639-666 Madariaga R, Olsen K, Archuleta R (1998) Modeling dynamic rupture in a 3D earthquake fault model. Bull Seism Soc Am 88: 1182~1197

Mallet J-L (2005) Space-time mathematical framework for sedimentary geology. Mathematical Geology 36: 32

Marcinkovich C, Olsen K (2003) On the implementation of perfectly matched layers in a three-dimensional fourth-order velocity-stress finite-difference scheme. J Geophys Res 108:2276, doi: 10.1029/2002JB002235

Marfurt KJ (1984) Accuracy of finite-difference and finite-element modeling of the scalar and elastic wave equations. Geophysics 49: 533~549

Matsushima T, Okada H (1990) Determination of deep geological structures under urban areas using long-period microtremors. Butsuri-Tansa 43(1): 21~33

Michetti AM, Audemard FA, Marco S (2005) Future trends in paleoseismology: integrated study of the seismic landscape as a vital tool in seismic hazard analyses. Tectonophysics 408: 3~21

Miller RD, Xia J, Park CB, Ivanov J (2000) Shear-wave velocity field from surface waves to detect anomalies in the subsurface. Geophysics 2000, FHWA and MoDOT Special Publication, 4: 8-1~4: 8-10

Moczo P, Kristek J, Gális M (2004) Simulation of planar free surface with nearsurface lateral discontinuities in the finite-difference modeling of seismic motion. Bull Seism Soc Am 94: 760~768

Moczo P, Robertsson JOA, Eisner L (2006) The finite-difference time-domain method for modelling of seismic wave propagation. In: Wu RS, Maupin V (eds) Advances in Wave Propagation in Heterogeneous Earth. Advances in Geophysics series, Elsevier Academic Press, in press

Nogoshi M, Igarashi T (1971) On the amplitude characteristics of microtremor (Part 2). Jour Seism Soc Japan 24: 26~40 (in Japanese with English abstract)

Nakamura Y (1989) A method for dynamic characteristics estimation of subsurface using microtremor on the ground surface. Quarterly Report of the Railway Research Institute, Tokyo, 30: 25~33

Nivlet P, Fournier F, Royer JJ (2002) A new nonparametric discriminant analysis algorithm accounting for bounded data errors. Mathematical Geology 34: 223~246

Oglesby DD, Archuleta RJ, Nielsen SB (2000) The three-dimensional dynamics of dipping faults. Bull Seism Soc Am 90: 616~628

Ohrnberger M, Schissele E, Cornou C, Bonnefoy-Claudet S, Wathelet M, Savvaidis A, Scherbaum F, Jongmans D (2004) Frequency wavenumber and spatial autocorrelation methods for dispersion curve determination from ambient vibration recordings. Proceedings of the 13th World Conference on Earthquake Engineering, Vancouver, August 2004, Paper # 946

Olsen KB (2001) Three-dimensional ground motion simulations for large earthquakes on the San Andreas fault with dynamic and observational constraints. Jour Comp Acoust 9(3): 1203~1215

Olsen KB (2000) Site Amplification in the Los Angeles Basin from 3D Modeling of Ground Motion. Bull Seis Soc Am 90: S77~S94

Olsen KB, Madariaga R, Archuleta RJ (1997) Three-dimensional dynamic simulation of the 1992 Landers earthquake. Science 278: 834~838

Operto S, Ravaut C, Improta L, Virieux J, Herrero A, Dell'Aversana P (2004) Quantitative imaging of complex structures from dense wide-aperture seismic data by multiscale traveltime and waveform inversions: a case study. Geophysical Prospecting 52: 625~651 (special issue)

Park CB, Miller RD, Xia J (1999) Multichannel analysis of surface waves. Geophysics 64: 800~808

Paul A, Cattaneo M, Thouvenot F, Spallarossa D, Bethoux N, Fréchet J (2001) A three-dimensional crustal velocity model of the south-western Alps from local earthquakes. J Geophys Res 106: 19367~19389

Pavic R, Koller M, Bard P-Y, Lacave-Lachet C (2000) Ground motion prediction with the empirical Green's function technique: an assessment of uncertainties and confidence level. Journal of Seismology 4(1): 59~77

Peyrat S, Olsen KB, Madariaga R (2004) On the estimation of dynamic rupture parameters. Pure Appl Geophys, in press

Peyrat S, Madariaga R, Olsen KB (2001) Dynamic modelling of the 1992 Landers earthquake. J Geophys Res 106: 25467~25482

Piperno S, Remaki M, Fezoui L (2002) A non-diffusive finite volume scheme for the 3d maxwell equations on unstructured meshes. SIAM J Numer Anal 39:2089~2108

Pitarka A (1999) 3D elastic finite-difference modeling of seismic wave propagation using staggered grid with non-uniform spacing. Bull Seism Soc Am 89: 54~68

Pousse G (2005) Analyse de données accélérométriques des réseaux accéléromériques K-net et Kik-net: implications pour la prédiction du movement sismique et la prise en compte des effets de site non-linéaires. Thèse de Doctorat de l'Université Joseph Fourier

Pratt RG, Shin, Changsoo, Hicks GJ (1998) Gauss-Newton and full Newton methods in frequency domain seismic waveform inversion. Geophys J Int 133: 341~362

Rothman DH (1988) Cellular-automaton fluids: a model for flow in porous media. Geophysics 53: 509~519

Sanchez-Sesma FJ (1983) Diffraction of elastic waves by three-dimensional surface irregularities. Bull Seism Soc Am 73(6): 1621~1636

Sanchez-Sesma FJ, Luzon F (1995) Seismic response of three-dimensional alluvial valleys for incident P, S and Rayleigh waves. Bull Seism Soc Am 85: 269~284

Sèbe O (2004) Déconvolution aveugle en sismologie: Applications à l'étude de la source sismique et au risque sismique. Thèse de Doctorat de l'Université Joseph Fourier

Scherbaum F, Bommer JJ, Bungum H, Cotton F, Abrahamson NA (2005) Composite ground-motion models and logic trees: methodology, sensitivities and uncertainties. Bull Seism Soc Am 95, in press

Schisselé E (2002) Analyse et caractérisation des phases sismiques régionales enregistrées par des antennes de capteurs. Thèse de doctorat de l'Université de Nice Sophia-Antipolis

Schisselé E, Gaffet S, Cansi Y (2005) Characterization of regional and local diffraction effects from low-aperture seismic arrays recording. Journal of Seismology 9: 137~149

Shapiro NM, Campillo M, Stehly L, Ritzwoller MH (2005) High resolution surface wave tomography from ambient seismic noise. Science 307: 1615~1618

Spudich P, Olsen KB (2001) Fault zone amplified waves as a possible seismic hazard along the Calaveras fault in central California. Seism Res Lett 28: 2533~2536

Stokoe KH II, Wright SG, Bay JA, Roesset JM (1989) Characterization of geotechnical sites by SASW method. In: Woods RD, Balkema AA (eds) Geophysical Characterization of Sites. Rotterdam, 15~25

Vanorio T, Virieux J, Capuano P, Russo G (2005) Three-dimensional seismic tomography from P wave and S wave microearthquake travel times and rock physics characterization of the Campi Flegrei Caldera. J Geophys Res 110:B03201, doi:10.1029/2004JB003102

Tokimatsu K (1997) Geotechnical site characterization using surface waves. In: Ishiliara (ed) Earthquake Geotech. Eng. Balkerna, Rotterdam, 1333~1368

Tokimatsu K, Shinzawa K, Kuwayama S (1992) Use of shortperiod microtremors for VS profiling. J Geotech Eng 118(10): 1544~1588

Toomey A, Bean CJ, Scotti O (2002) Fracture properties from seismic data–a numerical investigation. Geophys Res Lett 29:1050, doi: 10.1029/2001GL013867

Toomey A, Bean CJ (2000) Numerical simulation of seismic waves using a discrete particle scheme. Geophys J Int 141: 595~604

Truffert C, Chamot-Rooke N, Lallemant S, de Voogd B, Huchon P, Le Pichon X(1993) A crustal-scale cross section of the Western Mediterranean Ridge from deep seismic data and gravity modelling. Geophys J Int 114: 360~372

Vallée M, Bouchon M (2004) Imaging coseismic rupture in far field by slip patches. Geophys J Int 156: 615~630

Virieux J, Madariaga R (1982) Dynamic faulting studied by a finite difference method. Bull Seism Soc Am 72: 345~369

Wathelet M, Jongmans D, Ohrnberger M (2005) Direct Inversion of Spatial Autocorrelation Curves with the Neighborhood Algorithm. Bull Seism Soc Am 95: 1787~1800

Zollo A, Judenherc S, Auger E, D'Auria L, Virieux J, Capuano P, Chiarabba C, de Franco R, Makris J, Michelini A, Musacchio G (2003) Evidence for the buried rim of Campi Flegrei caldera from 3-D active seismic imaging. Geophys Res Lett 30, doi: 10.1029/2003GL018173

第10章　地震EWS：自动判定过程

Veronica F. Grasso[1], James L. Beck[2], Gaetano Manfredi[3]

1 那不勒斯费德里克二世大学结构分析与设计系；美国加州理工学院特殊访问学生
（Department of Structural Analysis and Design, University of Naples Federico II; Visiting Special Student, Caltech）

2 美国加州理工学院应用力学与土木工程系
（Department of Applied Mechanics and Civil Engineering, Caltech）

3 那不勒斯费德里克二世大学结构分析与设计系
（Department of Structural Analysis and Design, University of Naples Federico II）

摘要

地震发生时，地震预警系统 (EWS) 允许从检测到地震事件的那一刻采取减灾措施，而 EWS 的潜力依赖于可能得到的预警时间。这些措施包括撤离建筑物、关闭要害系统（核反应堆、化工过程等）和停止高速列车的运行。

在与 EWS 尤其相关的断层附近区域，仅可能得到几十秒的预警时间。如此短的预警时间意味着要想使一个地震 EWS 有效必须依靠自动过程，包括关于是否启动减灾措施的判定过程，当地震事件首先被检测到时，没有足够的时间进行人工干预。作为自动系统，每个要害设施的地方地震 EWS 的设计需要更加谨慎，特别是需要有控制误报和错报之间权衡关系的手段。

为了研究这种权衡，必须分析启动或不启动减灾措施这两种供选方案的后果，使得在预测中存在显著的不确定性。

任何一个区域 EWS 的可行性评估都是至关重要的，这应该涉及对可能的预警时间和做出错误判定的概率是否满足需求的检查。本文介绍了一个估计错误判定概率的方法，这种方法可以包含在建议的 EWS 可行性评估里。为了说明这个方法，我们用到了南加州一个地震 EWS 的可行性评估案例。

我们还介绍了一个判定过程，这个过程对以误报警和漏报警概率为依据而采取和不采取减灾措施的后果进行实时评估。通过成本效益分析对采取减灾措施的门限予以定量化。这个方法被用于 2002 年 9 月 3 日发生在美国加州 Orange County 的 Yorba Linda 地震。

10.1　引言

近年来，由于灾难性地震造成的严重损失，城市化地区的社会、经济易受到地震风险表现得日益明显。灾难性事件带来的结构损坏和经济损失的程度强烈需要在防范灾害方面社会、政策和科学相互协作。

很明显，及时发出警告可以减轻自然灾害的后果。这种预警常用于洪水、飓风、龙卷风和海啸，但是在地震上还没有实现。开发有效的地震 EWS 技术是非常有挑战性的，因为预警时间只有几秒到大约 1 分钟（Allen and Kanamori，2003）。在靠近断层的区域，也是地震 EWS 尤其相关的区域，只有几十秒的预警时间。如此短的时间意味着有效的地震 EWS 必须依赖自动过程，包括是否启动减灾措施的判定过程；当事件首先被检测到时，这个时间对于需要人工干预是太短暂了。作为自动系统，每个要害设施的地方地震 EWS 的设计必须谨慎；特别需要有控制误报和漏报之间权衡关系的手段。

当然，作为地震 EWS 必不可少的部分，基础设施必须就绪，包括能够与数据处理中心高速通讯的地震传感器网络、以及向能够启动本地那些为特定设备设计的减灾措施的自动系统传播预警信息的广播系统。

历史的教训可以为 EWS 可能性评估提供一些帮助。在 2004 年 12 月 26 日的印度洋海啸灾难中，用于太平洋的海啸 EWS 已经探测到了苏门答腊俯冲带的大事件，但是缺乏完善的广播系统向印度洋周边濒临危险国家传播预警信息。如果海啸预警信息能够通过广播警告在海边的人们，就会挽救成千上万的生命。在这种情况下，那些离苏门答腊俯冲带破裂部分足够远的区域，可能有几个小时的预警时间，因此在海啸来临之前，很多人可以由地势低洼的沿海区域撤到较高海拔地区。预测的洪水和受灾图的可用性可以增强减灾措施，引导人们到更安全的地方。

尽管预警技术已经用于许多种自然灾害的减灾中，但是本文关注的是减轻地震灾害，因为这个领域的技术还没有充分发展起来。

10.1.1　地震 EWS 的潜在效益

地震 EWS 的主要目的是减少或者防范生命损失，减轻结构损坏和经济损失。EWS 的效益是由检测到某地发生一个地震事件的时刻直到地震波到达所关注位置的时刻之间所能采取的措施。这些防范或紧急响应措施，可以依照地震事件的发展阶段来分类（Wieland，2001）。

检测到地震事件后，但是在地震波到达一个位置前，其到达前预警时间可能达到 90s，EWS 预警可以用来撤离建筑物，关闭至关重要的系统（例如核反应堆和化学反应堆），使易受损的机器设备和工业机器人处于安全位置，停止高速列车，启动结构控制系统（Kanda et al.，1994;Occhiuzzi et al.，2004），等等。

地震发生时，如果没有足够的时间在地震到达前采取措施，EWS 发出的警报仍然可能启动减灾程序。地震发生后的几秒内，EWS 提供的信息可以用来绘制基于地震动强度的灾害和损失图，还可以用来作为更有效的紧急响应和救援行动的依据。

只有在强震动到达前的预警时间在 1 分钟左右时，撤离有危险的建筑物和场所才有可能，这也就是说在离震源区足够远的地方才可能。例如受发生在太平洋海岸俯冲带地震威胁的墨西哥城就是这种情况（例如Lee and Espinosa-Aranda，1998），那里有足够的时间通过商业广播和电视警告大部分人口和撤离至关重要的建筑，像学校、拥挤的场所等。

在震动前只有几秒的预警时间时，还是可能使列车减速（例如Saita and Nakamura，1998），使交通信号灯转变为红灯（例如温哥华的Lions Gate bridge EWS），关闭油气管道的阀门，释放核电站的控制棒（例如 Wieland et al.，2000），启动结构控制系统等。此外，通过预测到来地震波的地面运动参数，可以减轻由于地震引起但需要更多时间发展的次生灾害，例如滑坡、海啸、火灾等。例如，这可以用来开始撤离濒危地区。

如果一个合适的 EWS 在局部区域或者重要场所准备就绪，它的影响和效果依赖于可能的预警时间和所提供信息的质量和可靠性，因为这些会影响和限制信息的使用。在大多数 EWS 的应用中，可能的预警时间一般都不超过几十秒，这使采取减灾措施成为可能，但是也意味着自动启动对于充分地利用预警时间至关重要。

10.1.2　地震 EWS 效果的限制

由于地震 EWS 受下列条件的限制，它的效益往往不能充分发挥：

（1）总的预警时间

（2）做出错误判定的概率（误报和漏报）

这些参数强烈影响 EWS 在地震风险上的影响和效果。下面将逐一讨论这些参数。

为检验用来启动地震减灾措施的可用预警时间，首先描述 EWS 的主要原理。这一原理是地震波在地球中的传播速度要远低于通过电话或广播提供到来事件地震信息的电磁波信号的速度。另外，地震体波可以分为压缩波（初至波或者 P 波）和剪切波（续至波或者 S 波）（Occhiuzzi et al.，2004），其中 P 波的传播速度几乎是 S 波的两倍；后者更强烈，而且带来的几乎是结构基础的水平地面运动，与 P 波相比，S 波更具破坏性。从震中区检测到 P 波到 S 波传至建筑物或设施所在地的时间间隔，可以用来启动减灾措施。可能的预警时间由下式给出：

$$T_w = T_s - T_r \tag{10.1}$$

$$T_r = T_d + T_{pr} \tag{10.2}$$

其中时间起点是检测到 P 波的时间；T_r 是报告时间，包含系统用来触发和记录足够长波形所需时间 T_d 和数据处理时间 T_{pr}；T_s 是 S 波到达时间，T_w 是预警时间。当预警时间比启动减灾措施必须的时间更多时，才认为预警时间适于启动减灾措施。

假设当预测到一个地点将超过震动强度阈值时 EWS 会发出警报，临界阈值的选择依据当地被保护系统的易受损程度。假设 EWS 能够提供足够的预警时间来启动减灾措施，那么根据前几秒 P 波观测的预测，要做出决定是否启动警报。在做这个判定时，可能会犯两种错误（Wald，1947）：

（1）第一类错误：应该发出警报时，没有报警。

（2）第二类错误：不该发出警报时，发出警报。

我们把第一类错误称为漏报，第二类错误称为误报。每种错误判定的概率如下定义：

（3）P_{ma}＝漏报概率，就是超过临界阈值而没有发出警报的概率。

（4）P_{fa}＝误报概率，就是没有超过临界阈值而发出警报的概率。

第一类错误或第二类错误的容忍度依赖于权衡做出正确判定的效益和做出错误判定的损失，而且这个可能变化相当大，取决于可能的漏报和误报的相对后果。例如，如果由于错误报警而打开消防队大门，自动打开大门只有很小的影响。与此相反，如果由于错误报警自动关闭发电站则会为整个城市带来问题，并且需要昂贵的过程恢复到全面运营的状态。在这第二种情形中，EWS需要设计得保持很低的误报概率。总之，自动处理过程在设计时要尤其注意误报和漏报的概率以及成本效益分析。如果误报或漏报的概率很高，有些减灾措施是不能接受的。

错误判定的概率归因于对现象只有部分的认识，所以每个预测都受不确定性影响。EWS的一个关键要素是更好地理解在不确定性中发挥根本作用的参数，从而更好地理解作为判定依据的预测结果的质量。

10.2　地震EWS中地面运动的预测过程

10.2.1　EWS运行的基本思路

一个EWS包括一个地震台网、一个专用的实时数据通讯系统、中心处理系统、广播系统和用户端的信息接收器。某些情况下，台网可能是布置在建筑物周围一定距离的专用局部网，用来提供地震波信息。当地震发生时，P波触发了震中附近的台站，随后地面运动数据被记录到并通过通讯系统发送到中心处理器，在那里，根据预测模型，进行实时估算，以预测地震震源参数。

这些信息通过传播网络提供给用户，根据这些早期信息，用户可以预测地面运动或对设施有意义的结构性能参数。这一参数代表一个预测指标，它是是否发出警报的依据。本文中，取强度信息 *IM* 作为预测指标，它是地面运动参数，用来表示设施所在地震动强度。两个常见的强度参数是峰值加速度（PGA）和反应谱加速度（S_a）。*IM* 的预测依据是震源附近的区域台网地震台站在最初几秒记录到的数据。对设施有意义的参数也可取作某一重要的工程需求参数，例如建筑物的层间偏移或者易受损仪器所在地的地面加速度，或者甚至是经济损失。

地面运动参数的预测模型可以用一个顺序的多组分模型表示（Bates et al.，2003），包括两个子模型 M_1 和 M_2（Grasso et al.，2005b），如图 10.1 所示。

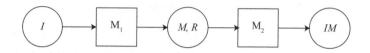

图 10.1 表示 EWS 的多组分模型
（M_1 是地震预测模型，M_2 是地面运动衰减模型）

地震预测模型 M_1 根据参数 I 估计震源参数（震级 M；震中距 R），这里参数 I 是从实时测量的最初几秒 P 波中提取的，例如在 Allen 和 Kanamori（2003）的研究中是优势周期，在 Cua 和 Heaton（2004）的"虚拟地震学家方法"中是观测的地面运动比。

地面运动衰减模型 M_2 根据由模型 M_1 预测的震级和震中距来预测地面运动参数（强度 IM）。参数 IM 可以是 EWS 预测程序的最终结果，表示重要战略设施所在地点的预测地面运动强度（例如 PGA、PGV 或 S_a）。这里假设 IM 是做出采取保护措施决定所依据的预测指标。

10.2.2　不确定性的来源

预测指标 IM 的不确定性源自模型 M_1 和 M_2 带来的不确定预测误差。每个模型的不确定性表示在图 10.2 中，其中 ε_M、ε_R 和 ε_{IM} 分别表示震级、位置和衰减模型的预测误差。每个子模型的不确定性传播到输出结果，

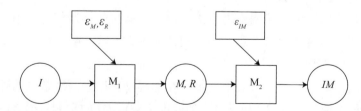

图 10.2　EWS 多组分模型不确定性的传播

因此每个不确定性在确定强度（IM）最终质量时发挥重要作用。

为 ε_M 和 ε_{IM} 选择高斯概率分布模型来模拟震级和衰减模型不确定性。依据 Cua 和 Heaton（2004）的研究，预测震级的不确定性可以很好地由高斯分布模拟，其标准偏差依赖于预测模型。震级误差有零均值，根据 Heaton-Cua 关系有 0.4 个震级单位的标准偏差，它会随着数据量的增加而减小。根据 Allen-Kanamori 的方法，震级预测的不确定性与所用台站的数量和实耗时间有关，假定用一个台站时震级偏差有 0.7 个震级单位，用三个台站时偏差 0.6，用五个台站时偏差 0.45，用十个台站时偏差降到 0.35（Allen，2003）。对数正态分布可以很好地模拟地面运动参数的误差，其大小取决于给定的 M 和 R，因此如果强度量 IM 是地面运动参数的对数，那么可以假设 IM 为高斯分布。Cua 和 Heaton（2004）的分析支持这个假设，他们的分析是基于美国南加州地震台网 4 年多记录的大量地面运动数据。

在本文中用高斯分布模拟震中距预测值自然对数 $\lg_e R$ 的不确定性 $\varepsilon_{\lg R}$，这意味着 R 具有对数正态分布。同时也意味着预测误差小时 $\varepsilon_R \approx \hat{R}\varepsilon_{\lg R}$ 是近似高斯分布。已经表明，更复杂的 ε_R 分布可能适合基于大震级远震事件的观测，这时根据最初几秒数据很可能产生大的预测误差；事实上，这种情况下，台网可能错误地把震中定位在装备仪器的区域内（Kanamori and Heaton，2004，私人通信）。

10.2.3　不确定性的传播

重要地面运动参数的预测质量是优化判定过程的基础。预测质量受到子模型误差的影响，这些误差传播到输出结果并影响 EWS 应用的效果。特别是，为了定量描述 EWS 的预测过程在误报和漏报概率方面的效能，必须估计整体的预测误差。因此，需要考虑所有影响强度测量的预测误差（如图 10.2）及其相应的概率分布。

通过比较预测强度 $\hat{IM}$ 与实际 IM 给出总预测误差：

$$\varepsilon_{\text{tot}} = IM - \hat{IM} \tag{10.3}$$

其中，$\hat{IM}$ 是预测值 $\hat{M}$ 和 $\hat{R}$ 的函数，$\hat{M}$ 和 $\hat{R}$ 可以用实际的 M、R 以及不确定预测误差 ε_M 和 $\varepsilon_{\lg R}$ 表示：

$$\hat{IM} = f(\hat{M}, \log_e \hat{R}) = f(M - \varepsilon_M, \log_e R - \varepsilon_{\lg R}) \tag{10.4}$$

其中函数 f 表示地面运动衰减模型：

$$f(M, \log_e R) = \alpha + \beta M + \gamma \log_e R \qquad (10.5)$$

如果 IM 代表 $\log_e PGA$ 或 $\log_e S_a$ 的话，大多数公布的衰减模型有这种形式（Seismological Research Letters，1997）；在下面的例子里，取 IM 为 $\log_e PGA$。实际的强度度量表示为：

$$IM = f(M, \log_e R) + \varepsilon_{IM} \qquad (10.6)$$

其中 ε_{IM} 是给定 M 和 R 条件下，地面运动衰减模型中的预测误差。

基于上文对 ε_M、$\varepsilon_{\lg R}$ 和 ε_{IM} 的假设，总预测误差 ε_{tot} 也遵从高斯分布，其均值和方差依赖于这些有贡献的预测误差的均值和方差，因此：

$$\varepsilon_{tot} = IM - \hat{IM} = f(M, \log_e R) + \varepsilon_{IM} - f(M - \varepsilon_M, \log_e R - \varepsilon_{\lg R})$$

$$= \beta \varepsilon_M + \gamma \varepsilon_{\lg R} + \varepsilon_{IM}$$

$$\approx \beta \varepsilon_M + \frac{\gamma}{\hat{R}} \varepsilon_R + \varepsilon_{IM} \qquad (10.7)$$

假设各种误差都独立，ε_{tot} 的方差是：

$$\sigma_{tot} = \sqrt{\beta^2 \sigma^2_M + \gamma^2 \sigma^2_{\lg R} + \sigma^2_{IM}}$$

$$\approx \sqrt{\beta^2 \sigma^2_M + \frac{\gamma^2}{\hat{R}^2} \sigma^2_R + \sigma^2_{IM}} \qquad (10.8)$$

ε_{tot} 的均值是

$$\mu_{tot} = \beta \mu_M + \gamma \mu_{\lg R} + \mu_{IM} \qquad (10.9)$$

如果经验模型 M_1 和 M_2（图 10.1 和图 10.2）是无偏的，则均值 $\mu_{tot} = 0$。实际上，在"虚拟地震学家"方法（Cua and Heaton，2004）中，μ_{tot} 的确接近于 0。如果使用更复杂的衰减模型或更复杂的 ε_M、$\varepsilon_{\lg R}$ 和 ε_{IM} 概率分布模型，那么这种解析方法也许不能应用，于是建议使用蒙特卡洛方法定量估计 ε_{tot} 的不确定性（Grasso et al.，2005a）。

10.3　错误判定概率：安装前分析

10.3.1　误报和漏报的概率：安装前分析

当检查为一个设施安装 EWS 的可行性时，具有控制误报和错报概率的机制是很重要的。由于预测指标 $I\hat{M}$ 是判断是否启动警报的依据，因此当预测指标超过报警阈值而实际值 IM 并没有超过那个临界值就会造成误报。类似地，如果预测指标没有超过报警阈值，而实际强度度量值已达到临界值就会造成漏报。

用于特定设施的 IM 临界阈值 a 必须由用户依据被保护系统的易损性分析来选择；例如，可以选择发生破坏（或者重大经济损失）的概率较高时的 IM 值。为了控制错误判定的概率，选择临界阈值 a 和在设计过程中指定的一个参数 c 的乘积作为报警阈值。临界阈值依赖于受保护的设施、结构或设备，而为了优化自动报警启动系统所选择的设计过程决定了报警阈值 $c{\cdot}a$。设计参数 c 提供了一种控制误报和漏报发生率的机制。不可能同时减少误报和漏报，但设计参数 c 可以控制他们之间的权衡。

当 EWS 预测了一个超过报警阈值 $c{\cdot}a$ 的 $I\hat{M}$ 值，而当地实际的 IM 度量值小于临界阈值 a 时，会发生误报。所以就安装前分析而言，误报的概率可以表示为：

$$P_{fa}=P[IM \leqslant a \mid I\hat{M} > c{\cdot}a] \qquad (10.10)$$

类似地，漏报的概率表示为

$$P_{ma}=P[IM > a \mid I\hat{M} \leqslant c{\cdot}a] \qquad (10.11)$$

在安装前设计期间和在地震事件时的运行期间，误报概率和漏报概率值 P_{fa} 和 P_{ma} 是判定过程中的重要工具。

在设计过程中，预期误报和漏报率代表 EWS 可行性的一个准绳。实现 EWS 是否可行，决定于能否满足可得到的预警时间和错报概率的要求。给定地点和时间间隔，通过地震灾害图给出超过地震动强度的概率，从而给出一个错误判定概率图，这是评估地震 EWS 的一个有效工具。这样的地图在评估地震 EWS 应用的区域可行性时将会有用。

在地震发生时，是否启动保护措施的（自动）判定，可能通过比较所需要的预警时间和基于地震 EWS 的可容忍 P_{fa}（或 P_{ma}）水平，或者通过监测时变阈值 $c(t){\cdot}a$ 来决定。这种情况会在后面的 10.5 节讨论。

通过安装前分析来估计错误判定概率的主要原因是为了设计地震 EWS 应用，这可以依据受保护设施的所有者或管理者所能容忍的误报和漏报概率。在设计地震 EWS 应用的过程中，通过估计误报和漏报概率，我们首先试图回答：就误报和漏报率而言，当地震发生在所关注区域时，该地震 EWS 会表现如何？

安装前分析中的误报和漏报概率是以所关注区域的地震活动性为依据的与时间无关的变量。作为一级近似，可以忽略对时间依赖。地震发生时，地震 EWS 应用的运行，将会在 10.5 节中更详细地分析，将会考虑地震 EWS 估计的震级和位置的变化。无论如何，第一次触发后一段时间，预测的不确定性会稳定。在一些特殊的情况下，例如墨西哥城，断层区域的位置和地震台站的布局使得在最初几秒后预测的不确定性趋于稳定。

10.3.2 先验信息：危险函数

可以使用危险（率）函数表示先验信息（Kramer，1996），它给出在一个特定位置其强度度量值超过一个临界值的事件的年平均率。一个位置的危险函数源自 PSHA（概率地震危险性分析）。它直接给出在一个特定位置和时间段强度度量值 IM 出现的期望频率；另一方面，地震 EWS 给出预测值 $\hat{IM}$，它是基于所触发台站的数据，由预测误差 ε_{tot} 给出与实际值 IM 的差异。这个误差依赖于预测震级 M、震中距 R 和地震动衰减模型的预测误差。图 10.3 通过 ε_{tot} 给出 IM 和 $\hat{IM}$ 的关系，如式（10.7）所示，ε_{tot} 依赖于 ε_M、$\varepsilon_{\lg R}$ 和 ε_{IM}。

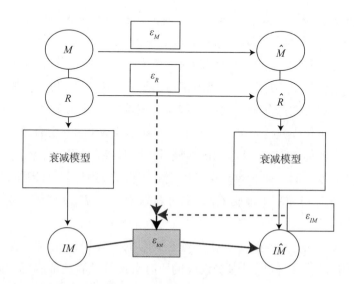

图 10.3 在预安装分析中对地震 EWS 预测过程的模拟

以下分析的目的是根据强度度量值危险函数 $\lambda(IM)$ 表示的给定地震危险环境，描述在误报和漏报概率方面地震 EWS 的性能。对于给定的位置和时间段，考虑所有可能的事件给出错误判定的概率。预测地震 EWS 性能的关键在于对预测强度度量值时的可能误差的先验知识。这个先验知识来自在 10.2 节中描述的误差不确定性传播分析。

危险函数定义了地震动强度值超过临界值的年平均率；通过这个平均率，给定一个关注的地震，超过临界值的概率可以这样确定，这是一个基于地震时空分布规律的泊松过程模型：

$$\lambda(IM_c) = \lambda(IM_0) \cdot P[IM > IM_c \mid IM > IM_0] \qquad (10.12)$$

其中 IM_0 表示强度值的最小值，也就是关注的截断值，用来定义关注的地震。

一个位置的危险函数可以假设为指数模型（记住 IM 在这里的选择是 $\log_e PGA$，所以这里与 PGA 的指数定律一致）：

$$\lambda(IM) = k_0 10^{-k_1 IM} \qquad (10.13)$$

其中 k_0 和 k_1 可以通过从一个位置的 PSHA 拟合危险函数得到。这个模型可由式（10.12）给出：

$$P[IM > IM_c \mid IM > IM_0] = 10^{-k_1(IM_c - IM_0)} \qquad (10.14)$$

累计分布函数是：

$$P[IM \leq IM_c \mid IM > IM_0] = 1 - 10^{-k_1(IM_c - IM_0)} \qquad (10.15)$$

而概率密度函数（PDF）可以通过对累计分布函数积分获得：

$$p(IM \mid IM > IM_0) = k_1 \cdot \log_e 10 \cdot 10^{-k_1(IM - IM_0)} = \overline{c} \cdot 10^{-k_1 IM} \qquad (10.16)$$

其中 $\overline{c} = k_1 \cdot \log_e 10 \cdot 10^{-k_1 IM_0}$。

在本项工作中，参数 k_1 是使用最小熵判据从受关注位置的危险函数估计的，其中相对熵值 E 被针对 k_1 极小化：

$$E = \sum_i p_i \lg\left(\frac{p_i}{q_i}\right) \qquad (10.17)$$

其中 p_i 表示从 $p(IM \mid IM > IM_0)$ 导出的离散概率分布函数，q_i 是使用式（10.12）由给定的危险函数 $\lambda(IM)$ 中导出的离散概率分布函数，因此，

如上述导出 $p(IM \mid IM > IM_0)$ 那样，q_i 是通过对累计分布函数进行数值积分得到的。因此 p_i 是参数 k_1 的函数，而 q_i 不是。通过最小化熵值，我们确定了参数 k_1，因此，在信息论意义上，该 PDF 模型是对该位置危险函数所隐含的 PDF 的最佳拟合。

10.3.3 误报概率：安装前分析

可以用贝叶斯规则将式（10.10）定义的误报概率表示为：

$$P_{fa} = P[IM \leq a \mid I\hat{M} > c \cdot a \mid IM > IM_0]$$

$$= \frac{P[IM \leq a \cap I\hat{M} > c \cdot a \mid IM > IM_0]}{P[I\hat{M} > c \cdot a \mid IM > IM_0]} \quad (10.18)$$

其中假设一个受关注的地震，即 $IM > IM_0$ 的地震发生了，并且 $a > IM_0$。式（10.18）可以表示为（Grasso et al., 2005a）：

$$P_{fa} = \frac{\int\limits_{IM_0}^{\infty} \int\limits_{ca}^{\infty} p(I\hat{M} \mid IM) \cdot p(IM \mid IM > IM_0) \mathrm{d}I\hat{M}\mathrm{d}IM}{\int\limits_{IM_0}^{\infty} \int\limits_{ca}^{\infty} p(I\hat{M} \mid IM) \cdot p(IM \mid IM > IM_0) \mathrm{d}I\hat{M}\mathrm{d}IM} \quad (10.19)$$

其中 $p(IM \mid IM > IM_0)$ 由式（10.16）给出，$p(I\hat{M} \mid IM)$ 是高斯分布，IM 代表均值（如果 ε_{tot} 有 0 均值），而且标准偏差 δ_{tot} 由式（10.8）给出。如果预测值 $I\hat{M}$ 受显著的偏移误差影响（即 ε_{tot} 的均值 μ_{tot} 不接近 0），则高斯分布 $p(I\hat{M} \mid IM)$ 的均值是 $IM - \mu_{tot}$（式 10.3）。

高斯分布对 $I\hat{M}$ 的积分可以表示为标准高斯累积分布函数 Φ，因此式（10.19）可以表示为更简单的形式：

$$P_{fa} = \frac{\int\limits_{IM_0}^{a} \Phi\left(-\frac{ca - IM}{\sigma_{tot}}\right) \cdot 10^{-k_1 IM} \mathrm{d}IM}{\int\limits_{IM_0}^{\infty} \Phi\left(-\frac{ca - IM}{\sigma_{tot}}\right) \cdot 10^{-k_1 IM} \mathrm{d}IM} \quad (10.20)$$

如果给定了 a 值，则可以对不同的 c 值数值计算这里分母和分子的积分；然后可以对不同的临界阈值 a 画出 P_{fa} 随 c 值变化的曲线。将在 10.6 节给出一些例子。

10.3.4 漏报概率：安装前分析

可以应用贝叶斯规则写出式（10.11）定义的漏报概率：

$$P_{ma}=P[IM>a \mid I\hat{M} \leq c \cdot a, IM>IM_0]=\frac{P[IM>a \cap I\hat{M} \leq c \cdot a \mid IM>IM_0]}{P[I\hat{M} \leq c \cdot a \mid IM>IM_0]} \quad (10.21)$$

其中再次假设已经发生了一次受关注的地震，并且 $a>IM_0$。式
（10.21）可以表示为（Grasso et al., 2005a）：

$$P_{ma}=\frac{\int_{a}^{\infty}\int_{-\infty}^{ca} p(I\hat{M} \mid IM) \cdot p(IM \mid IM>IM_0)\mathrm{d}I\hat{M}\mathrm{d}IM}{\int_{IM_0}^{\infty}\int_{-\infty}^{ca} p(I\hat{M} \mid IM) \cdot p(IM \mid IM>IM_0)\mathrm{d}I\hat{M}\mathrm{d}IM} \quad (10.22)$$

其中 $p(IM \mid IM>IM_0)$ 由式（10.16）给出，同前文 $p(I\hat{M} \mid IM)$ 是
高斯分布（参见式（10.19）后的叙述）。用标准高斯累积分布函数 Φ 表示
高斯分布对 $I\hat{M}$ 的积分，并带入式（10.22）给出：

$$P_{ma}=\frac{\int_{a}^{\infty} \Phi\left(\frac{ca-IM}{\sigma_{tot}}\right) \cdot 10^{-k_1 IM}\mathrm{d}IM}{\int_{IM_0}^{\infty} \Phi\left(\frac{ca-IM}{\sigma_{tot}}\right) \cdot 10^{-k_1 IM}\mathrm{d}IM} \quad (10.23)$$

10.4 基于成本效益考虑的阈值设计

与其直接指定可容忍的错误判定概率来表示用于设定阈值的设计参
数，不如通过成本效益分析检查错误判定的后果来得到它们更自然。这
种情况下，使警报或不作为这两种可能行为的预期后果达到最小可作为
判定判据。成本效益分析基于如表10.1所示的细节。

表10.1 用于阈值设计的成本效益分析

行为	$IM<a$ 的成本	$IM>a$ 的成本
报警	误警报：C_{fa}	好警报：C_{ga}
不报警	好的漏警报：C_{gm}	漏警报：C_{ma}

其中，

$$C_{ga}=C_{eq}-C_{save} \quad C_{ma}=C_{eq} \quad C_{gm} \approx 0$$

$$P_{ga}=1-P_{fa} \quad P_{gm}=1-P_{ma} \qquad （10.24）$$

这里 C_{eq} 代表地震带来的期望成本，C_{fa} 表示误报的成本，而 C_{save} 表示作为启动保护措施结果的预期节省。如果发出警报，期望成本给出为：

$$E[\text{cost} \mid \text{alarm}]=C_{fa}\cdot P_{fa}+C_{ga}\cdot P_{ga}$$

$$=C_{fa}\cdot P_{fa}+(C_{eq}-C_{save})\cdot (1-P_{fa}) \qquad （10.25）$$

另一方面，如果不发出警报，期望成本给出为：

$$E[\text{cost} \mid \text{no-alarm}]=C_{gm}\cdot P_{gm}+C_{ma}\cdot P_{ma}$$

$$=C_{ma}\cdot P_{ma} \qquad （10.26）$$

用最小成本法则表示是否发出警报的判定判据：只有在以下情况发出警报：

$$E[\text{cost} \mid \text{no-alarm}] \geqslant E[\text{cost} \mid \text{alarm}] \qquad （10.27）$$

也就是，

$$C_{eq}\cdot P_{ma} \geqslant C_{fa}\cdot P_{fa}+(C_{eq}-C_{save})\cdot (1-P_{fa})$$

$$=(C_{save}+C_{fa}-C_{eq})\cdot P_{fa}+(C_{eq}-C_{save}) \qquad （10.28）$$

既然式（10.20）和式（10.23）分别给出了误报和漏报的概率 P_{fa} 和 P_{ma}，并且因此可能估计为报警阈值参数 c 的函数，式（10.28）可以取做等式来选择合适的 c 值。对于这个 c 值，可以由式（10.20）和式（10.23）确定 P_{fa} 和 P_{ma} 的可容忍值。

上述过程假定式（10.20）和式（10.23）中的 σ_{tot} 是不随时间变化的，因此可以在地震 EWS 运行之前设定 $I\hat{M}$ 的报警阈值 $c\cdot a$，其中临界阈值 a 由用户指定。然而，在地震发生时，越来越多的信息提供给地震 EWS，于是 σ_{tot} 会随时间减小。于是使用依赖于时间的报警阈值 $c(t)a$ 进行精细分析可能更适合。另一种做法是，可将误报和漏报概率作为时间的函数予以监视，然后当概率 $P_{fa}(t)$ 或 $P_{ma}(t)$ 超过容忍值时会发出警报。

下面，我们讨论一种适合地震发生过程中的精细判定过程，这个判定考虑到随着越来越多的信息提供给地震 EWS，IM 的预测质量也在不断改进。如 10.5.1 节所示，在这种情况下：$P_{fa}(t)+P_{ma}(t)=1$，于是式（10.28）

说明只有在如下情况，误报的概率是可容忍的：

$$P_{fa}(t) \leqslant \beta = \frac{C_{save}}{C_{fa} + C_{save}} \qquad (10.29)$$

类似地，由于只有如下情况下不发出警报：

$$C_{eq} \cdot P_{ma} < (C_{save} + C_{fa} - C_{eq}) \cdot P_{fa} + (C_{eq} - C_{save}) \qquad (10.30)$$

所以，只在如下情况下的漏报概率是可容忍的：

$$P_{ma}(t) < \alpha = \frac{C_{fa}}{C_{fa} + C_{save}} \qquad (10.31)$$

可以从式（10.29）和式（10.31）清楚地看出，在这种情况下，其判定依据是基于成本效益分析，$\alpha + \beta = 1$，直接体现了可容忍的误报和漏报阈值概率的权衡。如果减小阈值 β 来减小误报概率，那么漏报的阈值 α 会相应地增大。

10.5　地震发生时地震 EWS 的判定

10.5.1　地震发生时的实时不确定性分析

地震发生时，当地震波触发更多的台站，并且有更多的数据来自已被触发台站时，误报和漏报的概率会随着时间更新。可用数据的增加会带来预测的地震位置和震级不确定性随时间减小。因此，预测的强度度量值会随时间更新，不确定性 $\sigma_{tot}(t)$ 的特性会随时间改变。因此，当地震发生时，更新误报和漏报的概率很重要。

预测的强度度量值 $I\hat{M}$ 是根据地震 EWS 预测的地震震级和位置由衰减模型估计的，所以当地震发生时它可以作为时间的函数更新。另一方面，在该位置会发生的实际强度度量值 IM 是未知的。强度度量值的预测值和实际值有 ε_{tot} 的差别，如式（10.3）所示：

$$IM = I\hat{M}(t) + \varepsilon_{tot}(t) \qquad (10.32)$$

如图 10.4 所示，总误差 $\varepsilon_{tot}(t)$ 与 ε_M、ε_R 和 ε_{IM} 相关，在"虚拟地震学家方法"（Cua and Heaton，2004）中，通过贝叶斯更新，它们作为附加的可用信息被不断更新 $\sigma_{tot}(t)$。已知在时间 t 的预测值 $I\hat{M}$，IM 的不确定性

可以通过其均值为预测值 $\hat{IM}(t)$ 和标准偏差等于 $\sigma_{tot}(t)$ 的高斯分布来建模，如导出式（10.8）时所做的那样，可以通过分析误差不确定性的传播来估计 $\sigma_{tot}(t)$。

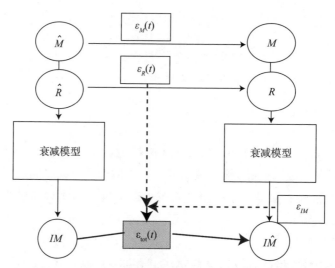

图 10.4　地震发生时地震 EWS 预测过程的模拟

给定预测值 $\hat{IM}(t)$，则可以通过 IM 值小于临界阈值 a 的概率来估计可能的误报概率（如果警报发出，它就是实际的误报概率）：

$$P_{fa}(t)=P[IM \leqslant a \mid \hat{IM}(t)] \qquad (10.33)$$

由于 IM 的不确定性可以模拟为均值等于预测值 $\hat{IM}(t)$（如果已知预测中存在偏移，则应该加到这个均值中）和标准偏差为 $\sigma_{tot}(t)$ 的高斯分布，而且是更新的地震震级和位置不确定性的函数，于是：

$$P_{fa(t)}=\int_{-\infty}^{a} \frac{1}{\sigma_{tot}(t)\sqrt{2\pi}} \exp\left[\frac{-(IM-\hat{IM}(t))^2}{2\sigma_{tot}(t)^2}\right]dIM=\Phi\left(\frac{a-\hat{IM}(t)}{\sigma_{tot}(t)}\right) \qquad (10.34)$$

其中 Φ 是标准高斯累积分布函数。可能的漏报概率与 IM 大于临界阈值的概率相等（如果警报没有发出，它就成为漏报概率）：

$$P_{ma}(t)=P[IM > a \mid \hat{IM}(t)] \qquad (10.35)$$

$$P_{ma(t)}=\int_{a}^{\infty} \frac{1}{\sigma_{tot}(t)\sqrt{2\pi}} \exp\left[\frac{-(IM-\hat{IM}(t))^2}{2\sigma_{tot}(t)^2}\right]dIM=1-\Phi\left(\frac{a-\hat{IM}(t)}{\sigma_{tot}(t)}\right) \qquad (10.36)$$

由于两个条件（$IM < a$ 和 $IM > a$）是相互排斥和全面的，概率 $P_{fa}(t)$ 和 $P_{ma}(t)$ 相加总是等于 1。

10.5.2　地震发生时的判定

式 (10.34) 和式 (10.36) 中的误报和漏报潜在概率为用户在地震中的判定提供了基本指导，因为他们定量化了地震 EWS 提供信息的可靠度。当地震发生时，是否发出警报的判定依靠对误判概率的实时监控，聚焦于用户更关注的状况（误报或漏报）。这节将阐述这可以通过监测预测的强度度量值是否超过随时间变化的报警阈值 $c(t)a$ 来实现。

推荐的过程如下。利用式（10.34）和式（10.36），可以估计地震发生时随时间变化的概率 $P_{fa}(t)$ 和 $P_{ma}(t)$，并与来自成本效益考虑（参见 10.4 节）的可容忍值对比。当 $P_{fa}(t)$ 或者 $P_{ma}(t)$ 分别达到它们的可容忍值 β 和 α 时，会发出警报。其中假设可用的时间足够启动保护措施。如果可用的时间达到启动保护措施必须的最小时间，则只有在那时计算出的错误判定概率可以接受时才发出警报。

对于漏报的情况，条件 $P_{ma} > \alpha$ 和式（10.36）给出报警阈值随时间变化的表达式如下：

$$P_{ma}(t) > \alpha \Leftrightarrow I\hat{M}(t) > \alpha \left[1 - \frac{\sigma_{tot}(t)\Phi^{-1}(1-\alpha)}{a} \right] = c_{ma}(t) \cdot a \qquad （10.37）$$

因此，当 $I\hat{M}(t) > c_{ma}(t) \cdot \alpha$ 时，漏报概率变得不可接受，于是发出警报，其中：

$$c_{ma}(t) = 1 - \frac{\sigma_{tot}(t)\Phi^{-1}(1-\alpha)}{a} \qquad （10.38）$$

如果误报概率低于容忍度 β 并且根据式（10.34），也发出警报：

$$P_{fa}(t) < \beta \Leftrightarrow I\hat{M}(t) > a \left[1 - \frac{\sigma_{tot}(t)\Phi^{-1}(\beta)}{a} \right] = c_{fa}(t) \cdot a \qquad （10.39）$$

也就是当 $I\hat{M}(t) > c_{fa}(t) \cdot \alpha$ 时，要发出警报，其中：

$$c_{fa}(t) = 1 - \frac{\sigma_{tot}(t)\Phi^{-1}(\beta)}{a} \qquad （10.40）$$

注意如果 $\beta < 1-\alpha$，则 $c_{ma}(t) < c_{fa}(t)$，那么对于漏报的关注将会控制警报的发出；另一方面，如果 $\beta > 1-\alpha$，对误报的关注会控制警报的发出。当然，依据预测指标是否超过随时间变化的报警阈值做出警报判定，等同于监测概率 $P_{fa}(t)$ 或 $P_{ma}(t)$，并分别在超过他们的可容忍值 β 和 α 时发出警报。

10.4 节中指出，当在操作过程中使用的可容忍概率 β 和 α 是基于成本效益考虑时，它们之间的关系是 $\beta=1-\alpha$。因此，由于报警概率以及他们的可容忍值的和都是 1，所以报警概率会同时达到它们的临界阈值，所以可以选择监测 $P_{fa}(t)$ 或者 $P_{ma}(t)$。类似地，如果监测预测指标 $I\hat{M}(t)$，临界阈值 $c_{ma}(t)a$ 和 $c_{fa}(t)a$ 相等，所以会同时达到。

10.6　地震 EWS 的应用

10.6.1　安装前分析：美国南加州

我们假设要实现美国南加州受保护设施的地震 EWS，并调查潜在终端用户应用的可行性问题。特别是，我们要设法解决当地震发生在这个区域时，地震 EWS 在处理误报和漏报方面的性能问题。我们可以定量地震 EWS 应用的效能，通过向终端用户提供错误判定的概率，来看他们是否接受，还可以设置报警阈值来满足用户的需求。

为了说明这个过程，我们选择了适合洛杉矶地区的危险函数来估计错误判定的概率，这个概率是报警阈值 $c \cdot a$ 的函数，同时说明可以依据来自成本效益分析的错误判定概率的容忍度来设置。我们假设已由用户依据所关注的地震 EWS 应用选择临界阈值 a。

选择"虚拟地震学家"（VS）方法（Cua and Heaton, 2004; Cua, 2004）来给出地震预测模型（图 10.1 中的 M_1）和衰减模型（图 10.1 中的 M_2），这个模型在 VS 方法（Cua and Heaton，2004）中被定义为：

$$IM=\lg PGA=aM-b[R_1+C(M)]-d\lg[R_1+C(M)]+e+\varepsilon \qquad （10.41）$$

其中 M 是震级；R_1 依赖于震中距 R；$C(M)$ 是依赖于震级的一个修正量；残余量 ε 是零均值误差项，表示预测不确定性；e 是包括台站校正在内的常数误差；参数 a、b、d、e 是 Cua 和 Heaton 校准模型时为不同的土壤类型和岩石估计的，它们是：$a=0.779$，$b=2.55 \cdot 10^{-3}$，$d=1.352$，$e=-0.645$；ε 是高斯分布 $(0，0.243)$，即均值为零，标准偏差是 0.243。

强度度量值 IM 是以 10 为底对数标度的地面峰值加速度（PGA）。为洛杉矶地区选择的危险函数如图 10.5 所示，它代表超过 PGA（以 g 为单位）的平均超过率。如前所述，通过最小化相对熵值来拟合危险函数，以估计描述 IM 概率分布的系数 k_1，结果得到 $k_1=1.06$。

为了模拟地震 EWS 从 IM 到预测值 $\hat{IM}$ 的性能，我们需要知道这个过程的总误差，它在前面的不确定性传播分析中已经定义过。假设误差与估计的震级和位置相关，衰减模型（Cua and Heaton，2004）可以用如下值描述：

（1）ε_M：高斯分布（0，0.5）

（2）ε_R：在这一阶段被忽略

（3）ε_{IM}：高斯分布（0，0.243）

因此，由式（10.8）和式（10.9）给出与预测值 $\hat{IM}$ 相关的总误差：

（4）ε_{tot}：高斯分布（0，0.44）

可以从式（10.20）和式（10.23）估计误报和漏报的概率，如图 10.6和图 10.7 所示，它们对不同临界阈值 a，是报警阈值因子 c 的函数。注意当 $P_{fa}(t)$ 的大概范围从 0.05 到 0.4 时，c 的选择对 a 不敏感。如果用户更关注误报，可以设置报警阈值使其误报概率的容忍度不被超过。例如，如果容忍度是 $P_{fa}=0.4$，那么报警阈值 ca 将被设置为 2.22，如图 10.8 所示。

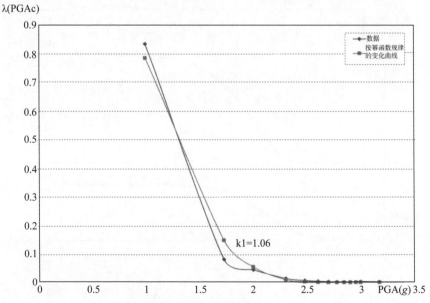

图 10.5　以 PGA 的指数定律拟合洛杉矶的危险函数

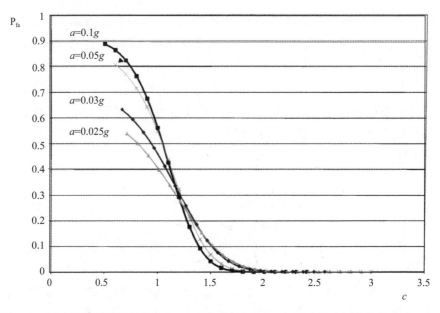

图 10.6 对于不同的临界阈值 a（以 g 为单位表示），误报概率作为报警阈值因子 c 的函数

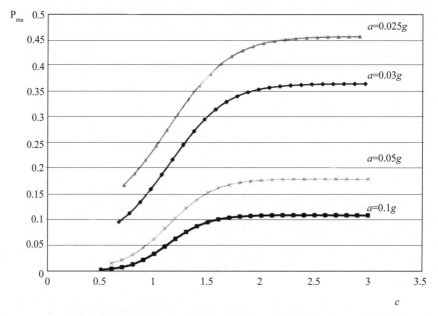

图 10.7 对于不同的临界阈值 a（以 g 为单位表示），漏报概率作为报警阈值因子 c 的函数

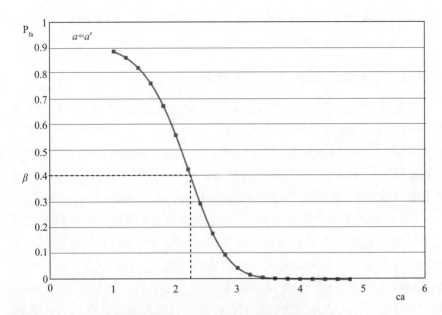

图 10.8 对于给定的临界阈值 a，误报概率作为报警阈值的函数

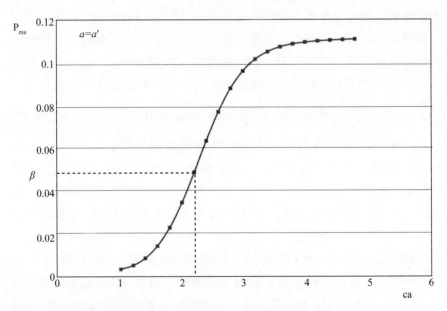

图 10.9 对于给定的临界阈值 a，漏报概率作为报警阈值的函数

基于这一报警阈值，漏报概率的可接受值 P_{ma}=0.05，如图 10.9 中曲线上对应于 ca=2.22 的点所示。

10.6.2 Yorba Linda 地震：M=4.75

2002 年 9 月 3 日，在加利福尼亚 Orange 县发生了震级为 4.75 的 Yorba Linda 地震。震中位置是 33.9173°N，117.7758°W，深度为 12.92km。主震区域密集分布着地震台站，第一个被触发的台站是距震中 9.9km 的 Serrano 台站。为了模拟地震发生时判定过程的运行，使用了"虚拟地震学家"估计的震级和位置（Cua and Heaton，2004；Cua，2004）。

"虚拟地震学家"方法的基础是：随着来自新触发台站的数据和已触发台站的持续记录数据量增加，对预测的震级与位置进行持续的贝叶斯更新。在这种方法中可以考虑不同的先验信息，包括为确定震级的先验概率密度（PDF）所使用的古登堡－里克特定律，确定最可能位置用的沃罗诺伊单元，以及近期观测的地震活动性，借以考虑主震前 24 小时在所关注区域发生的前震。

当第一个台站触发，与这个台站相关的沃罗诺伊单元给出了可能位置的区域，因为这个单元给出了这个台站能被首先触发的所有地震的可能震中点。因而，这可能定义最可能位置的先验 PDF；触发了其他台站的后续 P 波提供了补充信息来贝叶斯更新预测的震中距。通过最大化联合后验 PDF 得到最可能的预测震级和位置，该后验 PDF 由下式给出：

$$p(M, R|\text{data}) \propto p(\text{data}|M, R) \cdot p(M, R) \qquad (10.42)$$

在 Yorba Linda 地震中，在第一个台站被触发后 5、10、15、20 和 50s 可以得到"虚拟地震学家"方法预测的震级和震中距。认为震中距的预测是不随时间变化的，但认为在得到 N 个台站的信息后震级的不确定性会减小到 $1/\sqrt{N}$（Cua and Heaton，2004）。震级不确定性的更新一直在持续，因为在 IM 预测过程中震级误差的影响大于震中距误差的影响。

利用 Cua 和 Heaton（2004）预测出的 Yorba Linda 地震最新震级与位置时间序列，我们估计了 lg 尺度的峰值地动加速度（根据它们的衰减关系）。总的不确定性作为震级不确定性和衰减模型的函数每秒都在更新，见式（10.8）（如前所述，忽略了位置的不确定性，因为它不像其他两个不确定性来源那样有影响）。然后由式（10.34）和式（10.36）估计出每秒

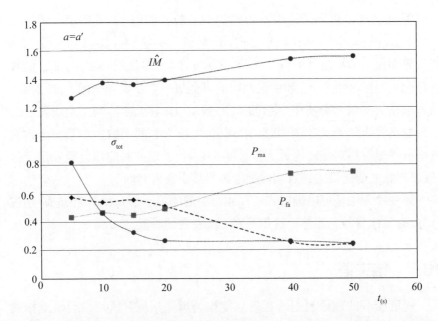

图 10.10　2002 年 Yorba Linda 地震：*IM* 预测值的演变，震级预测的标准偏差和错误判定（误报和漏报）概率随时间的变化

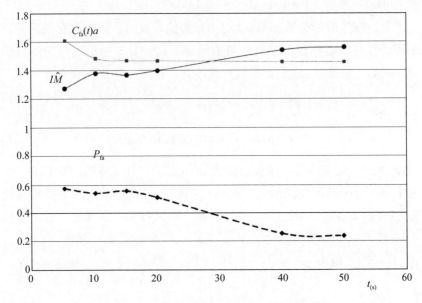

图 10.11　2002 年 Yorba Linda 地震：基于误报概率容忍度的判定

的可能错误判定概率。结果作为时间的函数，如图 10.10 所示，图中显示了 PGA 的预测值 $I\hat{M}(t)$（IM 在时间 t 的最可能值 =lgPGA）和假设 PGA 的临界阈值 a=0.025g（对应于 lg 尺度的 a=1.4，单位 cm/s/s）时估计的预测总误差的标准偏差 σ_{tot} 和错误判定的可能概率。错误判定的可能概率可用来根据成本效益分析中导出的 $P_{fa}(t)$ 或 $P_{ma}(t)$ 容忍度值判定地震发生时是否发出警报。例如，图 10.11 中画出 P_{fa} 作为时间函数，在第一个台站被该事件触发后约 28s 达到了容忍度 β=0.4，于是此时应该已经发出警报（假设在此之前还没达到启动保护措施的最小预警时间）。

另一种方法是可以确定式（10.40）中的阈值水平 $c_{fa}(t)$，当 $I\hat{M}(t)$ 超过 $c_{fa}(t)a$ 时发出警报，当然，这也是在 28s 左右的时候。

10.7   结束语

这里展示的理论利用地震动强度作为预测指标，这可以容易地拓展到考虑其他有意义的量，从而更接近代表用户所关注的后果，例如结构响应（例如层间位移）、结构和非结构损坏，安全性或者经济损失。可以根据针对指定设施的损失估计方法预测这些后果，例如基于性能的地震工程（PBEE）准则（Porter et al.，2002, 2004）。

于是，在实时运行地震 EWS 时，报警的设置可依据监测所关注的具体工程或经济参数超过其临界阈值的概率。这个分析是前述理论的自然延伸；例如，将基于 IM 的漏报概率延伸到工程需求参数（EDP）：

$$P_{ma}(t)=P[EDP > e|I\hat{M}(t)]$$

$$= \int_{-\infty}^{\infty} P(EDP > e|IM)p(IM|I\hat{M}(t))\mathrm{d}IM \qquad （10.43）$$

其中 e 是 EDP 的临界阈值，$p(IM|I\hat{M}(t))$ 是和以前一样的高斯 PDF（参见式（10.36）中的被积函数），$P[EDP > e|IM)$ 来自对设施的地震易损性分析（Porter et al.，2002,2004）。类似地，漏报概率可以延伸到损坏或损失的估计：

$$P_{ma}(t)=P[DV > d|I\hat{M}(t)]$$

$$= \int_{-\infty}^{\infty}\int_{0}^{\infty} P[DV > d|EDP)p(EDP|IM)p(IM|I\hat{M}(t))\mathrm{d}IM\mathrm{d}EDP \qquad （10.44）$$

其中 DV 是对损坏或损失定量化的判定变量，d 是临界阈值。

参考文献

Allen RM (2004) Rapid Magnitude Determination for Earthquake Early Warning. In: Proceedings of Workshop on Multidisciplinary Approach to Seismic Risk Problems, Sant'Angelo dei Lombardi, September 22, 2003

Allen RM, Kanamori H (2003) The Potential for Earthquake Early Warning in Southern California. Science 300: 786~789

Barroso LR, Winterstein S (2002) Probabilistic Seismic Demand Analysis of Controlled Steel Moment-resisting Frame Structures. Earthquake Engineering and Structural Dynamics 31: 2049~2066

Bates S, Cullen A, Raftery A (2003) Bayesian Uncertainty Assessment in Multicompartment Deterministic Simulation Models for Environmental Risk Assessment. Environmetrics 14: 355~371

Cua G (2004) Creating the Virtual Seismologist: developments in ground motion characterization and seismic early warning. PhD Thesis in Civil Engineering, California Institute of Technology, Pasadena, December 2004, http://resolver.caltech.edu/ CaltechETD: etd-02092005-125601

Cua G, Heaton T (2004) Characterizing Average Properties of Southern California Ground Motion Envelopes. In: 2004 SCEC Annual Meeting Proceedings and Abstracts, vol XIV

Cua G, Heaton T (2004) Illustrating the Virtual Seismologist (VS) Method for Seismic Early Warning on the 3 September 2002 M=4.75 Yorba Linda, California Earthquake. In: 2004 SCEC Annual Meeting Proceedings and Abstracts, vol XIV

Grasso VF, Beck JL, Manfredi G (2005a) Seismic Early Warning Systems: Procedure for Automated Decision Making. Earthquake Engineering Research Laboratory, California Institute of Technology, Report Number EERL 2005-02

Grasso VF, Iervolino I, Occhiuzzi A, Manfredi G (2005b) Critical Issues of Seismic Early Warning Systems for Structural Control. In: Proceedings of 9th International Conference on Structural Safety and Reliability, Rome, Italy, June 2005

Kanda K, Kobori T, Ikeda Y, Koshida H (1994) The Development of a Pre-arrival Transmission System for Earthquake Information Applied to Seismic Response Controlled Structures. In; Proceedings of 1st World Conference on Structural Control, 2, IASC, California, USA, 1994

Kramer SL (1996) Geotechnical Earthquake Engineering. Prentice-Hall Lee WHK, Espinosa-Aranda JM (1998) Earthquake Early Warning Systems: Current Status and Perspectives. In: Proceedings of International Conference on Early Warning Systems for Natural Disaster Reduction, 409~423

Occhiuzzi A, Grasso VF, Manfredi G (2004) Early Warning Systems from a Structural Control Perspective. In: Proceedings 3rd European Conference on Structural Control,

Vienna University of Technology, Austria, July 2004

Paté-Cornell E (1986) Warning Systems in Risk Managment. Risk Analysis 6(2): 223~234

Porter KA, Beck JL, Shaikhutdinov RV (2002) Sensitivity of Building Loss Estimates to Major Uncertain Variables. Earthquake Spectra 18: 719~743

Porter KA, Beck JL, Shaikhutdinov RV, Au SK, Mizukoshi K, Miyamura M, Ishida H, Moroi T, Tsukada Y, Masuda M (2004) Effect of Seismic Risk on Lifetime Property Values. Earthquake Spectra 20: 1211~1237

Saita J, Nakamura Y (1998) UrEDAS: The Early Warning System for Mitigation of Disasters caused by Earthquakes and Tsunamis. In: Proceedings of International Conference on Early Warning Systems for Natural Disaster Reduction, EWC98, 453~460

Seismological Research Letters (1997) Issue on Ground Motion Attenuation Models. 68(1)

Wald A (1947) Sequential Analysis. J. Wiley & Sons, New York, and Chapman & Hall, London

Wieland M (2001) Earthquake Alarm, Rapid Response and Early Warning Systems: Low Cost Systems for Seismic Risk Reduction. In: Proceedings of International Workshop on Disaster Reduction, Reston, Virginia, U.S., August 2001

Wieland M, Griesser L, Kuendig C (2000) Seismic Early Warning System for a Nuclear Power Plant. In: Proceedings of 12th World Conference on Earthquake Engineering, Auckland, New Zealand, 2000

第11章 坎帕尼亚大区地震预警应用中的"狼来了"问题

Iunio Iervolino[1], Vincenzo Convertito[2], Massimiliano Giorgio[3], Gaetano Manfredi[1], Aldo Zollo[4]

1 那不勒斯腓特烈二世大学结构工程系，意大利那不勒斯
（Dipartimento di Ingegneria Strutturale, Università di Napoli Federico II, Napoli, Italy）

2 国家地球物理与火山学研究所维苏威火山观测站，意大利那不勒斯
（Istituto Nazionale di Geofisica e Vulcanologia, Osservatorio Vesuviano, Napoli, Italy）

3 那不勒斯第二大学航空航天与机械工程系，意大利阿韦尔萨
（Dipartimento di Ingegneria Aerospaziale e Meccanica, Seconda Università di Napoli, Aversa, Italy）

4 那不勒斯腓特烈二世大学物理科学系试验与计算地震学实验室，意大利那不勒斯
（RISSC-Lab, Dipartimento di Scienze Fisiche, Università di Napoli Federico II, Napoli, Italy）

摘要

基于地面运动或结构响应测量值实时预测的地震预警系统 (Earthquake Early Warning System，EEWS) 可以在减少建筑物与生命线的易损性和（或）暴露程度方面发挥作用。地震学家最近的确在基于有限 P 波信息进行事件震级和位置的估算方面研制了有效的方法。因此，当一个事件发生时，便可得到震级以及震源至场地距离的计算结果；对于现场结构需求的预测，可以通过依赖于地震预警系统测量值的概率地震危险性分析 (Probabilistic Seismic Hazard Analysis，PSHA) 和概率地震需求分析 (Probabilistic Seismic Demand Analysis，PSDA) 来进行。相对于传统

地震风险分析，这一方法包含着更高水平的信息，并可用于实时风险管理。但是，这种预测是在会影响系统有效性的非常不确定条件下进行的，因此必须对这些条件加以适当考虑。本项研究中，正在研制的坎帕尼亚大区 (Campania region，意大利南部) 地震预警系统的性能是通过模拟来评价的。地震定位由沃罗诺伊单元法 (Voronoi cells approach) 得以公式化，而贝叶斯法 (Bayesian method) 用于震级计算。模拟有着经验基础，但不需要记录的信号。就危险性分析和误报、漏报概率而言，我们的结果使我们得出的结论是，依赖于地震预警系统的概率地震危险性分析显著改进了场地的地震风险预测；而且概率地震危险性分析结果接近于若震级与震中距确知时所能产生的结果。

11.1　引言

地震风险管理由两部分组成：①通过降低易损性与暴露程度来减轻地震风险；②应急快速响应。应急准备是准实时问题；而风险减轻战略一般是中期 (即结构物或基础设施的抗震改装) 或长期行为 (如土地使用规划或适当设计标准的研制)。地震预警与快速响应系统能够提供所需的关键信息：①使生命与财产损失最小化；②指导救援工作 (Wieland，2001)。因此，预警系统在风险管理的两方面工作中均可起到一定作用 (Iervolino et al.，2007，见本书第 12 章)。尤其是在准实时应用中，显示地面震动地区分布的地震动图是由区域台网提供的，并已用于应急管理 (Wald et al.，1999；Kanamori，2005；Convertito et al.，2007)。另一方面，地震预警系统现在有能力在强地面震动到达之前几秒至几十秒间提供对由大地震引起的地面运动的预测或结构物的抗震需求。所以，从地震风险管理的角度来看，它们可用于采取实时行动来减少易损性与暴露程度。

地震预警系统可简单地分为区域系统或特定地点系统。区域地震预警系统由覆盖着受地震威胁的部分地区的、范围较大的台网组成。这样的系统设计用来提供实时的或准实时的信息，适于向社区传播警报或推得数据 (即地震动图)。特定地点的地震预警系统还提高了诸如核电站或生命线等特定关键工程系统的安全系数 (Wieland，2000)。专门用于特定地点地震预警的台网较之区域型的要小得多，仅覆盖系统周围的区域。传感器的位置依赖于在能量更大的震相 (即 S 波或面波) 到达之前，激活安全规程所需的预警时间。典型地，当一个或多个传感器处的地面运动超过了给定阈值时，就会发布警报；在这种情况下，因为台网与场地之间的路径有限，不确定性常常被忽略。

由于近些年区域台网在世界范围内大规模的迅速发展（见 SAFER 2005 年的实例），特定结构应用的地震预警系统的使用问题正在被提出（Iervolino et al.，2005）。为了得到对于地面运动的更安全的结构响应，地震预警系统预测可用于实时建立主动的或半主动的结构控制。警报一旦发布，由区域地震预警系统在事件最初几秒内提供的"早期"信息仍可用于激活不同类型的安全措施，诸如关闭关键系统、撤离建筑物、停运高速列车（Veneziano and Papadimitriou，1998）以及关闭气和油等生命线的阀门。

区域地震预警系统的特定结构应用是否可行是本文研究的论题。在这种情况下，所关注的地面运动强度度量 (Intensity Measure，IM) 或工程需求参数 (Engineering Demand Parameter，EDP) 不得不从远处传感器台网的记录中加以估算，而不能在场地处进行测量。用于特定结构地震预警的区域台网的混合应用示意图如图 11.1 所示。

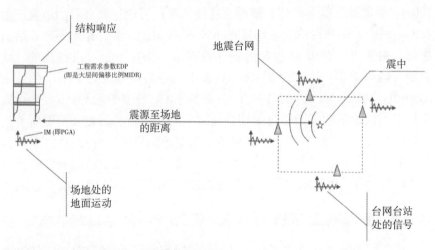

图 11.1　用于特定结构的区域地震预警系统

当系统捕捉到地震特性，继而预测所关注场地的强度度量和（或）工程需求参数，从而给出额外的预警时间时，这也带来了显著的不确定性[1]，这种不确定性可能导致误报和漏报。报警或者不报警都是要有代价的；一旦不报警，其损失与不采取任何对策的地震破坏有关；一旦报警，防御干预是有着(社会的和(或)经济的)成本的，如果实际的地面运动不需要这样的行动，这样的成本就会转变为损失。所以，评估地震预警系统性能的关键问题是对于和决策规则相关的漏报与误报(分别为MA (missed alarm) 和 FA (false alarm)) 概率的估算 (Pate-Cornell，1986)。以经验为基础的、对于漏报和误报发生率的计算应当包括地震预警系统预测的事件后分析，并需要一个较大的台网，以及结构物所在场地的强地面运动波形数据库。因为尤其是对于大地震来说，这样的数据库非常少有，所以与漏报和误报相关的 I 类和 II 类误差概率可在模拟框架中使用与预测有关的不确定性的适当表征加以估算。实际上，除了用以标定方法的数据之外，这种方法不需要任何记录；该标定方法是为估算震级 (M) 与震源至场地间距离 (R) 而采用的。

11.2   受地震预警系统制约的地震风险分析

对于实时应用来说，地震学家最近开发了几种基于有限 P 波信息(例如速度记录的最初几秒)来计算事件震级的方法 (Allen and Kanamori，2003)。类似地，如下简述，震源至场地的距离可通过发育着的地震所触发的台网中一系列台站进行预测 (Santriano et al.，2007，见本书第 6 章)。所以，由于可以假设 M 和 R 的估计值在给定情况下是可以得到的，就能够与概率地震危险性分析 (PSHA) 类似地进行场地处地面运动的预测 (Cornell，1968；McGuire，1995)。这导致了 (在概率的意义上) 受到由地震预警系统给定的实时信息制约的地震危险性分析。因此，只要所关注的结构物有 IM-EDP 关系，也就可以由概率地震需求分析 (PSDA) 来计算结构响应的分布。我们易于认识到，事件发生时场地处结构响应的概率密度函数包含了可得到的最高水平的信息，所以是实时决策的最佳工具。

11.2.1   受地震预警系统制约的概率地震危险性分析和概率地震需求分析

让我们假设，在自地震发震时刻起的给定时间 t，地震台网能够提供 M 和 R 的估计值。这些概率密度函数本身受测量矢量的制约，假定有测

---

[1]值得注意的是，特定地点地震早期预警系统直接读取强度度量，而区域系统预测强度度量和(或)工程需求参数，这是一个更加不确定的过程。

量矢量 $\{\tau_1, \tau_2, ..., \tau_\nu\}$，其中 ν 为可得到的所关注测量值的仪器数目。那么 M 的概率密度函数须表示为 $f_{M|\tau_1, \tau_2, ..., \tau_\nu}(m|\tau_1, \tau_2, ..., \tau_\nu)$；类似地，$R$ 的概率密度函数将以 $f_{R|s_1, s_2, ..., s_\nu}(r|s_1, s_2, ..., s_\nu)$ 来表示；它对于所使用的方法来说，仅依赖于所触发的台站序列，其中 $\{s_1, s_2, ..., s_\nu\}$ 就是这样的序列。由式 (11.1) 给出的地震危险性积分公式来推论，对多个 IM 值重复这一积分，从而可能计算出场地处地面运动强度度量 (即地面运动加速度峰值 (Peak Ground Acceleration) 或 PGA) 的概率分布 (或危险性曲线)。

$$f_\nu(im)=\iint_{M\ R} f(im|m, r)\, f_{M|\tau_1, \tau_2, ..., \tau_\nu}(m|\tau_1, \tau_2, ..., \tau_\nu)\, f_{R|s_1, s_2, ..., s_\nu}(r|s_1, s_2, ..., s_\nu) \mathrm{d}r\mathrm{d}m$$

$$im \in [0, +\infty] \tag{11.1}$$

其中，如在通常的概率地震危险性分析中那样，概率密度函数 $f(im|m,r)$ 由衰减关系给定。下标 ν 表明，所计算的危险性曲线针对一组特定的触发台站，且当大量数据被引入计算过程时 (例如随时间流逝，更多的台站被触发)，曲线将随之变化。

对于地震预警系统的结构应用来说，利用工程需求参数的结构响应预测或许是最为重要的，而并非利用地面运动强度度量的结构响应预测。这需要进一步的积分，从而得到式（11.2）所给出的工程需求参数的概率密度函数。

$$f_\nu(edp)=\int_{IM} f(edp|im)\, f_\nu(im|\mathrm{d}im) \quad edp \in [0, +\infty] \tag{11.2}$$

其中，概率密度函数 $f(edp|im)$ 为所需要的强度度量与工程需求参数之间的概率关系式。例如，如果考虑到抗力矩框架 (Moment Resisting Frame，MRF) 结构，那么概率地震需求分析过程可以得到式 (11.3) 所表达的最大内层偏移比 (Maximum Inner-storey Drift Ratio，MIDR) 与 $Sa(T_1)$ (第一振型加速度谱) 之间的关系，二者分别为强度度量和工程需求参数。

$$MIDR=a(Sa(T_1))^b\varepsilon \tag{11.3}$$

其中，ε 的对数是一个正态随机变量，其均值为零，方差等于 MIDR 的对数的方差；系数 a 和 b 是由非线性增量动态分析得到的 (Vamvakistos and Cornell，2000)。Barroso 和 Winterstein (2002) 提出了有关控制结构的类似关系。

为了简便起见，下面将假定所关注的参数是强度度量。这会使方法展示清楚，确保应用的结果更加易于解释。由于工程需求参数只是强度度量的概率性变换，那么这一选择并不影响讨论的普遍性。

11.2.2 震级估算

式 (11.1) 给出的积分需要基于台网在给定时刻提供资料估算的震级分布。Allen 和 Kanamori (2003) 为 TriNet 台网提供了事件震级与 P 波最初 4s 优势周期 $\tau_{p,max}$（这里简单表示为 τ）的对数之间的关系。已假定，受事件震级制约的 τ 的分布 $f_{\tau|M}(\tau|m)$ 为对数正态分布。由同方差性假说 (Fontanella，2005)，从数据中得到的对数均值及其方差如式（11.4）所示。

$$\begin{cases} \mu_{\lg(\tau)}=\dfrac{(M-5.9)}{7} \\ \sigma_{\lg(\tau)}=0.16 \end{cases} \tag{11.4}$$

这些分布使我们能够用贝叶斯法计算震级估计值 $f_{M|\tau_1,\tau_2,...,\tau_\nu}(m|\tau_1,\tau_2,...,\tau_\nu)$。实际上，如果在给定时刻只有一个台站触发，从而由信号最初 4s 测定 τ_1，那么寻找到的、受该测量结果制约的震级分布 $f_{M|\tau_1}(m|\tau_1)$ 就是式 (11.5) 的后验值。

$$f_{M|\tau_1}(m|\tau_1)=\dfrac{f_{\tau_1|M}(\tau_1|m)f_M(m)}{\displaystyle\int_{M_{\min}}^{M_{\max}}f_{\tau_1|M}(\tau_1|m)f_M(m)dm} \tag{11.5}$$

其中，$f_M(M)$ 为由古登堡 – 里克特震级频度关系 (Gutenberg-Richter recurrence relationship) 所得的震级先验概率密度函数（式 (11.6)），分母为 τ 的边缘分布 $f_{\tau_1}(\tau_1)$。

$$f_M(M): \begin{cases} \dfrac{\beta e^{-\beta m}}{e^{-\beta M_{\min}}-e^{-\beta M_{\max}}} & M_{\min}\leqslant m\leqslant M_{\max} \\[2mm] 0 & m\notin[M_{\min}, M_{\max}] \end{cases} \tag{11.6}$$

随着时间的推移，用于震级计算的台站数目不断增加，因此可以获得新的数据，那么后验分布即可被更新。当有 ν 个台站观测到 τ 时，式 (11.5) 可一般化为式 (11.7)。

$$f_{M|\tau_1,\tau_2,...,\tau_\nu}(m|\tau_1,\tau_2,...,\tau_\nu)=\dfrac{f_{\tau_1,\tau_2,...,\tau_\nu|M}(|\tau_1,\tau_2,...,\tau_\nu|m)f_M(m)}{\displaystyle\int_{M_{\min}}^{M_{\max}}f_{\tau_1,\tau_2,...,\tau_\nu|M}(\tau_1,\tau_2,...,\tau_\nu|m)f_M(m)dm} \tag{11.7}$$

假定取决于 M 的 τ 的测量结果是随机独立的，于是，$f_{\tau_1, \tau_2, \ldots, \tau_v|M}(\tau_1, \tau_2, \ldots, \tau_v|m)f_M(m)=\prod_{i=1}^{v}f_{\tau_i}(\tau_i|m)$，这是各已知项的乘积。所以，适用于 $m \in [M_{min},$ $M_{max}]$ 的所有值，式 (11.7) 可改写为式 (11.8)；式 (11.8) 给出了将插入到概率地震危险性分析积分的完全震级概率密度函数。

$$f_{M|\tau_1, \tau_2, \ldots, \tau_v}(m|\tau_1, \tau_2, \ldots, \tau_v)= \frac{\left(\prod\limits_{i=1}^{v}f_{\tau_i}(\tau_i|m)\right)f_M(m)}{\int_{M_{min}}^{M_{max}}\left(\prod\limits_{i=1}^{v}f_{\tau_i}(\tau_i|m)\right)f_M(m)\mathrm{d}m} \qquad (11.8)$$

我们可能认识到，震级分布 (同样适用于震中距) 是间接依赖于时间的；因为如果在两个不同瞬间对应有两组不同的触发台站和测量结果，那么它们将导致两种震级分布。所以，每一次新台站在进行 τ 的测量时，式 (11.1) 中的危险性积分都可能被重新计算。模拟中将显示，当触发台站数目随时间而增加时，预测是如何改进的。

11.2.3 实时定位与震中距概率密度函数

实时定位方法是由 Satriano 等 (2007，见本书第 6 章) 提出的基于等时差 (equal differential-time，EDT) 公式的方法。关于详细的讨论，读者应参阅上述作者在本书中的文章，本节仅以可读性为目的，给出了对程序主要特征的简要描述。

震源定位技术遵循一个不断调优的全概率方法。它依赖于等时差表面的叠加；这对显著偏离正确值的数据来说是稳健的 (例如，一旦发生并发事件时的错误信号拾取)。仅用一个记录到达，震源位置就已经能够由与触发台站相关的沃罗诺伊单元所限定。随着时间的流逝，可以得到更多的触发台站，不断调优的位置收敛于一个标准的等时差位置。

该算法定义了台网下空间内点位密集的网格 (例如间距 1 km)。在每一个时间间隔处，仅以哪些台站已触发而哪些台站未触发的信息为基础，对于任何网格点，可能确定该点成为震源的概率。这就引出了依赖于时间的位置空间概率密度函数的定义。因此，在任意时刻 t，可由一个几何变换导出用 $f_{R|s_1, s_2, \ldots, s_v}(r|s_1, s_2, \ldots, s_v)$ 表示的震中距估计值；该几何变换将任何特定震中距与一个概率关联，该概率是网格中与该位置有相同距离的所有点的概率之和。

11.3　决策规则、误报与漏报

一旦地震预警系统提供了地面运动强度度量的分布或者所关注结构物的抗震需求，就必须考虑到决策条件以发布警报。有若干选项可用于构成决策规则，例如：①若变量的期望值 $(E[IM])$ 超过了阈值 (IM_C)，即可启动警报；②另一种做法是，以一种更复杂的方式，当变量超过阈值的概率跨过一个参考值 (PC) 时，即可发布警报。这些决策规则分别由式 (11.9) 和式 (11.10) 给出。

$$\text{警报}: E[IM] = \int_0^{+\infty} im f_v(im) dim > IM_C \qquad (11.9)$$

$$\text{警报}: P[IM > IM_C] = 1 - \int_0^{IMc} f_v(im) dim > P_C \qquad (11.10)$$

值得注意的是，决策规则①不需要完全计算式 (11.1) 的危险性积分。实际上，强度度量的期望值可由一阶二次矩 (First Order Second Moment, FOSM) 方法 (Pinto et al., 2004) 很好地加以近似计算，从而减少了计算量。然而，该决策规则是有缺陷的，它既未考虑强度度量的方差，又未考虑其概率密度函数的形态。在选项②的情况下，P_C 值的设定得与一个适当的损失函数关联。这第二种方法与用于地震风险管理的地震预警的完全概率性方法更加一致。

尽管可以测试预警系统的性能以验证其是否正确预测场地处的强度度量分布，但决策规则的有效性依赖于分别与误报概率 P_{FA} 和漏报概率 P_{MA} 的评估有关的 I 类和 II 类误差[②]。参考式 (11.9) 和式 (11.10)，地震预警系统发布警报，而场地处强度度量值 IM_T (下标 T 的意思是 "真"，表示随机变量的实现，以区别于地震预警系统的预测) 低于阈值 IM_C 的时候，就会发生误报。这些事件的概率，即式 (11.11)，将在对坎帕尼亚地震预警系统的模拟 (例如使用蒙特卡罗 (Montecarlo) 方法) 中加以估算，以用于所考虑的决策规则。

$$\begin{cases} \text{漏报}: \{ \text{无警报} \cap IM_T > IM_C \} \\ \text{误报}: \{ \text{警报} \cap IM_T \leq IM_C \} \end{cases} \qquad (11.11)$$

---

② 当然，地震早期预警系统潜在的假设是，减少漏报比减少误报更为重要，否则系统将是毫无必要的。

我们已经讨论了信息以及由此涉及的不确定性是如何依赖于某一时刻触发台站数目的。所以，原则上，可在第一个台站触发后的任意时刻对决策条件进行验证；因此，误报和漏报的概率也间接地是一个时间函数。从这一观点来看，决策过程又是依赖于时间的；当获得的预警时间与漏报或误报的相关损失之间的折中点处于最佳值的时候，人们就可以决定报警了。

11.4　地震预警系统 SAMS 的模拟

坎帕尼亚的预警系统 (SAMS——地震报警管理系统 (Seismic Alert Management System)) 以亚平宁山脉中的地震台网为基础，该台网跨越意大利坎帕尼亚和巴斯利卡塔 (Basilicata) 地区，并且仍在发展中 (Weber et al., 2007, 见本书第 16 章)。该台网运行于坎帕尼亚地震最活跃的地区 (100 km × 80 km 范围)，设计用来获取 M_{W} 震级大于 4 级地震的不限幅数据。图 4.1 中 (见本书第 4 章) 给出了该预警台网的台站 (深色正方形)、1981 年至 2002 年所记录 $M > 2$ 的事件，以及 1980 年意大利伊尔皮尼亚 (Irpinia) 地震的断层；这显示了台网是如何覆盖该地区危险性最大的区域的。浅色正方形代表用于标定地方衰减关系的附加台站 (Convertito et al., 2007, 见本书第 8 章)。

要在经验基础上评估地震预警系统的性能，就应当有大量的记录。原则上，对于任意事件，要模拟场地处强度度量的预测，并将其与结构经受的实际值加以比较，就应当有场地处各台站的一组记录。然而，通过模拟，还是有可能在没有数据的情况下，基于经验计算出误报和漏报概率 (例如蒙特卡罗)。这套流程已在计算机代码中得以实现，并在震级和震中距的估算方面，利用了经验性方法；震级和震中距均由地震工作者离线标定。

每一次运算都模拟一个发生在所关注地区的特定地震事件，并由四个步骤组成：①模拟事件特征 (例如指定事件震级、位置以及场地处真实强度度量)；②模拟由台网得到的、在全部台站触发前任何时刻的测量结果和预测 (例如实时概率地震危险性分析)；③验证决策条件及误报与漏报；④对误报和漏报计数，来计算其发生频次。图 11.2 给出了模拟步骤的流程图。

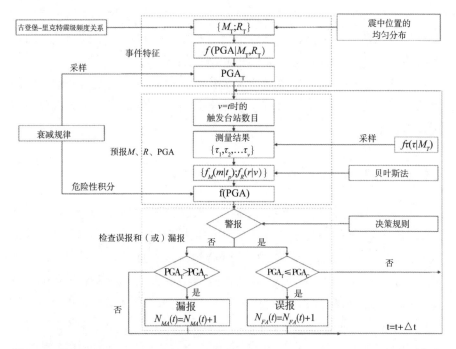

图 11.2 模拟流程图

模拟中所考虑的场地假定在意大利那不勒斯市 (Naples)，这里距离台网的中心约 110 km。图 11.3(a) 给出了图 11.1 所示的台网和场地的相对位置。

11.4.1 事件和地面运动特征的产生

蒙特卡罗模拟中的每一次运算都以产生地震预警系统将试图估算的地球物理特性开始。这些值将完全地定义这次运算的地震。换言之，由于需要 M 和 R 的分布来计算依赖于地震预警信息的概率地震危险性分析，我们就需要建立其真值，称之为 M_T 和 R_T（分别为真实震级和真实震源至场地距离）。而且，必须固定场地处的地面运动强度度量 (IM_T)；需要它来验证决策条件和检查是否发生了误报和漏报。

对于坎帕尼亚地区，事件真实震级 (M_T) 可根据古登堡 – 里克特震级频度关系来采样（式 (11.6) 中，β=1.69，$M_{\min}$=4，$M_{\max}$=7）。另一方面，人们可能关心就特定震级评估地震预警系统的性能；于是，对于所有的模拟运行，M_T 必须设置为同一值。对于评估在威胁最大的高震级事件情况下地震预警系统的性能，这是有用的。为了使结果清晰可读，下面将遵循这第二种选择。

通过从台网覆盖区域所定义的两个不依赖于采样过程的均匀分布中进行 $\{x_{epi}, y_{epi}\}$ 坐标采样来随机选择震中位置。一旦确定了震中坐标，至所关注场地（例如那不勒斯）的距离 R_T 也就易于获得了（图 11.3b 给出了 1000 次运算中的模拟事件位置）。出于某种目的，人们还可能将全部模拟的震中位置设定于同一点。因此，在这种情况下，对于全部模拟来说，R_T 的值是固定的。

每一次蒙特卡罗运算中，"真实"震级和"真实"距离的产生（或指定）都允许我们得到地震预警系统的预测参考值。但是，还应设定场地"真实"地面运动 (IM_T)。这是为验证决策条件所需要的：例如，必须将其与由地震预警系统计算得到的强度度量期望值加以比较（式 (11.9)），从而确定这次运算中所采用的决策是否产生了漏报或误报。场地处 IM_T 的值与 M_T 和 R_T 的值一致，并通过对衰减关系的采样而得到；根据定义，该衰减关系提供了受 $\{M_T, R_T\}$ 制约的地动强度度量的概率密度函数。这里认为在其震中公式中，Sabetta 和 Pugliese (1996) 衰减关系与位置估计方法

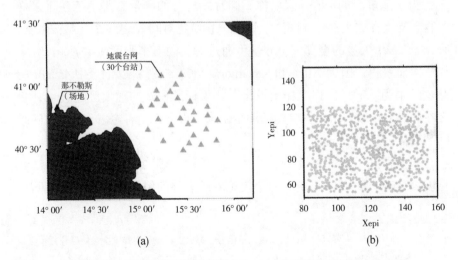

图 11.3　(a) 坎帕尼亚地震预警系统场地图；(b) 1000 次运算的采样震中位置图

相一致。所考虑的强度度量是 PGA；于是，每次运算中，PGA_T 的值都是从完全特定的对数正态随机变量中采样得到的[①]。

最后，由于已设定了通用运算的 $\{M_T, R_T, PGA_T\}$，于是完全定义了以地震预警系统为目的的事件；下一步在于模拟与事件特征一致的台站测量结果。

11.4.2　台站测量结果及 *M*、*R* 的实时分布

模拟过程中，计算出了任意给定时刻的触发台站数目。这是通过假定 P 波速度和 S 波速度分别为 5.5 km /s (V_P) 和 3.5 km /s (V_S) 的均匀各向同性传播模型来实现的。对于任意震中位置，这可以确定任意时刻触发了哪些台站。类似地，可以计算出任意时刻的预警时间，而预警时间被定义为 S 波到达场地所需的时间。

一旦由 $\{M_T, R_T, PGA_T\}$ 定义了事件，就应当模拟地震台网的响应和预测（例如 τ 的测量），这不需要任何记录，但要与在实际情况下将要进行的测量一致。例如，让我们首先考虑只有单台触发的情况[②]。通过对受事件真实震级制约的要测量参数的经验分布 $f_{\tau|M}(\tau|M_T)$ 进行采样来模拟台站测量结果是可能的。由记录信号测量的实际 τ 值根据定义将呈 $f_{\tau|M}(\tau|M_T)$ 分布，所以在模拟方法中，这样的采样是适宜的。

为生成多台的 τ 值，假设由不同台站进行的测量都是不依赖于采样过程且受事件震级 (M_T) 制约的。因此，在给定时间 t，当 ν 个台站被触发，$\{\tau_1, \tau_2, ..., \tau_\nu\}$ 矢量的全部 ν 个分量可通过对相同概率密度函数 $f_{\tau|M}(\tau|M_T)$ 采样 ν 次而获得。因为 Allen 和 Kanamori (2003) 的资料以记录中 4s 的 τ 的测量结果为基础，所以工作假设是，如果任意台站的触发已超过 4s，那么在此过程中就要考虑该台站的测量结果。再者，没有考虑 τ 测量值随时间的变化。

一旦得到了测量矢量 $\{\tau_1, \tau_2, ..., \tau_\nu\}$，即可应用 2.2 节中的贝叶斯法计算震级分布。图 11.4 给出了一个模拟 6 级事件的结果震级分布；这明显

[①] 对于给定震级，如果可以得到许多场地记录信号，那么由记录所得强度度量的经验分布应当与衰减规律提供的分布相同。

[②] 同前，鉴于所采用的震级估算方法，在台站触发之后必须再过 4s，才能将其包含在估算过程中。

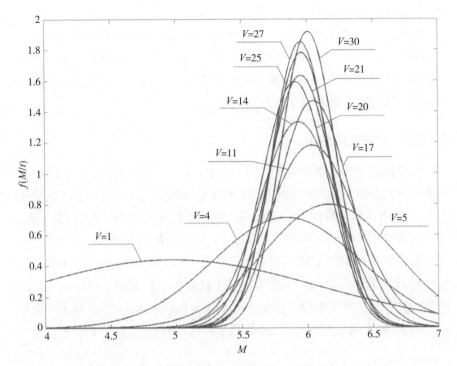

图 11.4 随触发台站数目增加的震级分布 ($M_\mathrm{T} = 6$，$R_\mathrm{T} = 91$ km)

显示了当触发台站较少时，该分布就会对震级估计过低。

的确，当资料较少时，主要信息是式 (11.6) 的先验信息；对于低震级事件，这些信息自然会给出较大的发生概率。更精确地说，贝叶斯法在震级低于先验均值时往往会使震级估计过高；而在大于均值时往往会低估震级。这一影响与先验预期值和 M_T 的差成正比，而与测量矢量的元素个数成反比。于是，当有更多的测量结果时，预测就以真实值为中心，其不确定性相对较小。经典统计学家认为，具有这样特点的估计器是有偏差的；可以考虑其他方法 (例如最大似然法) 来得到无偏估计器。然而，贝叶斯法更为可取，因为尽管略有偏差，但由于使用先验信息，它一般来说给出了明显较小的估算误差。

类似的观测应用于震源至场地距离的分布。因为地震位置仅依赖于触发台站的顺序，一旦计算出了台网中全部台站的到时 ($t_{a,j} = R_j / V_P$，其中 R_j 为震中至第 j 个台站的距离)，就不需要模拟测量结果来计算

$f_{R|s_1, s_2, \ldots, s_v}(r|s_1, s_2, \ldots, s_v)$。

震级计算过程开始于第一个台站触发后 4s。那时假设位置 (因而还有距离) 是已知的。这不是限定的假设：模拟显示，在几秒钟后 (例如 3s)，该定位方法将位置的不确定性减小至大约 1km；与在此过程中的其他不确定性相比，该不确定性可忽略不计。

11.4.3 地震风险分析

在危险积分中，所估算的 M 和 R 的分布以及衰减规律使我们可以计算事件演化和台站触发时场地处 PGA 的超越概率。图 11.5 给出了相应于图 11.4 中所模拟事件的危险性曲线。我们可能看到危险性的变化：当大量台站提供了有关 τ 的测量结果信息时，危险性变得稳定了。

要更好地理解由地震预警系统信息计算得到的危险性是否正确，就值得将其与采用震级和距离的真实值 (就好像它们是确知的一样) 得到的危险性"最大知识状态"(maximum knowledge status) 加以对比。这对应于当 M 和 R 确定时 PGA 的超越概率。这一对比如图 11.6 所示：粗曲

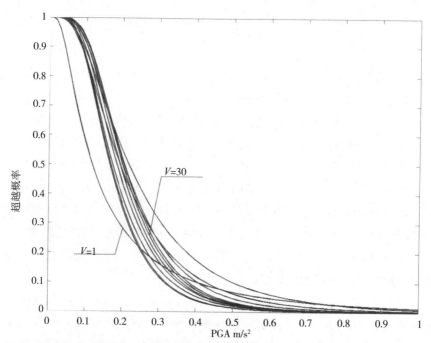

图 11.5 台站数目增加时，受地震预警系统制约的地震危险性 ($M_T = 6$，$R_T = 91$km)

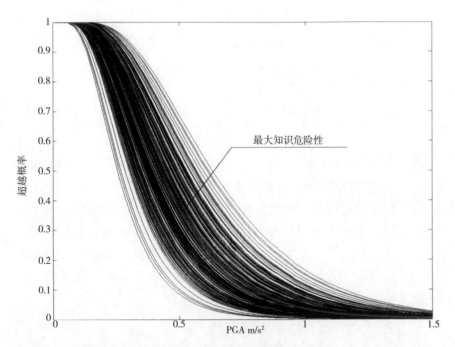

图 11.6　受地震预警系统制约的 200 次模拟的地震危险性与最大知识条件的对比

$(M_T = 7，R_T = 110\text{km})$

线表示 $M_T(7)$ 和 $R_T(110\text{km})$ 已知时 PGA 的互补累积密度函数 (Cumulative Density Function，CDF)；而黑色曲线是 200 次模拟的结果 (图中仅报告了相应于当全部台站触发 ($v = 30$) 情况下的危险性曲线)。我们可以看到，地震预警系统给出的危险性正确地近似于最大知识状态。

要减少危险性曲线变化的一个策略就是增加台站数目。震级分布的估算流程的确会得益于较大的信息矢量。

11.4.4　误报与漏报概率

模拟 (图 11.2) 还可以根据所选决策规则来计算误报和漏报频率 (式 (11.11))。例如，根据式 (11.9)，即可如式 (11.12) 估算这些概率。

$$\begin{cases} P_{MA} \cong \dfrac{N[E[PGA] \leq PGA_C \cap PGA_T > PGA_C]}{N_{TOT}} \\[2mm] P_{FA} \cong \dfrac{N[E[PGA] > PGA_C \cap PGA_T \leq PGA_C]}{N_{TOT}} \end{cases} \qquad (11.12)$$

其中，N 为漏报 (MA) 和误报 (FA) 的发生次数，N_{TOT} 为模拟事件的数目。类似地，对于式 (11.10) 的决策规则，可如式 (11.13) 估算出概率。

$$\begin{cases} P_{MA} \cong \dfrac{N[P[PGA>PGA_C] \leqslant P_C \cap PGA_T > PGA_C]}{N_{TOT}} \\[3mm] P_{FA} \cong \dfrac{N[P[PGA>PGA_C] > P_C \cap PGA_T \leqslant PGA_C]}{N_{TOT}} \end{cases} \quad (11.13)$$

图 11.7 给出了震中距为 110km 的 7 级事件 (10^4 次模拟) 的估算结果。PGA_C 被任意设置为 0.3 m/s^2，而超越概率临界值 (P_C) 为 0.2。

从事件成核起的每一秒钟都进行实时概率地震危险性分析，因此，场地处 PGA 的预测也随时间而变化。所以，误报和漏报的发生也随时间而变化，这与风险管理策略有关。例如，由于所有决策规则的误报概率都在随时间减小，那么某一时刻报警就意味着接受比迟发警报更大的错误概率。当然，这样做得到了额外的预警时间。

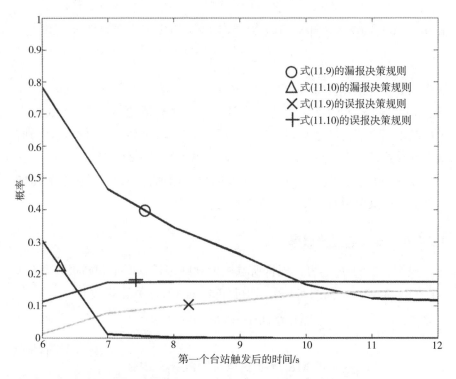

图 11.7 10^4 个事件的误报和漏报概率 ($M_T = 7$，$R_T = 110$km，$PGA_C = 0.3$m/s^2)

要更好地理解图 11.7 的结果，对于给定曲线加以讨论是有用的。我们尤其要集中于式 (11.10) 的决策规则。PGA 临界值 (PGA_C) 为 0.3 m/s²，震级和震中距的真实值分别为 $M_T = 7$ 和 $R_T = 110$ km。所选衰减关系在 M_T 和 R_T 约束下给定了 $P[PGA > PGA_C]=0.81$。由此，若 P_C 等于 0.2，正确的决策将是在每次模拟运行时都要报警。结果，因总应发布警报，则漏报概率为零，误报概率为 $P[PGA \leqslant PGA_C]$，即 $1 - 0.81 = 0.19$。这些概率是决策规则及设定阈值所固有的。然而正如我们所讨论的，地震预警系统并不能用已知的 M_T 和 R_T 来完全估算危险性曲线 (较粗曲线)。实际上，由于所估算危险性的易变性，$P[PGA > PGA_C]$ 的值有时被估计过低，有时又被估计过高。例如 $P[PGA > PGA_C]$ 的低估会导致即使需要也不发出警报，所以漏报曲线就不是零。尤其在只有极少台站触发时，这一低估的影响较强，而漏报概率相对较高；这是因为，警报未被启动 (不是正确地启动) 就将最有可能导致漏报。随着时间的推移，估算结果得以改进，$P[PGA > PGA_C]$ 便趋向其正确值 (0.81)，而漏报概率亦趋向其正确值 (0)。另一方面，误报概率趋向 0.19。这就意味着，当所有台站全部触发时，系统将按照设计而工作。

曲线形态依赖于 PGA_C 和 P_C 的选定值，这样若考虑这两个阈值的其他值，则可能与本例所讨论的情况差别很大。不过，给定了漏报和误报参考值，它们是通过受 M_T 和 R_T 制约的危险性计算的，系统就可以由适当地设定 PGA_C 和 P_C 来加以标定。

11.5 结论

所讨论方法的目的在于评估是否有可能利用地震预警系统所提供的实时信息来估算所关注的结构物或基础设施系统的抗震性能。震级和震源至场地距离的概率分布被纳入危险性分析中，这可以被进一步地处理，从而获得事件发生的结构响应预测。实时地震风险分析似乎是使用地震预警系统所提供的全部信息进行实时决策的途径。但是由于场地很可能远离台网，与预测相关的不确定性就不能够被忽略。

该方法通过对坎帕尼亚预警系统的模拟得以测试。结果表明，受地震预警系统测量结果制约的概率地震危险性分析正确地近似于若已确知震级和震中距时所计算出的危险性；这是可能的最高知识水平。增加区域内传感器数量将显著减小危险性曲线的离散程度。

　　该方法还用来测试发布警报的可能决策规则。决策规则和警报阈值有着(因设计)所固有的漏报和误报概率，它们可按照适当的损失函数而变化。模拟显示出，由地震预警系统估算得到的漏报和误报概率是如何随时间而变化的，这些概率值随着台站数目的增加而接近其设计值。这样的曲线可用于风险管理，使错误决策的概率与减小风险行动可得到的预警时间之间的权衡得以最优化。

11.6　致谢

　　本文提出的研究内容是在由坎帕尼亚地区当局(Campania Regional Authority)建立的 P.O.R. Campania 2000 ~ 2006, Misura 1 的框架中开展的。还要感谢美国麻省理工学院(Massachusetts Institute of Technology)的 Daniele Veniziano 教授，他在这一论题上的讨论对我们很有帮助。

参考文献

Allen RM, Kanamori H (2003) The Potential for Earthquake Early Warning in Southern California. Science 300: 786~789

Barroso LR, Winterstein S (2002) Probabilistic Seismic demand analysis of controlled steel moment-resisting frame structures. Earthquake Engineering and Structural Dynamics 31: 2049~2066

Carballo JE, Cornell CA (2000) Probabilistic Seismic Demand Analysis: Spectrum Matching and Design. Department of Civil and Environmental Engineering, Stanford University. Report No. RMS-41

Convertito V, De Matteis R, Romeo A, Zollo A, Iannaccone G (2007) A strong motion attenuation relation for early-warning application in the Campania region (Southern Apennines). In: Gasparini P, Manfredi G, Zschau J (eds) Earthquake Early Warning Systems. Springer

Cornell CA (1968) Engineering seismic risk analysis. Bull Seismol Soc Am 58: 1583~1606

Cornell CA, Jalayer F, Hamburger RO, Foutch DA (2002) The Probabilistic Basis for the 2000 SAC/FEMA Steel Moment Frame Guidelines. J of Struct Eng 128(4): 526~533

Fontanella N (2005) Gestione del Rischio Sismico nella Regione Campania: Formulazione e Calibrazione del Simulatore del Sistema di Early Warning Sismico per il Progetto SAMS, MSc. Thesis, University of Naples Federico II. Advisors: M. Giorgio, I. Iervolino, V. Convertito (in Italian)

Iervolino I, Convertito V, Manfredi G, Zollo A, Giorgio M, Pulcini G (2005) Ongoing

Development of a Seismic Alert Management System for the Campanian Region. Part II: The cry wolf issue in seismic early warning applications, Earthquake Early Warning Workshop, Caltech, Pasadena, CA [http://www.seismolab.caltech.edu/early.html]

Iervolino I, Manfredi G, Cosenza E (2007) Earthquake early warning and engineering application prospects. In: Gasparini P, Manfredi G, Zschau J (eds) Earthquake Early Warning Systems. Springer

Kanamori H (2005) Real-time seismology and earthquake damage mitigation. Annual Review of Earth and Planetary Sciences 33: 5.1~5.20

McGuire RK (1995) Probabilistic seismic hazard analysis and design earthquakes: Closing the loop. Bulletin of the Seismological Society of America 85: 1275~1284

Pate-Cornell ME (1986) Warning systems in risk management. Risk Management 6: 223~234

Weber E, Iannaccone G, Zollo A, Bobbio A, Cantore L, Corciulo M, Convertito V, Di Crosta M, Elia L, Emolo A, Martino C, Romeo A, Satriano C (2007) Development and testing of an advanced monitoring infrastructure (ISNet) for seismic early-warning applications in the Campania region of southern Italy. In: Gasparini P, Manfredi G, Zschau J (eds) Earthquake Early Warning Systems. Springer

Pinto PE, Giannini R, Franchin P (2004) Seismic reliability analysis of structures. IUSSPress, Pavia, Italy

Sabetta F, Pugliese A (1996) Estimation of response spectra and simulation of nonstationarity earthquake ground motion. Bulletin of the Seismological Society of America 86: 337~352

Satriano C, Lomax A, Zollo A (2007) Optimal, real-time earthquake location for early warning. In: Gasparini P, Manfredi G, Zschau J (eds) Earthquake Early Warning Systems. Springer

Seismic eArly warning For EuRope–Safer (2005) Sixth Framework Programme Call: Fp6-2005-Global-4 Sustainable Development, Global Change and Ecosystem Priority 6.3.IV.2.1: Reduction of seismic risks

Vamvatsikos D, Cornell CA (2002) Incremental Dynamic Analysis. Earthquake Engineering and Structural Dynamics 31(3): 491~514

Veneziano D, Papadimitriou AG (1998) Optimization of the Seismic Early Warning System for the Tohoku Shinkansen. 11th European Conference on Earthquake Engineering. Paris, France

Wieland M (2001) Earthquake Alarm, Rapid Response, and Early Warning Systems: Low Cost Systems for Seismic Risk Reduction. Electrowatt Engineering Ltd. Zurich, Switzerland

Wald DJ, Quitoriano V, Heaton TH, Kanamori H, Scrivner CW, Worden BC (1999) TriNet "ShakeMaps": Rapid Generation of Peak Ground Motion and Intensity Maps for Earthquake in Southern California. Earthquake Spectra 15: 537~555

Wieland M, Griesser M, Kuendig C (2000) Seismic Early Warning System for a Nuclear Power Plant. Proc. of 12th World Conference on Earthquake Engineering Auckland, New Zealand

第12章 地震预警及其工程应用前景

Iunio Iervolino, Gaetano Manfredi, Edoardo Cosenza

那不勒斯腓特烈二世大学结构工程系，意大利那不勒斯
(Dipartimento di Ingegneria Strutturale, Università di Napoli Federico II, Napoli, Italy)

摘要

地震预警系统 (Earthquake Early Warning System，EEWS) 可预见的未来在于其作为实时地震风险管理与减轻的工具来使用。地震预警系统的适用性潜力似乎并非面向公众的大规模报警，而是与即时激活关键系统的安全措施更加密切相关。撤离建筑物需要预警时间，而许多受地震危险性威胁的城市化地区未必有这样的预警时间；然而，保护关键系统仍可明显有助于减轻灾害性事件之后的损失，并加强公众对地震的恢复能力。

实时地震学 (Real-Time Seismology，RTS) 是大量研究工作的焦点，由基于 P 波最初几秒钟测量结果对地震及随后的地面运动特征进行快速测定的方法和过程所组成。它原则上可以提升区域地震传感器台网在特定地点的应用方面的潜力；换句话说，就是"混合式"(hybrid) 地震预警。于是，预警和地震工程的下一个挑战就是如何将地理上分布于不同地区的地震台网用于同时保护多个关键系统和生命线的问题。关键问题与事件特征测定的不确定性有关。所以，这样的地震预警系统的性能目标和可行性因素不再只是使预警时间最大化，而且是以完全概率的方法来标定警报阈值和决策规则，从而在决策之后使损失减小最大化。本文从应用于减轻风险的基于性能的地震工程 (Performance-Based Earthquake Engineering，PBEE) 角度，对于由混合式地震预警系统而引发的一些问

题进行了综述和讨论。

12.1 特定与区域地震预警系统的对比

地震预警系统的基本要素是地震仪器台网、能够对传感器测定的数据进行(本地或中央)处理的台站，以及向最终用户发布警报来启动人工或自动安全措施的传输设施(Heaton，1985)。地震预警系统被认为是一种具有吸引力且成本适中的解决办法；其吸引力与减轻较大地区或非常关键设施的整体损失有关。

地震预警系统可根据其地震台网配置分为区域的(regional)和特定地点的(site-specific)两类(Kanamori，2005)。区域地震预警系统由范围较大的地震台网组成，该台网覆盖着很可能是灾害性地震震源的部分地区和(或)易于受到地震打击的城市化地区。地震仪器记录的数据经过进一步处理，可得到诸如震级、位置、断层机制或响应谱等信息。这些信息可用于估算受影响地区的震动水平。这样的处理需要大量的时间，在被称之为"盲区"(blind zone)的可能较大的部分区域内很少会在地面运动到达之前发布警报(Kanamori，2005)。区域系统主要致力于地震动图(shake maps)等的应用(Wald et al.，1999)；地震动图是为应急管理而在事件发生之后可立即获得的地面震动区域分布图，例如帮助指导预期易发生地震并因此预期会遭受最大损失的地区的救援队。这种情况下，该系统作为一种快速响应系统(Rapid Response System)而准实时地工作，按照运行时间尺度划分，这成为另一类地震预警系统(Wieland，2001)。

当系统能够在事件过程中，在地面运动到达所关注场地之前发布警报时，系统是以地震报警为目的而实时工作的。只有在少数情况下，区域系统才有足够的时间处理数据并发布撤离警报。墨西哥城的预警系统就是这种情况：在那里，震源区确知且足够远，以致大部分人口都能够通过媒体得到预警。墨西哥城的公共学校和政府机构直接与警报系统连接。该地震报警系统是一个针对震源位于太平洋沿岸俯冲带较大地震的地震预警系统。地震传感器台网由12个位于沿墨西哥格雷罗州(Guerrero)海岸300 km长区域内的数字强地面运动野外台站组成。每个野外台站都包括一台计算机，对台站周围半径100 km范围内发生的地震活动进行连续处理。传输设施由一个中央无线电中继站和三个位于海岸与墨西哥城之间的中继站组成。事件信息到达墨西哥城需要 2s。接收的数据经自动处理，从而估算事件震级，并发布公共报警 (系统大约覆盖 440 万人口)。系统通过商业电台以及音频报警装置，向公众和特定群体传播预警信息；音频报警装置带有专门设计的接收设备。

区域系统直接改善社会应对地震的恢复能力，而特定地点的地震预警系统则致力于实时地提高诸如核电站、生命线或交通基础设施等特定关键工程系统的安全系数，并通过自动化安全行为来减少设施暴露程度，从而减轻地震风险。用于特定地震预警的台网比区域型台网小得多，仅覆盖着系统周边地区，就像为系统建立起了一道地震波的屏障。传感器的位置依赖于更强能量的震相到达场地之前用以激活安全程序所需的预警时间。当一个或多个传感器的 S 波震相地面运动超过给定阈值，这些地震报警系统 (Seismic Alert Systems) 就会发布警报，它们并不试图估算事件特征。尽管我们希望知道地震参数，但是对于关键设施发布警报来说，这并不是主要的。这是因为后者比较耗时，还因为与地震波传播相关的不确定性由于台网与场地间路径有限而通常比较适中。总是认为系统故障的风险要比与误报相关的损失更大，那么报警决策的误差也就不认为是什么主要问题了。顺便说一句，值得提醒的是，如果真正需要一个地震预警系统，那么就意味着漏报比误报更重要。

特定地点系统的一个范例是立陶宛伊格纳利纳 (Ignalina) 核电站 (Wieland et al., 2000)。系统设计用来检测潜在的破坏地震，并在剪切波到达反应堆之前提供警报。地震台网由安装于距电站 30km 处的 6 个台站构成 (图 12.1)。其震中在台站围成的警戒线之外的地震可在地面运动到达反应堆之前大约 4~8s 触发警报。由于插入控制棒的时间需要 2s，反应堆在地震到达之前就能安全了。

警报阈值设置为加速度值 0.025g。报警决策通过"三中取二"逻辑来进行，这种逻辑就统计学来说，是一种部分平行 (partial parallel) 系统，它在防止漏报和误报方面给出了相同的水平。正如下面所讨论的，任何阈值都带有固有的误报率和漏报率，它们都必须在地震报警系统能够用于启动安全流程 (如激活控制棒) 之前进行评估，以标定阈值。在这一方面要考虑的是与两种可能的决策误差相关的可接受的损失。例如，对于误报的情况来说，它们可能涉及设备停机时间。

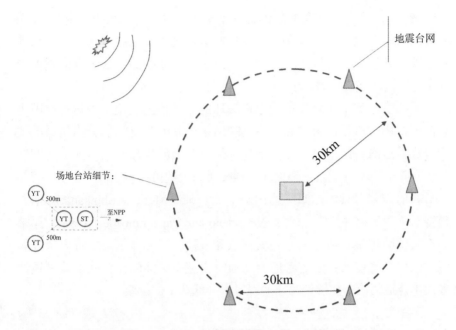

图 12.1　伊格纳利纳地震预警系统示意图（据 Wieland 等，2000）

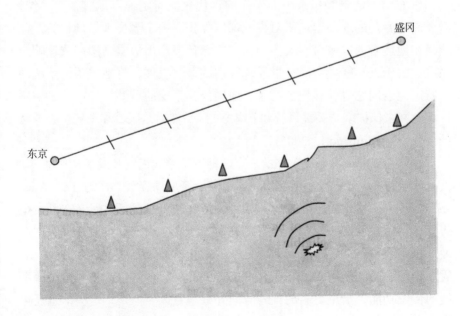

图 12.2　东北新干线示意图（据 Veneziano and Papadimitriou，1998）

特定地点的地震预警系统的另一个实例是对日本东北新干线 (Tohoku Shinkanzen) 高速列车的保护。沿海岸布设的地震台站警戒线，保护系统免于外海地震事件的破坏 (图 12.2)。另一套位于铁路沿线的仪器则保护列车免于内陆地震的破坏。

系统防止列车在可能遭受地震破坏的高架桥上或隧道中运行，因为它们会造成灾难性出轨。如伊格纳利纳核电站的系统那样，当初系统被设计成在沿海台站记录的 S 波加速度超过阈值时发出警报，列车就能够停住，并最终检查铁路是否损坏。预警时间大约可以有 20s。

我们需要对日本东京 – 盛冈新干线 (Tokio-Morioka Shinkanzen) 地震预警系统的优化进行广泛研究 (Veneziano and Papadimitriou，1998)。原来的系统曾因误报而造成列车频繁误点和取消。研究显示了工程方法是如何改进系统性能的：通过考虑会在地震中遭受破坏的铁路线地震易损性来优化警报阈值，能够使每年的误报率降低几个数量级。

12.2　实时地震学与混合型系统

作为一个地震警报系统而工作的现代化的特定地点地震预警系统，需要周边专门的地震台网来对设施加以保护。由于需要大量的计算，监测潜在地震带的区域台网大多用作为紧急预案产出地震动图的快速响应系统。由于近年区域台网在世界范围内的显著发展，将地震预警系统用于特定地点问题也就显现了出来。地震预警系统的重要一步可能是使用区域台网来保护多个关键系统和 (或) 社区，然后是区域和现场预警方法的混合使用 (Kanamori，2005)。

预警是当前大量研究工作的焦点。地震学家们最近开发了几种基于 P 波有限信息 (如最初几秒的速度记录) 来计算事件震级 (M) 的方法 (Allen and Kanamori，2003)。类似地，位置及震源至场地的震中距 (R) 可由地震发育期间触发的一系列台网台站来估算；其不确定性仅在几秒钟之后便可忽略 (Satriano et al.，2007，见本书第 6 章)。因此，我们可以假设，震级和震中距的实时估算结果是可以得到的。这就可以改进地震预警系统的传统功能，给出更多的预警时间并减小盲区。但是，这些信息还可用于设计地震预警工程应用。例如，震级 M 和震中距 R 的估计值能够预测场地处的地面运动，这能够与一般概率地震危险性分析 (Probabilistic

Seismic Hazard Analysis，PSHA) 类似地进行。其结果是反映实时信息的地震危险性分析。

以地震预警系统为基础,(在概率意义上) 有条件地计算地震危险性,使之能够对所有不确定性均适当加以考虑;不确定性既与地震台网估算结果有关,又与按照一定衰减规律的、震源区至所关注场地的地震波传播有关。因此,与所关注结构物或工程系统相关的性能或者甚至损失都是可以计算出来的。这类分析大多可以优化,以致不需要明显的额外处理时间 (Iervolino et al.，2007)。用于特定结构地震预警的区域台网混合型应用示意图示于图 12.3。

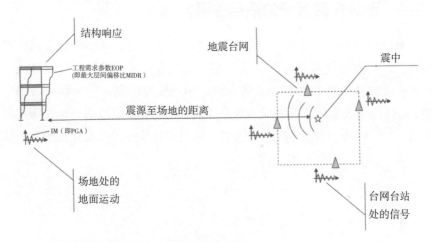

图 12.3　用于特定结构应用的区域地震预警系统

在地震工程框架内应用实时地震学,意味着由台网收集的数据来更新地震危险性的知识。这使得能在台网测量结果的约束下进行以风险管理为目的的地震风险再评估。的确,在基于性能的地震工程 (PEER，2004) 框架内发展起来的全部知识和决策方法实际上都可以应用于预警,并有助于在定量而一致的基础上设计这样的系统。

显然,当事件正在发生时,受地震仪器测量结果约束的结构响应和(或) 随之产生的预期损失的概率密度函数包含了可得到的最高水平的信息。混合型地震预警系统情况下,实时风险分析原则上使区域台网能够同时应用于诸如关键系统或生命线等多个特定系统,并可能为自动决策给出定量的基础。和如今的地震预警系统的标定方法相反,通过预测结果来调整警报阈值，与地震风险管理的工程方法更加一致。

　　以这种方式设计的混合型系统还可克服现存地震预警系统的一个固有局限。后者目前有助于减少与暴露程度有关的损失（例如撤离时的伤亡事故），但它们并不能有助于减小由于建筑物、基础设施及其他工程系统中的结构破坏而造成的经济损失。现在看来，我们可能采取实时行动来降低（随之而来的）特定系统的结构易损性。例如，如果实时危险性分析允许在地面运动到达之前估算场地响应谱，那么需要几毫秒至几秒来设置的半主动控制设备会相应地改变结构物的振动特性。

12.3　地震预警系统的适用性潜力

　　当将因果分开时，地震风险可被定义为危险性、易损性和暴露程度的结合。风险管理由两部分组成：①通过降低易损性或暴露程度来减轻风险；②应急准备（图 12.4）。后者是一个准实时问题；前者则一般由中期（即结构物或基础设施的抗震改装）或长期行动（即城市土地使用规划或适当设计标准的开发）战略所组成。从前面各节中的简要评述来看，地

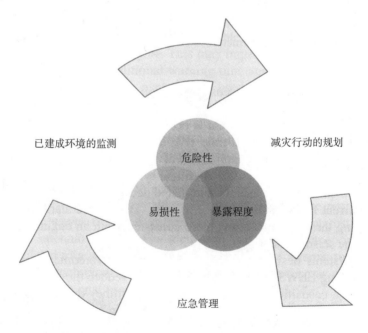

图 12.4　风险要素与风险减轻战略

震预警系统在生命财产损失最小化或救援行动指导这两方面政策上，都显然会发挥一定作用 (Wieland，2001)。

由地震预警系统进行的减轻风险的传统方法是应对那些通过快速响应能减小暴露值的设施和进程。例如，停止关键设施与进程的运行，使火车减速，将桥梁等关键基础设施线路的交通灯切换为红色，关闭危险性工业设施输气、输油管道的阀门，以及确保电站安全等。在家或在工作地点采取的个人保护措施包括躲避在书桌下以及远离危险设备或材料。所列地震预警之后的全部行动都会减小由工程系统破坏 (暴露程度) 所造成的损失，但不能防止这样的破坏 (易损性)。然而，地震预警系统现在有能力在强地面震动到达之前几秒至几十秒以完全概率性的方法预测由大地震带来的地面运动或结构物的抗震需求。所以现在提出的问题是，就实时地震风险管理和有效的减轻破坏而言，这样的预警信息如何能够用来采取实时行动，从而降低易损性。

作为地震预警系统的工程应用，几项研究讨论了结构物的半主动控制 (Grasso et al.，2005)，以致建筑物能够在几秒钟内改变其动态属性，使之更好地经受所预测的地面运动特性。半主动控制设备是一个具有可控属性的被动系统，这些可控属性可以改变其应用的结构物的动态属性。磁流变减震器使用含有微型铁粒子的液体，如果有磁场作用，这些铁粒子就会形成增强黏滞力的粒子链。调节磁场强度，即可调节黏滞力，这可以改变结构物的阻尼。如何改变半主动控制策略中的阻尼，依赖于反映场地危险性的响应谱。那么，尽管对于这种应用，地震预警系统的开发将需要专门而可靠的基础设施，它们能够利用信息，并且非常迅速地自动运转；但是现在看来，由于可能有预期的实时谱坐标分布或其完全概率性的分布，将实时结构控制与地震预警系统相结合还是可行的。另一方面，将地震预警与需要全波形预测来操作的主动控制策略相结合，似乎更为困难。

为了保护在 (意大利佛罗伦萨) 乌菲兹美术馆 (Uffizi museum) 展出的米开朗基罗的大卫像 (Michelangelo's David)，意大利国家新技术、能源与可持续经济发展机构 (Italian National Agency for New Technologies, Energy and Sustainable Economic Development，ENEA) 正在为一个虽然是传统的特定地点地震预警系统开发一种半主动控制应用，用于实现上述一些概念。该系统由隔震底座制成，在没有地震的情况下，这个底座牢牢地固定在地面上，以避免意外的活动；而一旦有预警警报，它便会自动解锁，使雕塑与地面运动隔离。

尽管地震预警与半主动控制之间的交互是一个实时应用，并且十分富有创意，但是仍有另一项工程应用已然得到了相当的关注，这就是与结构物监测系统之间的结合。结构物状态监测用于表示使用寿命期间结构状态的发展。反之，基于性能的地震工程方法采用结构响应信息来估算与抗震性能相关的概率性损失。将这些能力结合起来，在强地面运动到达之后准实时地自动估算已布设仪器的建筑物的概率性性能，似乎是相当直截了当的 (Porter et al., 2004)。就针对灾害性事件的快速响应而言，地震预警的这种应用可增强系统潜能。的确，就医院、消防站或者甚至生命线这样一些必须能够运行以服务于应急管理的关键系统而言，快速破坏评估可提供在应急期间可用的重要资源情况的实用图片。

最后，对于快速响应系统的实现，地震预警准实时应用的另一项可能的发展是地震动图向破坏分布图 (damage maps) 的演变。人们正在进行各类建筑物易损性函数的研究，该函数是结构物破坏的概率性分布，受在分析或经验基础获得的地震强度度量结果（例如加速度谱）的制约。那么，若可得到任意种类建筑物清单的空间分布，则有可能准实时获得结构物破坏分布图；对于应急管理来说，这比地震动水平的分布提供了更多的信息。对于这样一些国家尤其如此：在那里，建筑物材料很是参差不齐，而且在同一地区的结构物可能是老旧的砖石结构、经过抗震设计或是在有抗震规范之前的钢筋混凝土框架结构、预浇筑结构，甚至可能是钢结构。例如，欧洲和地中海国家就有这种情况发生；在这些国家，由于所列各类结构物对于地面运动水平的敏感程度大相径庭，地震动图就不是破坏的最佳表达方式。

12.4　超越误报：预警的损失估算方法

在混合地震预警系统中，预警时间并非唯一要优化的参数：利用实时地震学估算事件特征是一个以经验关系为基础的过程，并带有显著的不确定性。而且，地面运动预测、结构响应、破坏与损失关系进一步在现场预测中引入了不确定性。不确定性可导致报警决策中的误差。报警

或者不报警都是有代价的；一旦不报警，其损失与不采取任何对策时的
地震破坏有关；一旦报警，防御干预是有(社会的和(或)经济的)成本的，
如果实际的地面运动不需要这样的行动，该成本就会转变为损失。正如
Goltz (2002) 所讨论的，对于向公众报警来说，误报是重要的，因为误报
会降低其可信度("狼来了")，这甚至要承担法律责任。在自动决策中，
对于工程应用来说，如果的确不需要，就没有必要采取代价较高的减轻
风险措施。例如，生命线停止工作的代价可能是较高的，因此停止工作
时间必须是有限的。人们必须记住，以减轻风险的潜力较大为特色的实
时行动，也常常需要较长的预警时间。此外，"狼来了"现象并非对每种
干预类型都具有相同的重要性：其影响依赖于警报对系统的影响范围以
及停止工作时间的代价 (图 12.5)。

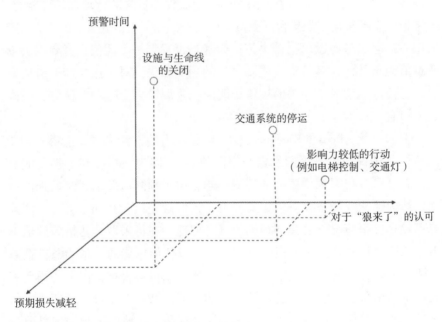

图 12.5　漏报与误报对各类地震预警应用的影响

　　任何决策规则和警报阈值都有固有的误报和漏报概率，二者此消彼
长。确实，采用高预警阈值而降低误报概率是危险的，因为这在本质上
将增加漏报的机会。只有改进决策所依据参数(例如加速度)的估算方法，
才能有效调整这些错误率。而且，误报率与漏报率亦随时间而变化，所

以可以预先做出带有一定误差概率的发布警报决定，然后，如果可以得到更多数据，则误差概率会发生变化。这是地震预警应用设计中的另一项关键性权衡，因为只有在地震仪器收集到更多信息时，不确定性才会减小，而此时可得到的预警时间被缩短了。对于与警报阈值相关的漏报和误报概率的估算是理解基于该阈值的决策含义的一种办法。以经验为基础的计算应当包括对地震预警系统预测的事件后分析，这将需要一个关于台网和结构物所在场地的大型强地面运动波形数据库。因为尤其是对于大地震来说，这样的数据库非常少有，所以可在模拟框架中使用关于预测不确定性的适当表征来估算 I 类和 II 类误差。

估计误报率与漏报率之比是测试混合预警系统性能的首要方法。对用于自动决策的地震预警系统设计进行标定的更复杂方法可以以预期损失的最小化为基础。我们说，两种基于地震仪器资料的行动都是可能的：①警报；②不警报。如果台网测量值的统计结果（决策变量）超过了给定阈值，就应当考虑做出报警决策。为确定设置哪一个阈值，就要以决策变量值为条件，计算行动①或②之后的预期损失。对于该决策变量值来说，与较低预期成本相关的决策指明应当采取哪一个行动。该方法还确定了阈值。

例如，就 Allen 和 Kanamori (2003) 所提出的方法来说，能够针对 P 波最初几秒钟的优势周期设定警报阈值 (τ_c)，因为该参数与事件震级有关，而且可以与震源位置的估计值一起，用于预测所关注系统的地面运动、结构性能或经济损失。如果考虑不采取减轻风险行动，就有可能计算不发布警报情况下的预期损失值。类似地，在将采取预防措施的情况下，就可以计算若发布警报的预期损失。以任何可能的 τ_c 值为条件估算这两种损失，将使 τ_c 空间细分为两个区域：①没有警报情况下的预期损失低于如果采取任意行动的预期损失的区域；②发布警报的预期损失低于没有发布警报的预期损失的区域。划分这两个区域的 τ_c 界限值是要设定的最佳阈值。这种方法胜过建立警报阈值的误报与漏报方法，因为决策总是要使预期损失最小化 (Iervolino et al., 2006)。

12.5 结语：地震预警工程的未来前景

地震预警系统可以是区域的或特定地点的。目前，利用台网的区域预警方法能够提供更加详细的地面运动信息，但不够迅速。反之，现场方法提供了更为快速的预警，但来自现场的预警信息仅限于相对简单的参数。区域和现场预警的混合使用可以加强地震预警系统的可用性与可靠性。

实时地震学可帮助克服迄今所开发或实现的地震预警系统的某些局限；这些系统仅提供即将发生的地震的严重性预警。现在，有关地面运动特征的信息至少在响应谱方面可由事件的最初几秒钟给出。实时地震学与基于性能的地震工程学的结合使地震预警系统能够提供可用于工程应用设计的信息的实时预测；这些信息带有相关的不确定性量化值作为时间的函数。

当前世界范围内的地震预警项目主要是区域型的，这是因为它们依赖于国家或区域地震台网的发展。由此，人们便提出了将这样的地震预警系统用于工程应用的问题。的确，一些国家正在发展旨在具有实时地震学能力的区域地震台网。例如，日本、土耳其、罗马尼亚、希腊、美国（加利福尼亚）和意大利都拥有几个地震预警项目（参见 www.seismolab.caltech.edu/early.html）。但是，尽管所有项目均以实现实时地震工程的原型系统作为其主要目标，但是几乎没有哪个项目已准备好实现这一目标。

所有这些项目以及当前的地震预警系统都力图减小关键系统的暴露程度。然而，减少破坏，即通过减少结构易损性而减轻地震风险，似乎是地震预警系统的自然发展。借助实时地震学的应用，它似乎可能作为半主动结构控制的输入。出于这一目的，需要实时工程地震学与实时地震工程学之间的相互作用，以发展工程地震预警系统应用的设计指导方针。

这就是地震预警系统可预见的未来。这种应用可行与否，依赖于所提供的预警时间，也依赖于预测的错误率。关于预警系统，诸如应如何设置警报阈值，我们已有了广泛的讨论。在许多地震预警系统中，通常是特定地点系统，但在某些情况下还有区域系统，该阈值是对地面运动水平设定的，即地震台网记录到的加速度。阈值通常应当对地震台站记录的代表事件特征的参数加以设置。尽管现在可以估算误报与漏报率，但应当由损失估算方法来标定地震预警系统和确定警报阈值；也就是说，为减小风险而采取的行动是使预期损失最小化的那个行动。

　　在其必要条件当中，实时工程应用的地震预警系统应当具备能够测量用于实时地震学的那些参数的台网、快速处理能力，以及可靠并且冗余的专用传输基础设施。在用于减小实时易损性的情况下，就半主动结构控制而言，要保护的系统还应配备自动系统；一旦有警报，自动系统便能够操作设备或启动任何其他安全措施。这些应用将很可能需要实时地震工程学新的专门技术的发展；对于混合式地震预警系统的发展来说，这会是一个关键性问题。

参考文献

Allen RM, Kanamori H (2003) The Potential for Earthquake Early Warning in Southern California. Science 300: 786~789

Goltz JD (2002) Introducing Earthquake Early Warning in California: A Summary of Social Science and Public Policy Issues, A Report to OES and the Operational Areas. California Governor's Office for Emergency Services

Grasso VF, Iervolino I, Occhiuzzi A, Manfredi G (2005) Critical Issues of Early Warning Systems for Active Structural Control, ICOSSAR05, 9th Conference on Structural Safety and Reliability, Rome, Italy

Heaton TH (1985) A model for a seismic computerized alert network. Science 228: 987~90

Iervolino I, Convertito V, Giorgio M, Manfredi G, Zollo A (2007) The crywolf issue in earthquake early warning applications for the Campania region. In: Gasparini P, Manfredi G, Zschau J (eds) Earthquake Early Warning Systems. Springer 12 Earthquake Early Warning and Engineering Application Prospects 247

Iervolino I, Giorgio M, Manfredi G (2006) Expected Loss-Based Alarm Threshold Set for Earthquake Early Warning Systems. Submitted for publication

Kanamori H (2005) Real-time seismology and earthquake damage mitigation. Annual Review of Earth and Planetary Sciences 33: 5.1~5.20

PEER 2004/05 (2004) Performance-Based Seismic Design Concepts and Implementation Proceedings of the International Workshop Bled, Slovenia, June 28-July 1 2004. Fajfar P, Krawinkler H (eds) Pacific Earthquake Engineering Research Center, Richmond, CA, USA

Porter KA, Beck JL, Ching JY, Mitrani-Reiser J, Miyamura M, Kusaka A, Kudo T, Ikkatai K, Hyodo Y (2004) Real-time Loss Estimation for Instrumented Buildings. Technical Report: CaltechEERL:EERL-2004-08. Earthquake Engineering Research Laboratory, Pasadena, CA

Satriano C, Lomax A, Zollo A (2007) Optimal, real-time earthquake location for early warning. In: Gasparini P, Manfredi G, Zschau J (eds) Earthquake Early Warning Systems. Springer

Veneziano D, Papadimitriou AG (1998) Optimization of the Seismic Early Warning System for the Tohoku Shinkansen. 11th European Conference on Earthquake Engineering. Paris, France

Wald DJ, Quitoriano V, Heaton TH, Kanamori H, Scrivner CW, Orden BC (1999) TriNet "ShakeMaps": Rapid Generation of Peak Ground Motion and Intensity Maps for Earthquake in Southern California. Earthquake Spectra 15:537~555

Wieland M (2001) Earthquake Alarm, Rapid Response, and Early Warning Systems: Low Cost Systems for Seismic Risk Reduction. Electrowatt Engineering Ltd. Zurich, Switzerland

Wieland M, Griesser M, Kuendig C (2000) Seismic Early Warning System for a Nuclear Power Plant. 12th World Conference on Earthquake Engineering. Auckland, New Zealand

第13章 UrEDAS地震预警系统的今天与明天

Yutaka Nakamura, Jun Saita

系统与数据研究株式会社

(System and Data Research Co. Ltd.)

摘要

应对地震风险的最重要对策是使所有结构物的易损性足以应对可能的地震加载。在这方面，我们应当安装预警系统，以减小地震灾害的概率。对预警系统的主要要求是发布警报来得到撤离或关闭关键设施的时间余量，而并非确定准确的地震参数。由此，预警系统必须独立实现，而政府与其他公共当局必须立即发布准确的地震信息。

预警系统的必要特性可概括如下：

（1）全自动：因时间余量有限，设施应无需人工判断而直接受控。

（2）快速而可靠：由于对地震动的响应时间有限，要求这种系统快速而可靠。

（3）小型且廉价：为了易于安装，系统必须是小型的，而且便宜。

（4）独立性：为了发布故障安全警报，该系统必须独立于其他系统。

（5）易于联网：为了发布地震信息，系统必须易于联网。

（6）准确则更好：对于警报来说，信息准确性并非那么严重的问题。

紧急地震检测与警报系统 UrEDAS (Urgent Earthquake Detection and Alarm System) 是世界上第一个实际使用的实时 P 波警报系统。它能够在不存储波形数据的情况下一步一步地处理数字化波形。因为无论地震发生与否，其处理量并无差异，所以不会发生由于过载而引起的系统故障。

我们在这里考察了处于工作状态下的 P 波早期检测系统 UrEDAS 当

前的情况，也公布了断层处的测试观测结果，然后将研究用于新一代的新的实时数据处理系统。

13.1　引言

应对地震风险的最重要对策是使所有结构物的易损性足以应对可能的地震加载。在这方面，我们应当安装预警系统，以减小地震灾害的概率。对预警系统的主要要求是发布警报来得到撤离或关闭关键设施的时间余量，而并非确定准确的地震参数。由此，预警系统必须独立实现，而政府与其他公共当局必须立即发布准确的地震信息。

我们认为，预警系统应当具有如下功能：

（1）快速地震检测。远离目标（如城市地区）安装地震计是产生足够逃逸时间的最容易的办法。该时间由无线电通讯(300000 km/s)与地震波(8 km/s)之间的速度差造成。这类预警称之为"前方检测系统"(front-detection system)。而且，如果系统能够检测到 P 波，并确定地震参数或估算地震动的危险，时间余量就会更大。在检测到 P 波时，即使靠近目标，预警系统也能基于 P 波与 S 波之间的速度差来获得时间余量，这类预警系统称之为"现场系统"(on-site system)。

（2）自动管理。因为人为判断需要时间，并会引起误判，所以预警和警报的全部过程都必须自动进行。

（3）系统中的教育与培训。就来自预警系统的信息或警报的含义对公众进行教育是必要的。就警报时如何行动进行人员培训，并推动地震对策手册事宜，也都很重要。

（4）识别误报与信息误差的概率。由于发布误报的概率总是存在，使用警报系统的组织应当理解所冒的风险。显然，我们应当试图降低误报概率。

紧急地震检测与警报系统 UrEDAS (Urgent Earthquake Detection and Alarm System) 是世界上第一个实际使用的实时 P 波警报系统。它能够在不存储波形数据的情况下一步一步地处理数字化波形。因为无论地震发生与否，其处理量并无差异，所以不会发生由于过载而引起的系统故障。

我们在这里考察了处于工作状态下的 P 波早期检测系统 UrEDAS 当前的情况，也公布了断层处的测试观测结果，然后将研究用于新一代的新的实时数据处理系统。表 13.1 显示了实际的预警系统。

表13.1　实际的预警系统

	P 波警报	S 波警报
现场检测与警报	新干线线路和东京地铁：分别自 1998 年和 2001 年以来使用小型 UrEDAS 系统，在检测到 P 波之后 1s 报警	东海道新干线：自 1964 年使用机械检测仪
	FREQL：作为现场系统，在检测到 P 波之后 1s 之内报警，分别自 2005 年和 2007 年用于超级救援队 (Hyper Rescue Team) 和日本东京都市地铁 (Tokyo Metropolitan Subway)	AcCo：2005 年底，已有 200 余个用户，主要用于现场 S 波警报
前方检测与警报	作为前方系统，在检测到 P 波之后 1s 报警和 (或) 发布信息，自 2006 年用于核电厂	
	东海道新干线、山阳新干线以及和歌山海啸预警系统分别自 1992 年、1996 年和 2001 年将 UrEDAS 用作前方系统，在检测到 P 波之后 3s 报警和 (或) 发布信息	海岸线检测系统：自 1982 年用于东北新干线

13.2　预警的历史

13.2.1　预警的最初概念

预警系统的主要概念由 Cooper 博士在 1868 年 11 月 3 日的《旧金山每日晚报》(San Francisco Daily Evening Bulletin) 中引入 (见附录)。该报道解释了如下概念：

"我们能够在距旧金山 10~100 英里内的不同点位安装非常简单的机械装置；利用这些装置，那些足以造成破坏的地震波将在如今从该市辐射开来的电线发出电流，并几乎同时鸣响警钟，……这口钟应当体积巨大、声音特别，并且是一口众所周知的地震警钟。当然，只有当远距离的地球表面震荡时才应当鸣响警钟。这台机器将是自动的，不依赖于电报操作人员。"

当时，没有哪个系统能够实现这一思想。Cooper 博士思想中关于前方检测系统的概念如图 13.1 所示。

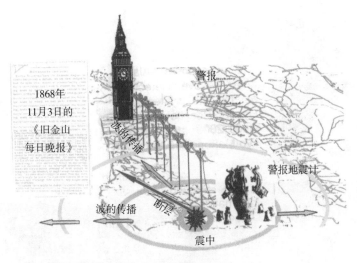

图 13.1 Cooper 博士提出的检测系统的最初概念

13.2.2 铁路的地震警报

用于铁路系统的地震检测仪是 20 世纪 50 年代后期在日本研发和推广的。它始于日本 1953 年研发的第一个强地面运动地震仪 SMAC 的强地面运动观测。1964 年日本新潟 (Niigata) 地震 (*M*7.5) 引发了关于建设中的新干线 (Shinkansen) 地震预警系统的争议。

但是，在日本东海道新干线 (Tokaido Shinkansen)（子弹头列车）开始运行之后一年的 1965 年 4 月，日本静冈县 (Shizuoka prefecture) 发生了 *M*6.1 地震，新干线的一些建筑物遭到了破坏。后来，日本国有铁道 (Japanese National Railways，JNR) 决定构建一个新的带有普通警报地震计和波形记录地震计的地震预警系统。这些地震计沿新干线线路每隔 20~25 km 安装一台，如果水平地面运动加速度超过 40 Gal (=cm/s^2)，就会发出警报。40 Gal 这一预设水平曾被确定为正确检测地震的水平值；这是为了在小地震事件中不发布警报，也是为了在火车经过或其他环境噪声的情况下不发布错误信息。历史上这些地震检测仪的实例如图 13.2 所示。

1972 年，日本的地震灾害防御研究人员曾提倡 "10 秒钟前强震警报系统" (strong earthquake alarm system 10 seconds before)。尽管这一思想类似于 1868 年 Cooper 博士的前方检测系统，但到当时为止，并没有人将其付诸实际使用。世界上第一个波前检测系统 "海岸线检测系统"(coastline

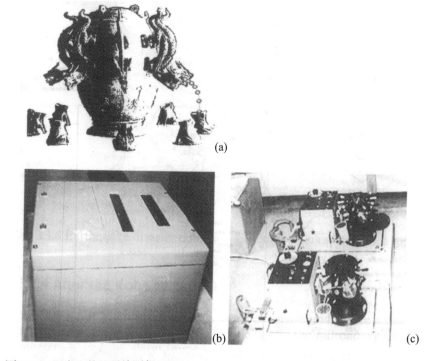

图 13.2 历史上的地震检测仪

(a) 中国古代第一个地震检测仪（模型）; (b) SMAC 型强地面运动检测仪（外观）;
(c) 用于新干线的地震检测仪（内部）

detection system) 配有简单的触发地震仪，于 1982 年日本东北新干线 (Tohuku Shinkansen) 竣工时投入运行。这是实现 Cooper 博士思想的第一个实例，继之以建立在墨西哥的地震报警系统 SAS (Sistema de Alerta Sismica)；SAS 系统安装于 1991 年，与该海岸线检测系统类似。用于东北新干线线路的海岸线检测系统等如图 13.3 所示。

13.2.3 UrEDAS 系统的诞生

由于带有简单触发器的地震检测需要设置较高的阈值水平，地震检测往往会迟于 S 波到达。如果可能检测到 P 波，人们就能够利用地震的这段初始震动时间采取措施。如果能够建立具有 P 波检测功能的前方检测系统，那么时间余量便有望延长。由此，人们开发了 P 波检测和警报系统，作为高速列车必不可少的系统。该系统以 UrEDAS 的形式完

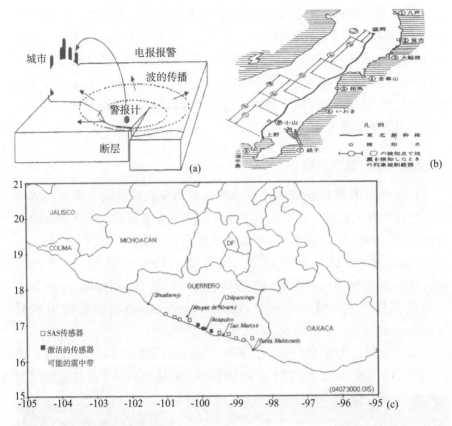

图13.3　海岸线检测系统

(a) Cooper 博士的思想 (1868 年)；(b) 用于东北新干线的海岸线检测系统 (1982 年)；
(c) 墨西哥地震报警系统 SAS (1991 年)

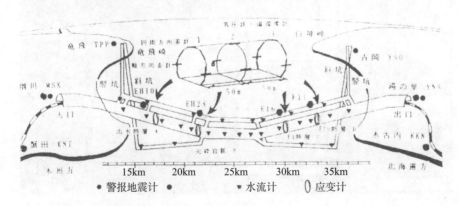

图13.4　用于青函海底隧道的地震灾害检测系统

成，能够在检测到 P 波之后 3s 内估算地震参数并发布警报。实验性的 UrEDAS 系统于 1984 年开始观测。自 1988 年，UrEDAS 已作为日本青函 (Seikan) 海底隧道地震灾害防御系统的一部分而投入实际使用 (图 13.4)。UrEDAS 于 1990 年在新干线开始试运行；此后，于 1992 年在东海道新干线开始运行，并有了 14 个台站。这是作为列车自动控制系统的第一个实际应用的 P 波前方检测警报系统。

13.2.4　神户地震之后

1995 年日本神户 (Kobe) 地震 (*M*7.2) 对高架铁路及其他建筑物造成了广泛而严重的破坏。这一次，由于台站距离震中较近，铁路沿线的警报地震计立即发布了警报。这次地震导致了安装日本山阳新干线 (Sanyo Shinkansen) UrEDAS 系统的计划。该系统于 1996 年完工，并开始运行，共有 5 个台站。2000 年，作为日本和歌山县 (Wakayama Prefecture) 的海啸预警系统，日本本州岛 (Honshu Main Island) 最南端的串本町 (Kushimoto) 安装了 UrEDAS，并从此连续观测。

神户地震还为小型 UrEDAS 系统 (Compact UrEDAS) 开发提供了动力。图 13.5 中所示的录像带 (VTR) 资料中，系统检测到了事件发生时的

图 13.5　神户地震发生时的录像带资料

P 波初动，然后剧烈的运动便开始了。在与受害者的会见中了解到，尽管从检测到发生了某种事件到判明为地震之间只有几秒钟，但人们仍有焦虑和恐惧；因为在此期间，他们不明白正在发生什么，而在认识到是发生地震以后也就放松了。要抵消这种情绪，就需要更早的地震警报：开发小型 UrEDAS 就是为了在 P 波到达 1s 内发布警报。

神户地震之后，有一个对日本北部东日本铁道 (East Japan Railways) 新干线线路的警报系统进行更新的计划。该计划选用一个小型的 UrEDAS，它几乎能够在检测到 P 波之后 1s 基于检测到的地震动的危险性立即发布警报，也可使用 S 波发布警报。东日本铁道的新干线线路安装了 56 套小型 UrEDAS，并于 1997 年开始运行，仅使用 S 波警报。在调整用于 P 波警报后，该系统作为铁路沿线现场 P 波检测系统，于 1998 年开始全面运行。

1998 年，东京市区地铁网络安装了 6 套小型 UrEDAS，并立即开始

图 13.6　UrEDAS 和小型 UrEDAS 系统分布图

运行，但仅使用了 S 波警报。2001 年，这一地铁小型 UrEDAS 系统作为带有 P 波警报系统的列车自动控制系统而投入实际应用。2007 年，该地铁小型 UrEDAS 被 FREQL，即下一代 UrEDAS 和小型 UrEDAS 所取代。

图 13.5 显示了神户地震之后用于 UrEDAS 和小型 UrEDAS 的台站分布图。

13.3　UrEDAS 系统

13.3.1　UrEDAS 的功能

UrEDAS 系统的主要功能是：震级和位置的估算、易损性评估，以及单台 P 波初动几秒钟内的预警。与现有的自动地震观测系统不同，UrEDAS 不必将观测到的波形实时传输至远程处理或集中系统，因而系统可以相当简化。

UrEDAS 对于每一个采样点都实时地使用振幅水平，来计算诸如反方位角、优势频率和垂直水平比等参数。这些计算基本都是实时处理，而不存储波形数据。无论地震发生与否，UrEDAS 都会连续计算这些值；计算就像是过滤一样，因此即使有地震，操作的次数也并不增加。UrEDAS 能够在 P 波触发过程中，通过振幅水平来检测地震，并在固定的时间周期内，由实时计算结果估算诸如震级、震中距与震源距、深度和反方位角等地震参数。而且，以详细的地震参数为基础，UrEDAS 能够支持重启操作。

13.3.2　震级和位置的估算

（1）使用单台信息识别 P 波，并估算方位角

图 13.7 显示了使用单台信息识别 P 波并估算方位角的方法，即使用单台三分向识别地震波，并估算震中方位角。如果垂直分向大于水平分向，地震波将是 P 波。图 13.8 显示由 UrEDAS 估算的方位角与日本气象厅 (Japan Meteorological Agency，JMA) ($\Delta \geqslant 300$ km) 或日本东北大学 (Tohoku University) ($\Delta < 300$ km) 估算的方位角的对比。

（2）震级

地震震级与地震断层的大小有关：断层越大，震级越大。运动的持续时间和优势周期也与地震震级成正比。因此，如图 13.9 所示，由初动

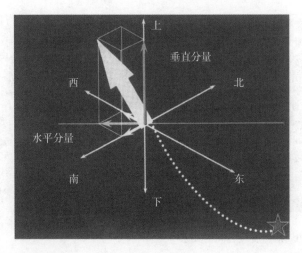

图 13.7　识别和估算 P 波

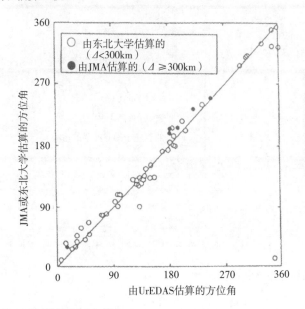

图 13.8　由 UrEDAS 估算的反方位角

的优势周期能够预测地震震级。

　　UrEDAS 使用地震动的加速度与速度来实时地连续估算优势频率。运动的振幅水平通过指数平滑进行连续计算，优势频率则由加速度水平与速度水平之比加以估算。这相当于速度谱的重心的频率。图 13.10 显示实际地震运动中优势频率的变化，并显示掌握优势频率的变化是可能的。

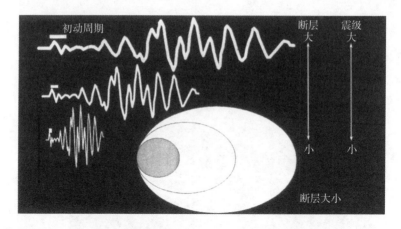

图 13.9   初动周期与震级之间的关系

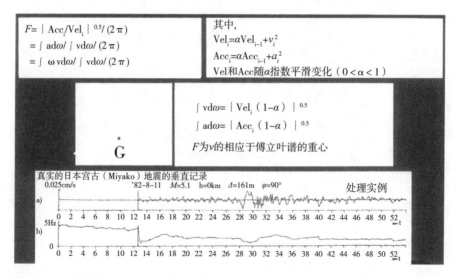

图 13.10   估算优势频率

图 13.11 显示基于所提出的技术对优势频率进行连续估算的性能。第一个实例显示了以不同振幅和频率输入正弦曲线的结果。振幅并不影响估算结果，可是立即就检测到了优势频率的改变。对于实际的地震运动，由于振幅随 P 波到达而急剧增大，便会极其迅速地检测到优势频率的变化。

图 13.12 显示由 UrEDAS 自动读取的初动周期与 JMA 给定的震级之间的对比。由 UrEDAS 估算的震级看似几乎均在 JMA 震级的 ±0.5 之间。

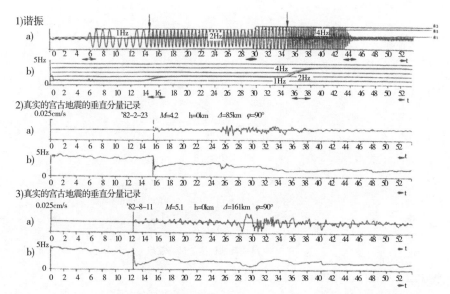

图 13.11 对优势频率进行连续估算的性能

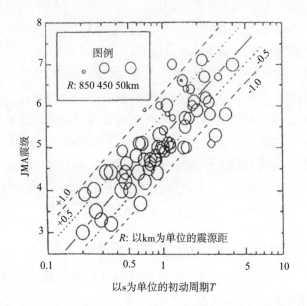

图 13.12 初动周期与震级之间的对比

图 13.13 显示了 JMA 正式震级与由 UrEDAS 利用 P 波初动实时估算的震级之间的对比。估算震级略大，但分散在 ±1 之间。出于安全方面的考虑，

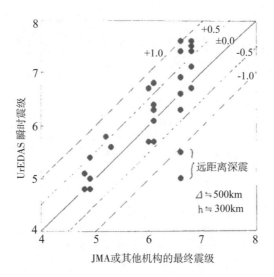

图 13.13 UrEDAS 估算震级与 JMA 震级

警报系统估算结果稍大并非严重问题。

另外，远震和深震的震级估算得较小，但就警报来说，这并不构成问题，因为深震一般不会造成严重破坏。

（3）震中距和深度

一般来说，地震震级可由初动振幅和震中距来预测。因为能自动测量初动振幅，而地震震级可由初动周期来计算，我们就能够从这一信息估算震中距。将垂直初动与水平初动之比作为地震波入射角之类的参数，使用该参数，可统计性地估算深度。尽管用这种方法估算震中距的准确程度不那么高（距离的一半至两倍），但可能在震动的主要部分到达之后，利用地震的这段初始震动，进行更为准确的估算。

13.3.3 基于 *M*–*Δ* 关系的易损性评估和预警

图 13.14 所示的 *M*–*Δ* 图中绘制了铁路结构物在以往地震中的破坏，其中 *x* 轴为地震震级，*y* 轴为震中距。

它清晰地显示出，破坏发生于 $M > 5.5$ 地震，且破坏区域限于震中周围一定距离范围内。例如，*M*6、*M*7 和 *M*8 地震分别在 12 km、60 km 和 300 km 的震中距范围内造成破坏。如果我们能够迅速估算地震震级和

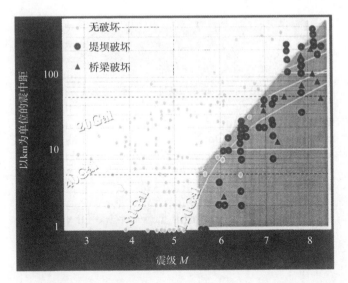

图 13.14 *M–Δ* 图

震中位置以及深度，就可以由 *M–Δ* 图清晰地显示出要报警的区域，也就能够在检测到地震之后立即合理地发布警报。这一新的警报被称之为 *M–Δ* 警报 (*M–Δ*Alarm)。

13.4 小型 UrEDAS 系统

13.4.1 强地面运动易损性的评估指数

　　小型 UrEDAS 系统直接由地震动立即估算预期的地震破坏性，而并非像 UrEDAS 那样由地震参数来估算；然后，如果需要，就发布警报。由加速度矢量和速度矢量的内积计算地震动的功率，来估算地震危险性，但这个值会较大。由此，如图 13.15 所示，破坏烈度 (Destructive Intensity，*DI*) 被定义为该内积绝对值的对数。

　　图 13.16 显示作为时间函数的 *DI* 的变化。当 P 波到达时，*DI* 急剧增大。*PI* 值被定义为检测到 P 波之后 *t* 秒钟内的 *DI* 最大值。该值被建议用于 P 波警报。接着，*DI* 继续缓慢增大，直至 S 波到达，并在此后达到其最大值，称之为 *DI* 值。这个值与地震破坏有关；它类似于 JMA 的仪器烈度 (Instrumental Intensity) 标度或修订的麦卡利烈度 (Modified Mercalli Intensity，MMI)。

图 13.15 破坏烈度 *DI* 示意图

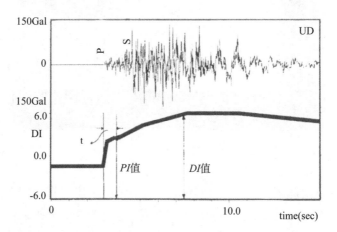

图 13.16 破坏烈度 *DI* 变化图

JMA 地震仪器烈度只有在地震结束之后才能够确定。与此相反，*DI* 有一个非常重要的优点，因为其所具备的物理意义而能够在 P 波到达之后实时地迅速加以计算。换言之，通过连续观测 *DI*，我们能够有效发布

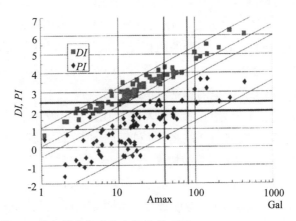

图 13.17 *DI* 值、*PI* 值与最大加速度之间的关系图

警报，并精确估算破坏。

图 13.17 显示了 *DI* 值、*PI* 值与最大加速度之间的关系。常用的警报地震计由 40 Gal 和 80 Gal 的加速度触发。这些触发水平分别与 2.0 和 2.5 的 *PI* 值相对应。实际的小型 UrEDAS 将 *PI* 值设置为 2.5~3.0。

13.4.2　基于破坏烈度和加速度水平的小型 UrEDAS 警报

图 13.18 是小型 UrEDAS 系统的警报示意图。小型 UrEDAS 不仅根据 P 波到达，而且根据 S 波到达发布警报。这样，通过结合 P 波与 S 波警报，小型 UrEDAS 既实现了快速性，又实现了可靠性。

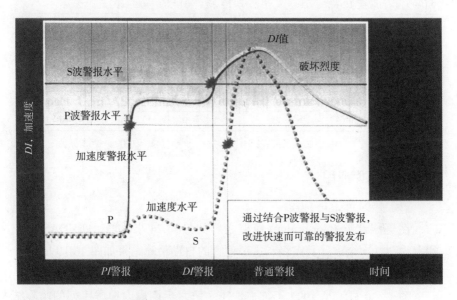

图 13.18　小型 UrEDAS 警报示意图

13.5　运行条件

13.5.1　运行条件概述

表 13.2 显示东北新干线 UrEDAS 系统大约 14 年的运行结果。最初，UrEDAS 警报阈值水平设置为 *M*4.5，以便调整。结果，UrEDAS 比普通的警报系统发布了更多的警报。但在调整之后，UrEDAS 警报的次数减少了。这显示出系统已实现了合理警报。

表13.2 UrEDAS运行结果实例

时间段	总数	UrEDAS 警报			通用警报	普通警报
		$M > 5.5$	EN*	DBE**		(5 Hz PGA > 40 Gal)
1992 年 3 月至 12 月	11	7***	2	1	0	1
1993 年 1 月至 12 月	7	2	0	2	0	3
1994 年 1 月至 12 月	4	1	0	0	1	4
1995 年 1 月至 12 月	7	2	0	0	1****	6
1996 年 1 月至 12 月	3	0	0	0	0	3
1997 年 1 月至 12 月	5	1	0	0	1	5
1998 年 1 月至 12 月	2	1	0	0	0	1
1999 年 1 月至 12 月	1	0	0	0	0	1
2000 年 1 月至 12 月	5	2	0	1	0	2
2001 年 1 月至 12 月	4	0	0	0	0	4
2002 年 1 月至 12 月	0	0	0	0	0	0
2003 年 1 月至 12 月	1	0	0	0	0	1
2004 年 1 月至 12 月	2	2	0	0	2	2
2005 年 1 月至 12 月	2	1	0	0	1	2

* EN：电子噪声；** DBE：较大的远震；*** $M > 4.5$；**** 1995 年神户地震（$M_{JMA}7.2$，$M_w6.8$）。

13.5.2 实际应用

（1）1994 年北岭地震

在美国北岭 (Northridge) 地震之后的最初 24 小时内，UrEDAS 检测到大约 700 次余震，其震级和震源位置的自动估算结果如图 13.19 所示。

（2）1995 年神户地震

图 13.20 显示了 1995 年神户地震主震之后两周内地震序列的监测结果。尽管这些图只是基于 UrEDAS 单台数据，但余震活动几乎都得到了正确跟踪。地震发生时，一个现场警报地震计因震中距小而立即发布警报；但 UrEDAS 在同时或稍晚一点也发布了警报。遗憾的是，警报因传输系统故障而未能到达目标区域。这个典型实例显现了控制远程目标的困难。

（3）2003 年宫城县冲地震

在日本宫城县冲 (Miyagiken-Oki) 地震发生时，位于日本本州岛 (Honshu Island) 北部的北上 (Kitagami) 平原受到了大地震的袭击和破坏。东北新干线线路沿该平原东端运行，有多处高架铁路桥墩遭到了破坏。

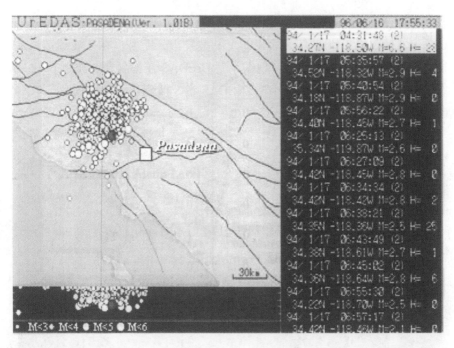

图 13.19　由美国加州理工学院 (Caltech) 的 UrEDAS 系统观测到的 1994 年北岭地震
　　　　及其余震

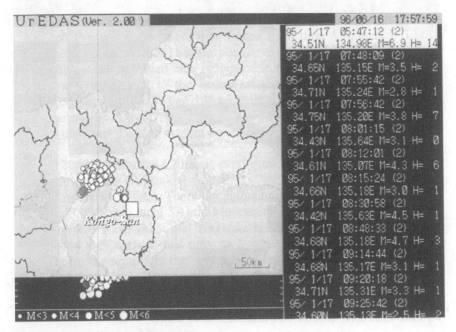

图 13.20　1995 年神户地震的监测结果

在检测到 P 波之后 3s，用于前方检测的海岸线小型 UrEDAS (Coastline Compact UrEDAS) 为破坏地段发布了 P 波警报，而警报在 P 波到达该地段之前便到达了那里。接着，现场小型 UrEDAS 在检测到 P 波之后 1s 发布了 P 波警报。此后，现场小型 UrEDAS 在 S 波到达之前再次发布了 40 Gal 警报。

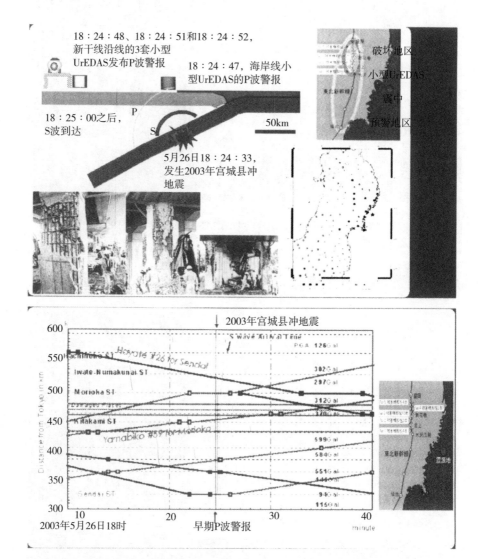

图 13.21　2003 年宫城县冲地震时的列车运行情况

图 13.21 显示波的传播与 P 波警报之间的关系示意图。如图 13.21 所示的时间以发震时刻为基点。新干线沿线的加速度观测值较高，范围在 300~600 Gal。

这个地震发生时，正有列车停靠在预警地段的火车站，或者正低速行驶在火车站附近。只有一趟列车（疾风号 (Hayate) 26 次）在预警地段以外的新地段内全速行驶。尽管疾风号 26 次由于车速而未能注意到地震，但是在列车周围仍观测到了 300 Gal 的地面运动。

这时，破坏地区附近没有列车。如果地震在几分钟之前或之后发生，列车就可能在沿着被地震破坏而发生位移的地段行进时而脱轨。实际上，这一地段的高架铁路被破坏了；但万幸的是，因为没有列车，也就没有发生更大的灾害。

第一个 P 波警报是由海岸线小型 UrEDAS 发布的，然后，新干线沿线的 3 个小型 UrEDAS 也发布了 P 波警报。该地震对新干线的高架铁路造成了破坏。破坏地区位于第一个预警的地区，发布警报先于破坏性强地面运动的到达。3 个小型 UrEDAS 发布了位于破坏地区附近的 P 波警报。小型 UrEDAS 显示出了非常良好的性能，成为这次地震期间预警系统的典型特征。

（4）2004 年新潟县中越地震

日本新潟县中越 (Niigataken Chuetsu) 地震时，有 4 趟列车正在震源区域行驶。由北至南，共有 4 个观测站，分别叫做押切 SP (Oshikiri SP)、长冈 SSP (Nagaoka SSP)、川口 SS (Kawaguchi SS) 和六日町 SP (Muikamachi SP)。在这些台站当中，川口台和长冈台发布了 P 波和 S 波警报，其他台站仅发布了 S 波警报。每个台站都向下一个台发布了本地段的警报（图 13.22）。川口台首先发布了 P 波警报，其次是长冈台。然后，押切台和六日町台发布了 40 Gal 警报。结果，朱鹭号 (Toki) 325 次和 332 次列车在地震之后 3.6 s 接到了警报，朱鹭号 406 次和 361 次则在 4.5 s 和 11.2 s 之后。破坏地段在六日町和长冈之间。在该地段行驶的列车均立即接收到了警报；这证明，警报系统的设置是合适的。

地震运动的垂直 (UD) 分向以 10 Hz 以上的高频成分为主。新干线线路由北向南运行，东西 (EW) 分向似乎会造成脱轨。在东西分向，在 1.5Hz 有一个峰值，以 1~2.5Hz 的频率范围为主。新干线列车的自然频率包含

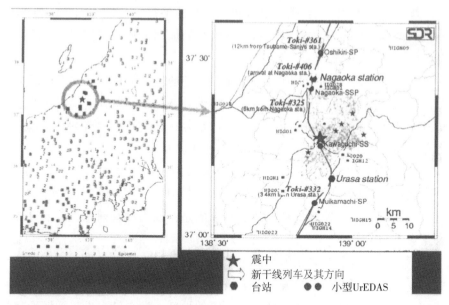

图13.22 2004年新潟县中越地震概况

于这一频率范围之内。

川口观测站在地震发生之后 2.9s 检测到了 P 波，并在此后 1s，即事件之后 3.9s 发布了 P 波警报。就在地震发生之后 3s，脱轨列车朱鹭号 325 次正行驶至距泷谷（Takitani）隧道终点 75m 处，并遭遇地震运动。地震之后 3.9s，列车收到来自小型 UrEDAS 的警报，且供电中断。在电力中断之后，新干线列车自动停车，从而立即适应断电。识别了小型 UrEDAS 警报之后，司机启动了紧急制动装置。S 波在警报之后 2.5s 冲击到列车；再过 1s 以后，一个大约持续 5s 的较大震动又冲击到了列车。此次地震的示意图如图 13.23 所示。

通过使用川口台和长冈台的强地面运动记录进行模拟，实时烈度 (real-time intensity，RI) 随地震运动到达而突然增大，并立即达到 P 波警报水平。该 *RI* 值是一个实时值，其最大值符合 JMA 的仪器烈度。因为新一代小型 UrEDAS 系统 FREQL 改进了识别 P 波特征的可靠性，所以 FREQL 能够在超过 P 波警报阈值之后立即发布警报。假如川口台和长冈台已经安装了 FREQL 系统，而不是使用 UrEDAS，它们就会分别在检测到 P 波之后 0.2 s 和 0.6 s 发布 P 波警报。表 13.3 总结了模拟结果。在这

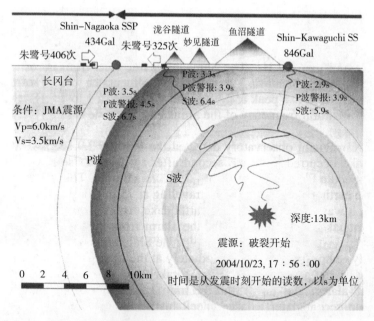

图 13.23　2004 年新潟县中越地震示意图

种情况下，P 波警报会在 P 波到达之前到达脱轨地段。相应地，FREQL 可使警报处理时间最小化。

表13.3　新潟县中越地震的模拟结果

警报和事故地点	川口台	隧道出口	长冈台
5 Hz PGA (Gal)	864		434
RI_{MAX} (MMI)	6.6 (10.9)		5.8 (9.6)
发震时刻	17:56:00	17:56:00	17:56:00
记录的检测时间	03		04
估算的 P 波到时	2.9	3.3	3.5
$RI > 2$ 的时间	3.1		4.1
P 波警报时间	3.9	3.9	4.5
$Acc > 10$ Gal 的时间	3.4		4.7
$Acc > 40$ Gal 的时间	4.2		5.9
5 Hz PGA 最大值的时间	7.7		9.4
RI 最大值的时间	8.1		9.5

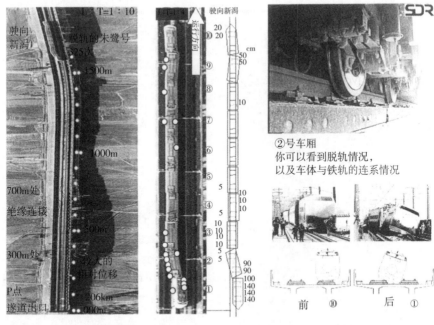

图 13.24 脱轨的详细情况

图 13.24 显示了脱轨的细节。脱轨列车朱鹭号 325 次由 10 节车厢组成；沿着行使方向，先后为 10 号至 1 号车厢。脱轨轴的数目是全部 40 个轴中的 22 个。最后一节 1 号车厢将排水系统脱落在铁轨旁，并倾斜了大约 30°。空心圆表示破碎的窗户玻璃的位置。由于有东西从隔音板弹出，左侧的玻璃似乎就破裂得更多些，并会打破脱轨车厢后面的一节或两节车厢。2 号车厢破裂玻璃的数量超过了 1 号车厢。

如果假设 2 号车厢玻璃的破裂是由 4 号和 3 号车厢脱轨造成的，那么 1 号车厢的玻璃破裂较少，暗示 2 号车厢在地震动时未脱轨。估计列车与铁轨之间的摩擦热量造成了结合部位的拉伸和较大错位以及 1 号车厢的脱轨，也就造成了 2 号车厢的脱轨。

根据抗震设计规范，高架铁路的变形性能规定为 1 cm 以内。尽管相应于变形性能所设计的自然频率是 2.5 Hz，但实际上是 3.5 Hz。由此认为，高架铁路抵御地震动的静态工作状况可能小于 1.5 Hz 左右。图 13.25 显示了由高架铁路桥墩的尺寸导出的相对变形。粗线表示每一处高架桥垫座部分的平均变形；据估算，在远离隧道出口的区域，会发生相对较大的变形。考虑到地震发生的时间，这便是脱轨点。

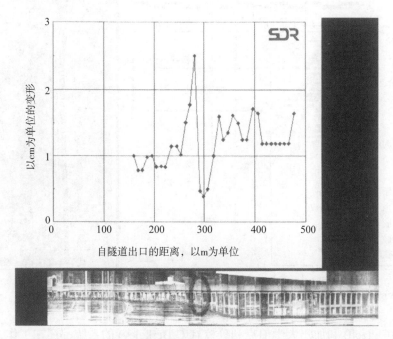

图13.25 变形的性能（照片为镜像图片）

图13.26 勾勒出了脱轨情形的示意图。脱轨的车厢似乎恰好位于位移较大的地段。由于位移较大路段的行驶风险，警报到达得越晚，脱轨车厢的数目就会越多。结果，如果摩擦热量释放值更高，脱轨的情况就会更严重。另一方面，预警使列车减缓了速度，这意味着主震在列车处于位移较大地段之前便冲击到了列车，并在列车行驶到该路段时震动减小了。由此预计，脱轨车厢的数量减少了，脱轨所造成的破坏也必定减小。就这一点而言，小型UrEDAS的P波警报展示了其在使脱轨成为无灾害方面的有效性。

13.5.3 在世界范围内研究UrEDAS系统

除了实际使用的UrEDAS之外，还安装了5套以上的UrEDAS，用于我们提高准确性和缩短估算时间方面的研究。系统分布如图13.27所示。目前，伊斯坦布尔和墨西哥城的UrEDAS已经停运，而美国加州理工学

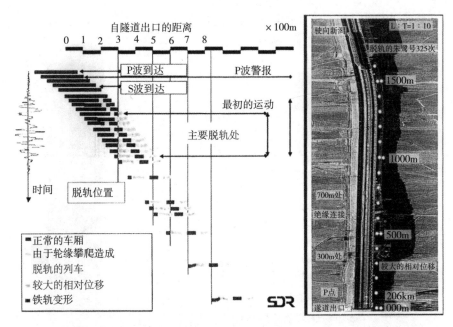

图 13.26 脱轨情况示意图

院 (Caltech) 和加州大学伯克利分校 (UC Berkeley) 的系统都还在工作，并发送关于所检测到地震的详细信息的电子邮件。

帕萨迪纳 (Pasadena) 的加州理工学院以及伯克利的 UrEDAS 分别于 2000 年 7 月和 2001 年 2 月开始观测。这些观测分别由加州理工学院和加

图 13.27 世界上的 UrEDAS 系统研究

州大学伯克利分校支持。在检测到地震之后，这些 UrEDAS 实时发送电子邮件。一个早期类型的帕萨迪纳 UrEDAS 于 1993 年 9 月至 1999 年 8 月处于工作状态，并观测到了 1994 年北岭地震。

如图 13.28 那样，伯克利 UrEDAS 恰好位于海沃德 (Hayward) 断层上，而帕萨迪纳 UrEDAS 则被断层所包围。尽管有断层的影响，与伯克利 UrEDAS 相比，帕萨迪纳 UrEDAS 显示了对于震源参数估算的准确性更高；而两个台站的地震检测性能都是有效的。

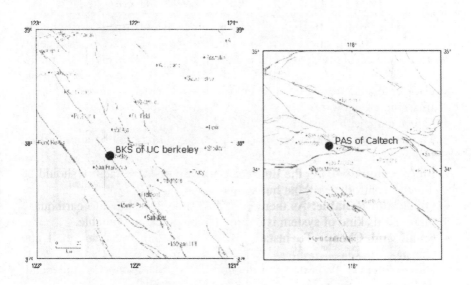

图 13.28 帕萨迪纳与伯克利的 UrEDAS 的位置

13.6 更快更准地估算地震参数方面的挑战

图 13.29 显示 UrEDAS 实时估算结果与美国地质调查局 (USGS) 结果之间的对比。左侧三幅图是使用 3s 初动估算的结果；右侧图则显示使用 1s 初动数据估算的结果。根据这些图，即使不包括几百公里以外的地震，3s 估算的准确性对于震中方位角不是那么好，震级在 0.5 级以内，震源距在一半到两倍。与此相反，包括 1000 km 以外的远震在内，1s 估算的准确性对于震中方位角，在 30° 以内，震级在 0.5 级以内，震源距在一半到两倍。这些结果很有意思。

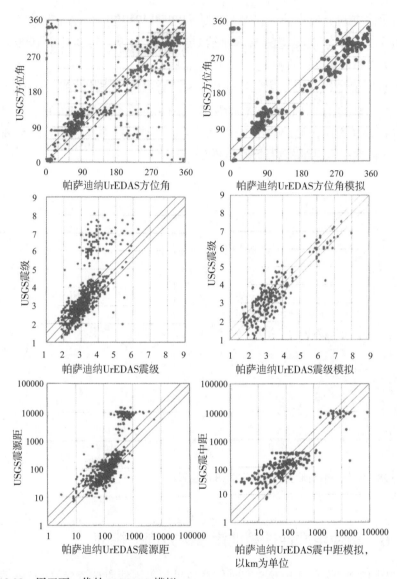

图13.29　用于下一代的 UrEDAS 模拟

13.7　结论

地震灾害防御信息系统的测量与处理功能有必要以完全自动的方式建立起来，并自动运行。

所预期的破坏地区的警报最为重要。在意识到来自震源区域的台网信息的用途的同时，还应该构建独立的现场预警系统。有时，即使缺乏准确性，也应当建立一个耐用、廉价且可靠的灾害防御系统，用于预警，并表明危险性。人们已在努力开发和推广小型而廉价的现场地震警报仪器设备，并将其作为独立灾害防御的支持工具。我们预计要布设许多这类设备，使之与现存的信息系统共同工作，从而减小灾害造成的损失。

预警系统的必要特性可概括如下：

● 全自动：因时间余量有限，设施应无需人工判断而直接受控。

● 快速而可靠：由于对地震动的响应时间有限，要求这种系统快速而可靠。

● 小型且廉价：为了易于安装，系统必须是小型的，而且便宜。

● 独立性：为了发布故障安全警报，该系统必须独立于其他系统。

● 易于联网：为了发布地震信息，系统必须易于联网。

● 准确则更好：对于警报来说，信息准确性并非那么严重的问题。

致谢

作者要向以下人员表达最诚挚的谢意，感谢他们在各地建立 UrEDAS 系统，检查这些系统的状态，以及对观测结果富有成果的讨论等方面的友好合作和巨大贡献。

● 加州理工学院 (California Institute of Technology) 的 Hiroo Kanamori 教授

● 日本广岛大学 (Hiroshima University) 的 Fumiko Tajima 教授

● 加州大学伯克利地震学实验室 (University of California, Berkeley Seismological Laboratory) 的 Robert A. Uhrhammer 博士

● 土耳其博斯普鲁斯大学坎迪利观测站与地震研究所 (Kandilli Observatory and Earthquake Research Institute, Bogazici University) 的 Mustafa Erdik 教授

● 区域地震仪器中心 (Centro de Instrumentacion y Registro Sismico) 的 Juan Manuel Espinosa Aranda 先生

● 区域地震仪器中心的 Samuel Maldonado Caballero 先生

以下公司和组织实现了实际使用的 UrEDAS：

- 中日本铁道株式会社 (Central Japan Railway Company, Co. Ltd.)
- 西日本铁道株式会社 (West Japan Railway Company, Co. Ltd.)
- 东日本铁道株式会社 (East Japan Railway Company, Co. Ltd.)
- 日本和歌山县政府
- 日本东京地铁株式会社 (Tokyo Metro Co. Ltd.)

作者还要感谢日本东京消防厅 (Tokyo Fire Department) 特别救援队，他们开辟了预警系统的新领域。

参考文献

Nakamura Y (1996) Research and Development of Intelligent Earthquake Disaster Prevention System UrEDAS and HERAS. Journal of Structural Mechanicsand Earthquake Engineering, Japan Society of Civil Engineers 531(I-34): 1~33

Nakamura Y (1988) On the Urgent Earthquake Detection and Alarm System (UrEDAS). 9th World Conference on Earthquake Engineering, Vol. VII, pp 673-678, August 2~9, 1988

The Chugoku Shimbun (2001) "Is Shinkansen Safe?" and "No clincher to countermeasure for derailment", reported on 1st and 2nd May, News Special 2001, May 2001

Proceedings of the Study Meeting for damage of recent earthquakes, the Miyagiken-Oki and the Algeria earthquakes (2003) Japan Society of Civil Engineers, 21st August 2003 (in Japanese)

Nakamura Y (2004) UrEDAS, Urgent Earthquake Detection and Alarm System, now and future. 13th World Conference on Earthquake Engineering, paper #908, 2004

Nakamura Y (2004) On a Rational Strong Motion Index Compared with Other Various Indices. 13th World Conference on Earthquake Engineering, paper #910, 2004

附录

1868 年 11 月 3 日《旧金山每日晚报》

地震指示器

编者按　由于日本的磁铁指示器有故障，我们现在必须寻找其他一些预示这些可怕灾异的方法；我想要建议，通过以下方法，我们可以发电，一旦发生比我们所经历的更为严重的震动时，就可能拯救成千上万的生命。众所周知，这些震动由地球表面的波动所产生，如同石子投入水中时的水波那样，由中心向外辐射。如果这个中心恰好距离本市足够远，我们便易于及时得到地震波来临的警告，从而使大家在地震波到达之前逃离危险建筑物。正如 J. B. Trask 博士在《1800 年至 1864 年加利福尼亚地震》(Earthquakes in California from 1800 to 1864) 所做的工作中观测和记录到的，波速为$6\frac{1}{5}$ mi/min，或时速略小于所报告的自桑威奇群岛 (Sandwich Islands) 或日本穿越大洋到达本港口的潮波速度 (40 mi/h)。

我们能够在旧金山 10 mi 至 100 mi 内的不同点位安装非常简单的机械装置；利用这些装置，那些足以造成破坏的地震波将在如今从该市辐射开来的电线上发出电流，并几乎同时鸣响应悬挂于市中心附近高塔上的警钟。这口钟应当体积巨大、声音特别，并且是一口众所周知的地震警钟。当然，只有当远距离的地球表面震荡时才应当鸣响警钟。这台机器将是自动的，不依赖于电报操作人员；操作人员当时可能不总是保持足够的镇静来发报，或者发出警报太频繁。由于一些地震似乎来自西部，可以有一条电缆铺设到 25 英里以外的法拉隆群岛 (Farallone Islands)，由此会对来自该方向的危险发出警报。

当然，可能有中心力距离本市太近而使城市得不到保护的地震，但发生这种情况，一百次中未必会有一次。

J. D. Cooper，M. D.

第14章 台湾地区地震预警系统技术与进展

Yih-Min Wu[1], Nai-chi Hsiao[2], William H.K. Lee[3], Ta-liang Teng[4], Tzay-Chyn Shin[2]

1 台湾大学地质学系，台北
(Department of Geosciences, Taiwan University, Taipei)

2 "台湾中央气象局"，台北
(Central Weather Bureau, Taipei)

3 美国地质调查局(已退休)，美国加利福尼亚州门洛帕克
(U. S. Geological Survey (retired), Menlo Park, California, USA)

4 南加州大学南加州地震中心，美国加利福尼亚州洛杉矶
(Southern California Earthquake Center, University of Southern California, Los Angeles, California, USA)

摘要

本文介绍台湾地区地震实时监测系统目前的进展情况与今后的发展，重点介绍 CWB(Central Weather Bureau，"台湾中央气象局") 开发利用强震仪遥测传输信号的 EWS(earthquake early warning system，地震预警系统)。自动配置虚拟子网，根据来自子网的头 10s 信号快速确定震级，由此，我们能将地震速报的时间减少到 30s 以下。这表示地震预警能力在实际应用上有了重大的突破。CWB 从 2002 年起运行这套地震预警系统。大多数情况下在地震发生后不到 30s 内即可得到地震综合报告，平均时间在 22s 左右。取典型地壳剪切波速为 3km/s，目前的这套系统对于距离震中不到 70km 的城市无法适用，但对距离震中 100km 外的城市则可提

供十几秒的预警时间。在后一种情况下，几秒钟的预警时间就可以在强地面运动到达之前采取地震应急响应。为对震中距小于 70km 的区域进行预警，我们试验了 τ_c–Pd 方法。我们利用 TSMIP (Taiwan Strong-Motion Instrumentation Program，台湾地区强震动观测网计划) 得到的 M_W 大于 5.0 的地壳内地震震中距小于 30km 区域内台站的加速度记录。该方法利用从 P 波初至起始 3s 长记录，可在地震发生 10s 内进行现地地震预警，可将预警系统盲区半径从震中距 70km 减至震中距 25km。

14.1　引言

由于地处西环太平洋地震带，其板块聚敛速率为 8cm/a(Yu et al., 1999)，台湾地区破坏性地震频发，造成了大量的人员伤亡和巨大的财产损失。如 1906 年 3 月 17 日的嘉义 M7.1 大地震 (Hsu, 2003)，1935 年新竹 - 台中地区 M7.1 大地震 (Hsu, 2003)，1999 年发生在南投县的 M_W7.6 集集大地震 (Teng et al., 2001; Shin and Teng, 2001)。随着人口增长，潜在的地震危害性还将增加。因此，十分有必要通过科学研究来寻求降低台湾地区在未来遭受地震灾害影响的手段。

由于地震发生过程极其复杂，致使不可能进行可靠的地震预报 (Kanamori, 2003)。实时地震监测系统得益于当今在地震仪器与数字化通信和处理方面的技术进步 (Lee, 1995)。在减轻地震灾害方面，EWS 是减少因破坏性地震带来的损失的一个实用和有发展前景的工具 (Nakamura, 1988; Espinosa-Aranda et al., 1995; Lee et al., 1996; Kanamori et al., 1997; Teng et al., 1997; United States Geological Survey, 1998; Wu et al., 1998; Wu and Teng, 2002; Allen and Kanamori, 2003; Lee and Espinosa-Aranda, 2003)。

本文主要概述台湾地区地震预警系统的技术发展水平与进展情况。2005 年 7 月 13 日至 15 日在帕萨迪拉加州理工学院举行的地震预警专题研讨会上，Teng 等 (2005) 总结了台湾地区目前地震速报与预警系统的发展情况；Hsiao 等 (2005) 介绍了台湾地区 CWB 地震速报与预警系统目前的情况；Lee 等 (2005) 向 CWB 提议将海啸预警结合在地震速报与预警系统中。

14.2　地震预警的物理基础及意义

地震预警的物理基础是简单的：①破坏性地震产生的强地面运动是由剪切波 (S) 及之后的面波引起的；②典型地壳 P 波速度为 6~8km/s，而 S 波与面波波速约为 P 波速度的一半；③地震波传播速度远远低于电报、电话或无线电等传输的电磁信号的传输速度 (约 30 万 km/s)。

Cooper(1868) 在 100 多年前首次提出地震预警的构想。19 世纪中期，加利福尼亚州霍利斯特（在旧金山东南约 120km 处）附近地震频发。Cooper 提议在霍利斯特附近安装地震监测装置，当仪器被地震触发后立即以电报方式将电信号传送到旧金山。这一信号到达旧金山后将敲响警钟以告知市民发生地震了。可惜的是，Cooper 的想法从未被实施。大约 100 多年后，Heaton(1985) 提出在美国南加州建立现代计算机化的地震预警网络系统。Nakamura(1988) 为日本"子弹头"列车系统实现了单台 UrEDAS(urgent earthquake detection and alarm system，紧急地震监测与警报系统)。Espinosa-Aranda 等 (1995) 建立了第一个大地震预警系统，当墨西哥瓦哈卡海岸处发生大地震后，该系统可向数百千米以外的墨西哥市的公众发布警报。随后，如 Zschau 和 Kuppers(2003) 在 5.2 到 5.14 节所述，已有不同小组研究、实验和评测了地震预警系统。更后来，2005 年 7 月 13 日至 15 日在帕萨迪拉加州理工学院举办了地震预警专题研讨会 (网站地址 : http://www.seismolab.caltech.edu/early.html)。

EWS 通常会提前几秒到几十秒的时间，即在产生破坏性震害的 S 波和面波到达之前，预先警告即将到来强地震动的城市地区。即使提前预警时间只有几秒钟，但对一些重要设施预先采取紧急处理措施还是很有用的，例如对高速行驶的汽车、火车等交通工具及时减速以避免其脱轨；有序关闭煤气管道以减小潜在的火灾；控制高科技生产作业停工以减少可能的损失；以及保护计算机设备等的安全以避免重要数据丢失。

14.3　台湾地区地震预警系统的发展

在日本、墨西哥和台湾地区等地，实现地震预警的努力已经取得了进步 (参见 Nakamura, 1988，Espinosa-Aranda et al., 1995; Lee et al., 1996; Wu and Teng, 2002 等文献)。已经试用了两种地震预警方法：

（1）采用地震台网进行区域预警；

（2）采用单台进行单个场地预警。在预警方式（1）中有两个变体：①检测地震并确定其是否足够"大"从而向公众发布预警信息；②检测地震并对其定位、估算震级以及估计被监视区的地震动大小，从而向公众发布具有更丰富信息的警报。在预警方式（2）中，利用一个场地观测到的地震动起始（主要是 P 波）来预测在同一场地后续的地面运动大小（主要由 S 波和面波引起），要么试图进行地震定位和震级估算，或者不试图去定位地震和估算震级。第一种方法已被墨西哥和台湾地区采用，它是更综合性的，但是花费时间长且无法用于近震中区的预警。第二种方法已被日本和美国采用，它能快速进行预警，且适用于最需要预警但震中距小的场地。

1986 年 11 月 15 日台湾地区花莲 $M_L6.8(M_W7.3)$ 地震的经验促进了台湾地区 EWS 的开发。虽然这次地震的震中在花莲附近，但主要震害却发生在距离震中 120km 外的台北市区（图 14.1）。根据台湾地区历史地震的地震波走时资料，剪切波由花莲地区传播到台北地区需要 30 多秒的时间。因此，如果地震监测系统能在可能威胁大城市的大地震发生后 30s 内可靠地估算出震中位置和震级，则可有几秒或更多的预警时间用于应急响应。

台湾地区已建成连续遥测传输强震动观测网，并且 CWB 从 1995 年开发 RTD (Rapid Earthquake Information Release System，地震信息快速发布系统) 以便实时监测地震 (Wu et al., 1997)。为最大限度地利用强震动观测网记录的数据，CWB 在 RTD 基础上开发了 EWS 的功能。

RTD 利用的是实时强地震动加速度计网的记录，该网络目前由分布在台湾地区 100km×300km 范围内的 97 个遥测传输强震台站组成（图 14.1）。各台站采用的是三分量力平衡加速度计，其信号是以采样率每通道每秒 200 点、16bit 分辨率数字化，但遥测传输的信号是以采样率每通道每秒 50 点以 4800baud 速度传回至中心站。其灵敏度足以记录 100km 或更远些发生的 $M>4.0$ 地震事件，满记录动态范围是 ±2g。目前 RTD 在地震发生后 1 分钟左右可提供有用信息 (Teng et al., 1997，Wu et al., 1997)。这些信息包括震中位置、震级和台湾地区震动图。RTD 还可在 1 分钟或稍后的时间内完成快速震害估计并公开发布 (Wu et al., 2002)。采用子网方法 (Wu et al., 1999; Wu and Teng, 2002) 和 M_{L10} 方法 (Wu et al.,

1998)，RTD 系统可在约 20s 时间内完成地震速报。因此，它能为离震中 70km 外的都市地区提供地震预警。

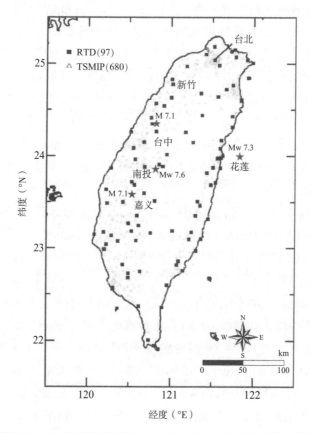

图 14.1　台湾地区 97 个实时强震台站和 680 个在自由场地上的强震台站分布图

对 EWS 来说，RTD 是一个典型的区域预警系统。最近，台湾地区也在试验现地 EWS 方法 (Wu and Kanamori, 2005a，2005b)。这可能将报告时间缩短至 10s 左右。因此，这种现地预警方法会对未来台湾地区 EWS 的发展发挥重要作用。

14.4　当前的区域预警系统

强烈地震发生后约 60s 内，RTD 能常规地速报出该地震的震中位置、震级和烈度分布。然而，60s 时间对地震预警的实际应用来说还是太长。

因此，为了能实现地震预警功能就需要缩短 RTD 系统速报所需的时间。CWB 在近些年来做了很多关于这方面的研究，包括快速定位、震级估算、子网方法和虚拟子网方法等 (Lee et al., 1996; Wu et al., 1998,1999; Wu and Teng, 2002)。

14.4.1 地方震级的快速确定——M_{L10} 方法

对地震预警系统的两个主要要求是近实时的地震定位和震级估算。对快速定位的要求能在紧跟 P 波初至后的 10s 时间窗容易地实现。但对快速确定震级的要求却困难较大，因为在这个时间窗内可能没有完全记录到剪切波波列，更重要的是，还因为对于大地震必须开发矩震级 M_W 或其等价物的方法。因此，我们需要研究快速估算大地震矩震级 M_W 的方法。虽然有很多研究者做了很多关于由地震记录的初始部分来估算震级的尝试（如 Nakamura, 1988; Grecksch and Kumpel, 1997; Allen and Kanamori, 2003; Kanamori, 2005; Wu and Kanamori, 2005a; Wu et al., 2006a,2006b; Wu and Zhao, 2006)，但这些方法估算出的震级不可避免地存在很大的不确定性。基于当前 RTD 系统的配置和其监测区域，我们研究出一种能在最近台初至 P 波到达后 20s 内确定震级的经验方法。

本研究中用到了来自台湾地区中强地震 ($M_L>5.0$) 的 23 组强地震动记录。对于 $M_L>5.0$ 级的地震，可在初至 P 波到达近台后约 15s 内可靠地确定震中位置。图 14.2 是 1995 年 6 月 25 日 M_L6.5 地震的仿真 Wood-Anderson 地震图。在第一个 10s 时间窗的 7 个 P 震相和 2 个 S 震相可用于地震定位。而由于在一些台站这个时间窗里记录的剪切波不完整，因此无法估算地方震级 M_L。然而，我们发现由前 10s 记录确定的震级 M_{L10} 与地方震级 M_L(图 14.3) 有如下关系：

$$M_L=1.28*M_{L10}-0.85 \pm 0.13 \qquad (14.1)$$

通过应用这种方法来估计震级，CWB 研发的系统能在地震发生后约 30s 内在允许误差范围内估算出震中位置和震级，这使得在台湾地区实现地震预警成为可能。

14.4.2 地震子网法

为探求在台北实施地震预警的可行性，我们在距离台北 120km 外的

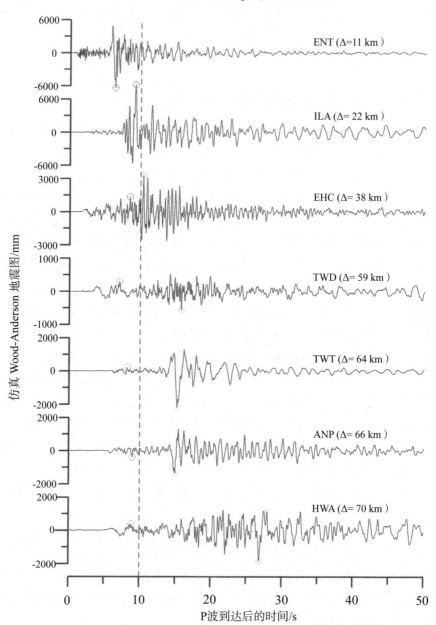

06/25/95 06:59, M_L 6.5, 震源深度43km

图 14.2 近台的仿真 Wood-Anderson 地震图

（图中显示 P 波到达后的前 10s 内峰值位置（空心圆）和前 50s 内的峰值位置（空心菱形））

花莲设立了一套实验性地震预警系统。通过早期研究 (Wu et al. 1997)，我们得出结论：使用 RTD 下的一个密集子网是缩短速报时间的好方法，并由此可获得某些地震预警能力。因此，开发了一套在花莲地区有高密度台站分布而在花莲地区以外台站分布较稀疏的实时监测系统，用以测试对震源在花莲地区的地震的预警能力 (图 14.4)。花莲地区的高密度台站分布是为了记录剪切波以增强震级测定能力，而在花莲地区外设立台站是为了提供更多的 P 波到时以改善定位质量。

　　对于 1998 年 8 月至 2005 年 6 月期间发生的 43 次 M_L>4.5 的地震，该系统都在地震发生后约 19s 内 (图 14.5) 成功完成速报，并且震中不确

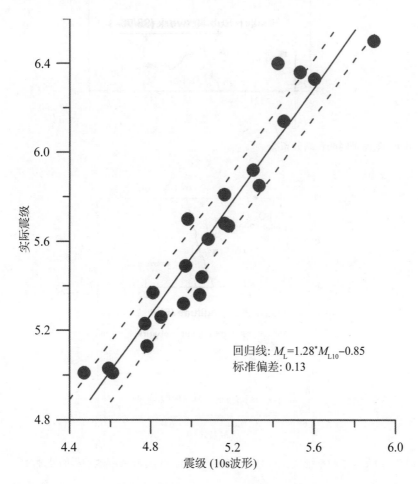

回归线: $M_L=1.28^*M_{L10}-0.85$
标准偏差: 0.13

图 14.3　实际 M_L 与基于近台 P 波初至后前 10s 加速度记录的试验 M_{L10} 的关系图

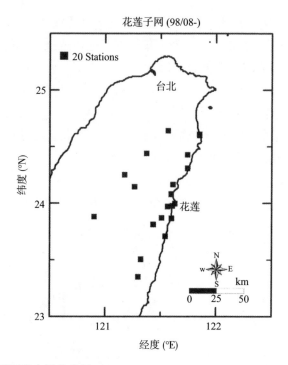

图 14.4 花莲子网的台站分布图

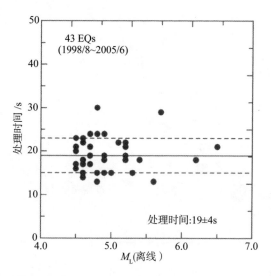

图 14.5 由花莲子网系统报告的 1998~2005 年期间 43 次 $M_L > 4.5$ 地震的处理时间

定性在 10km 以下，震级不确定性在 0.3 以下。因此，当地震发生在花莲地区时，在剪切波到达台北市区之前，该系统可为其提供 15s 左右的预警时间。

14.4.3　VSN (Virtual Sub-Network，虚拟子网) 法

在上述花莲的试验中，我们证明了利用较小的台网可显著缩短地震速报的时间 (Wu et al., 1997，1999)。这引导我们尝试在现有 RTD 台网的硬件系统内设计和配置一个 VSN。监测系统自动配置的 VSN 依赖于地震事件且随时间变化。通过 VSN，我们能很大程度地减少地震速报时间，使得地震预警有效地覆盖整个台湾地区成为可能。

只有近台 (震中距小于 60km) 记录的数据在震中和震级确定方面起关键性作用。在 RTD 台网构架中，我们选择只处理来自事件周围形成 VSN 的那些 RTD 台站子集的信号。一旦 RTD 被事件触发，则系统自动提取 RTD 输入信号通道子集，并且围绕此事件 60km 半径内配置 VSN。图 14.6 还给出了可能的 VSN 配置的数量，其中每个 VSN 通常由十几个台站组成。为该事件提取的数据流形成了基本的 VSN 输入数据，用于其后的 EWS 工作。

对所有震中距小于 60km 范围内台站的信号组合并通过多路 I/O 板提取，形成 VSN 输入，然后在专用计算机上通过 VSN 软件进行并行处理。通过一系列的实验来确定 60km 半径台网的最佳记录时间。我们的结果显示，10s 在最佳值附近。一旦 VSN 系统记录到 10s 的波形，则立即被处理，给出 Wood-Anderson 仿真地震图以测定其震级，进而产生对应的矩震级。若进一步减少记录时间则会导致震级测量的可靠性和稳定性显著降低，因为可用的 S 波大振幅数目不够。另一方面，若增加记录时间则会严重影响地震预警时间，却不能显著改进震级测定质量。VSN 系统被编程为连续记录 P 波初至后的前 10s 波形，之后将进行震源定位和震级测定。这些结果将自动传播给用户。

我们在现有 RTD 台网上实现了上述 VSN 操作。在 2000 年 12 月到 2005 年 6 月这段时期里，我们共实时检测、处理和速报了 125 次 M_L 在 4.5~6.8 级之间的地震。如果我们假设离线的人工处理结果是正确结果，VSN 处理结果给出的震中平均误差为 6 ± 8km(图 14.7)，在地方震级的测

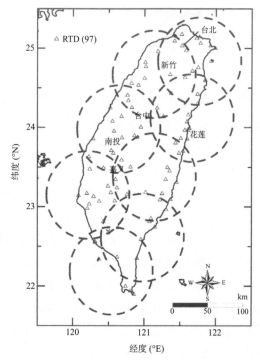

图 14.6　台站分布图

图中显示 RTD 系统台站和用软件从 RTD 系统配置成的半径 60km 示例 VSN 台网

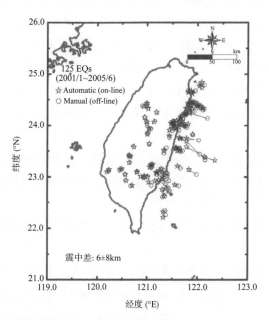

图 14.7　VSN 台网定位结果与人工定位结果的差异

定上有 0 ± 0.3 单位的不确定性。速报时间不超过 30s，平均速报时间约 22s。CWB 地震预警系统处理结果详见表 14.1。

表14.1　CWB地震预警系统的部分典型记录

日期 （月/日/年）	发震 时刻	自动读取到时				人工读取到时				速报 用时 (s)
		纬度 (°N)	经度 (°E)	深度 (km)	M_L	纬度 (°N)	经度 (°E)	深度 (km)	M_L	
10/23/2004	14:04:27	25.01	121.58	10.0	4.0	25.02	121.57	9.2	4.1	15
10/26/2004	08:20:45	22.88	121.32	23.9	4.6	22.91	121.25	21.9	4.3	17
10/28/2004	02:05:32	23.93	121.50	53.5	4.7	23.89	121.64	49.5	4.2	21
10/30/2004	01:31:52	24.51	121.82	64.7	4.8	24.53	121.80	60.8	3.7	22
11/03/2004	14:11:06	23.39	120.48	7.4	3.7	23.39	120.45	8.8	3.9	13
11/07/2004	02:47:52	23.96	121.42	13.7	4.0	23.94	121.44	14.5	3.9	29
11/07/2004	14:57:55	23.79	121.08	26.6	4.2	23.78	121.06	29.5	4.2	32
11/09/2004	01:07:47	24.58	122.00	56.9	4.9	24.58	121.89	54.3	4.0	22
11/10/2004	11:00:32	23.08	121.76	12.1	4.2	22.95	121.74	11.7	4.3	24
11/11/2004	02:16:44	24.36	122.18	20.7	5.7	24.31	122.16	27.1	6.1	21
11/12/2004	07:06:46	24.19	121.69	9.6	3.9	24.19	121.68	4.9	4.1	16
11/12/2004	08:35:14	24.47	121.88	16.6	4.2	24.46	121.89	15.6	4.0	20
11/13/2004	15:22:04	24.00	121.70	33.8	4.4	24.00	121.68	29.2	4.2	16
11/19/2004	06:24:48	24.06	121.41	2.5	3.6	24.02	121.48	18.8	3.7	16
11/27/2004	19:27:28	24.00	121.67	21.0	3.9	24.01	121.67	19.7	3.7	15
12/08/2004	11:32:34	22.85	121.44	20.5	4.9	22.89	121.39	19.3	4.6	21
12/22/2004	00:18:07	23.38	121.48	28.6	4.8	23.38	121.47	30.4	4.9	18
12/22/2004	00:28:47	23.36	121.51	23.5	4.5	23.37	121.46	29.9	4.3	20
12/24/2004	20:56:48	24.04	121.57	10.9	3.6	24.03	121.62	8.6	3.7	13

　　CWB 速报了 2003 年 12 月 10 日发生的台东成功地震（M_W=6.8），震源深度为 10km。该主震发生在 23.10°N、121.34°E 的台湾地区东部沿海附近，靠近台东县成功镇（图 14.8）。CWB 的 EWS 对此次地震的速报结果为相同的震中位置，震级 6.6，用时 22s。这是 CWB 地震预警系统的典型案例。

　　对于区域预警，CWB 实现了 20s 左右的地震速报时间 (Wu et al., 1998, 1999; Wu and Teng, 2002)。这可为距离震中 70km 或更远的大城市提供地震预警。对于发生在 1999 年 9 月 20 日台湾地区集集地震同一地方的地震，台北市区距离震中 145km，这样就能获得 20s 以上的地震预警时间。图 14.9 显示了类似再次发生集集地震这样的地震事件时，预计台湾地区各地的地震预警时间。图 14.9 中的小三角形表示小学所在位置，这实际上也反映了当地的人口密度。

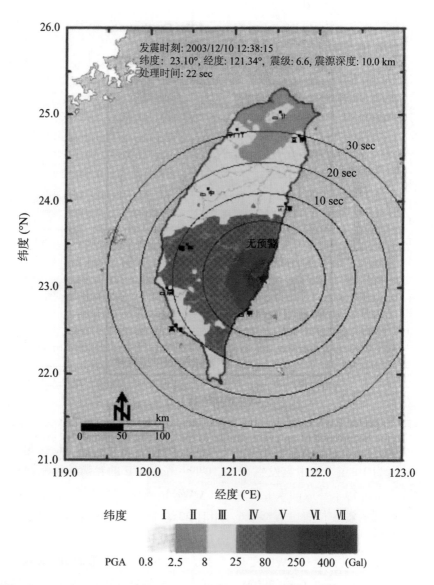

图 14.8 2003 年 12 月 10 日台湾地区台东成功地震预警成效示意图

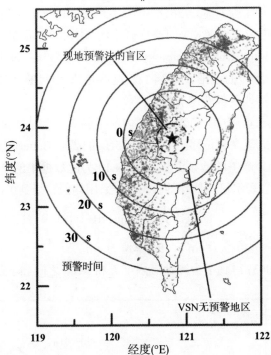

图14.9　再次发生类似 1999 年 9 月 20 日集集地震的地震后，台湾地区各地预期的 EWS 预警时间分布 (以圆圈表示)

半径为 21km 的虚线小圆圈表示现地预警法的盲区边界。三角形表示小学所在位置，可作为台湾地区人口密度分布的参考

14.5　现地预警方法

任何地震预警系统都有一个"盲区"，即距离震中小于一定范围内的地方接收不到预警。台湾地区 EWS 也有自己的"盲区"，定义为距离震中半径约 70km 的圆圈范围。为了向靠近震源的地区提供预警，可取的办法是配套使用现地 EWS。最近，Kanamori(2005) 发展了 Nakamura(1988) 以及 Allen 和 Kanamori(2003) 的方法以确定参数 τ_c，它可由 P 波的初始 3s 反映该地震的大小。Wu and Kanamori(2005b) 的结果表明同台址的 Pd(P 波初始 3s 内的位移峰值振幅) 与 PGV (peak ground motion velocity，峰值地震动速度) 有良好的相关性。利用 Pd 信息可预测预期的震动强度，以用于

地震预警。我们研究 τ_c 和 Pd 方法的应用以补充台湾地区 EWS 的前端检测。

本研究采用了台湾地区 26 次 $M_W > 5.0$ 地震的一共 208 条强震动记录。选择的标准为：在哈佛 CMT 目录中列出的 $M_W > 5.0$ 且震源深度小于 35km 的 地 震 (见 http://www.seismology.harvard.edu/CMTsearch.html)。 TSMIP 记录到了这些地震的波形 (图 14.1)。这些地震发生在 1993 年到 2003 年期间，且在台湾地区都普遍有感。

采用的记录是震中距 30km 范围内最近的 8 个台站的垂直分量。用加速度记录积分成速度与位移。应用 0.075Hz 的高通 Butterworth 递归滤波器消除上一次积分产生的低频漂移。图 14.10 为此数据集的 PGV 与 Pd 的关系图。实心符号表示每次地震的平均值。采用均值，得到了以下回归关系：

$$\lg(PGV)=0.832\lg(Pd)+1.481 \qquad (14.2)$$

这里 PGV 的单位为 cm/s，Pd 单位为 cm。

Wu 等 (2003) 得到了台湾地区烈度 I_t 和 PGV 之间如下的关系

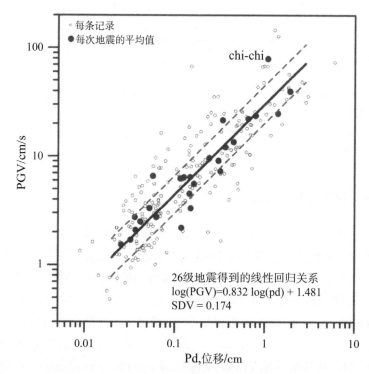

图 14.10 26 次地震的 Pd (初始位移峰值振幅) 与 PGV 地面峰值速度之间的关系图 (实线表示最小二乘拟合，两条虚线表示 1 倍标准偏差的范围

$$I_t=2.138\lg(\text{PGV})+1.890 \qquad (14.3)$$

综合式（14.2）和式（14.3），可由 Pd 估计 I_t 为

$$I_t=1.779\lg(\text{Pd})+5.056 \qquad (14.4)$$

这里 Pd 单位为 cm。

参数 τ_c 由下式确定：

$$\tau_c=\frac{2\pi}{\sqrt{r}} \qquad (14.5)$$

这里，

$$r=\frac{\left[\displaystyle\int_0^{\tau_0}\dot{u}^2(t)dt\right]}{\left[\displaystyle\int_0^{\tau_0}u^2(t)dt\right]} \qquad (14.6)$$

这里 $u(t)$ 和 $\dot{u}(t)$ 分别为地震动位移和速度；τ_0 为所用记录的持续时间，通常为 3s，τ_c 则可用持续输入的数据计算得出。τ_c 可反映地震大小，且原则上至少在一级近似时是与震中距无关的。图 14.11 表示所有地震事件的 τ_c (空心符号表示) 及 τ_c 均值 (实心符号表示) 与 M_w 之间的关系。一般，τ_c 值随 M_w 增大而增大，因而对测量震级是有用的 (Kanamori, 2005)。

虽然 $\lg\tau_c$ 随震级呈近似直线型增长，但对于 $M<5.5$ 地震来说，离散还是较大。离散大主要是由于当前 3s 的振幅很小时，信噪比 (S/N) 低。因此，我们删除了 Pd<0.1cm 的数据，只采用震中距 $\Delta<30\text{km}$ 的前 8 个台站的记录来计算 τ_c。图 14.12 显示了采用 Pd>0.1cm 的前 8 条记录的结果。最后由记录可用的 12 次地震得出 τ_c 均值与 M_w 的关系为

$$\lg\tau_c=0.221M_w-1.113 \qquad (14.7)$$

或者反过来，

$$M_w=4.525\lg\tau_c+5.036 \qquad (14.8)$$

通过利用 τ_c 和 Pd 方法，可由 P 波的初始 3s 估计出震级和地震动强度。

图 14.13 给出了在参考震源深度为 10km 时 P 波和 S 波的走时。目前通过应用 VSN 方法，台湾地区 EWS 在地震发生后 22s 可提供速报。当前根据 VSN 方法，EWS 能对距离震中 70km 范围外的区域提供预警（即

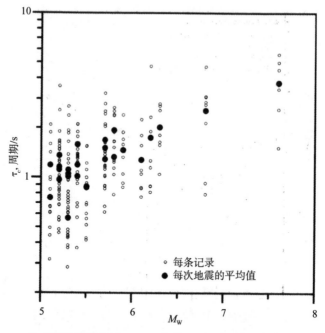

图 14.11 26 次地震的周期参数 (τ_c) 与矩震级 (M_W) 的关系图

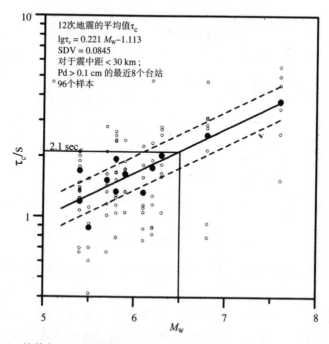

图 14.12 τ_c 均值与 M_W 的关系图

（数据来源于 12 次地震 Pd > 0.1cm 的最近 8 个台站记录）

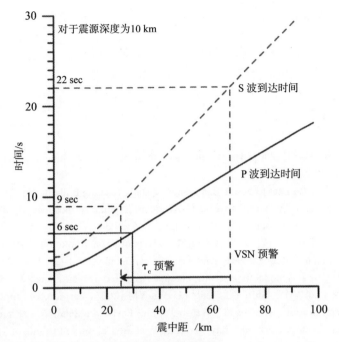

图 14.13 τ_c 方法与 VSN 方法的速报时间和预警距离

盲区半径为 70km)。在 τ_c 方法的研究中，采用了震中距 30km 范围内台站的 P 波强震记录。图 14.13 表示 P 波传播 30km 需要 6s 时间。由于此方法只需要 3s 波形数据，总过程大概需要 9s 时间。这段时间里，S 波从震中传播了 25km，这样，最终可将盲区半径减小到 25km(图 14.8)。

14.6　展望

当今，CWB 研发的 EWS 是一个可靠的区域地震预警系统。它可在大地震发生后约 20s 报告地震信息。今后，通过应用 τ_c 和 Pd 方法以及必要的硬件改善，速报时间缩短至 10s 左右是可能的。τ_c 和 Pd 方法是现地预警方法。由于此方法是根据 P 波初始部分估计地震参数，故估计值有很大的不确定性是不可避免的。因此，未来的系统应是采用现地预警方法和区域预警方法的混合系统。由于苏门答腊地震和海啸的惨重灾难，Lee 等 (2005) 向 CWB 提出计划以整合海啸预警和地震预警。正在研究该整合方案以在近期实施。

14.7　致谢

感谢 Hiroo Kanamori 教授给予我们的启发与鼓励。本研究得到了"台湾中央气象局"和"台湾国家科学委员会"的资助。

参考文献

Allen R, Kanamori H (2003) The potential for earthquake early warning in South California. Science 300: 786~789

Cooper JD (1868) Letter to Editor. San Francisco Daily Evening Bulletin, Nov. 3, 1868

Espinosa-Aranda J, Jiménez A, Ibarrola G, Alcantar F, Aguilar A, Inostroza M, Maldonado S (1995) Mexico City seismic alert system. Seism Res Lett 66: 42~53

Grecksch G, Kumpel HJ (1997) Statistical analysis of strong-motion accelerogram and it application to earthquake early-warning systems. Geophys J Int 129: 113~123

Heaton TH (1985) A model for a seismic computerized alert network. Science 228: 987~990

Hsiao NC, Lee WHK, Shin TC, Teng TL, Wu YM (2005) Earthquake rapid reporting and early warning systems at CWB in Taiwan. Poster presentation, Earthquake Early Warning System Workshop, July 13-15, 2005 at the California Institute of Technology, Pasadena, California (website address: http://www.seismolab.caltech.edu/early.html)

Hsu M T (2003) Seismological observation and service in Taiwan (up to 1970). In: Lee WHK, Kanamori H, Jennings PC, Kisslinger C (eds) International Handbook of Earthquake and Engineering Seismology, Part B, CD#2\79_15China(Taipei)\Tai70Hist. pdf, Academic Press, Amsterdam

Kanamori H (2003) Earthquake prediction: an overview. In: Lee WHK, Kanamori H, Jennings PC, Kisslinger C (eds) International Handbook of Earthquake and Engineering Seismology, Part B, pp 1205-1216, Academic Press, Amsterdam

Kanamori H (2005) Real-time seismology and earthquake damage mitigation. Annual Review of Earth and Planetary Sciences 33:5.1-5.20, doi: 10.1146

Kanamori H, Hauksson E, Heaton T (1997) Real-time seismology and earthquake hazard mitigation. Nature 390: 461~464

Lee WHK (1995) A project implementation plan for an advanced earthquake monitoring system. Research Report of the Central Weather Bureau, Taipei, Taiwan, No. 448, 411 pp

Lee WHK, Espinosa-Aranda JM (2003). Earthquake early warning systems: Current status and perspectives. In: Zschau J, Kuppers AN (eds) Early Warning Systems for Natural Disaster Reduction, 409~423, Springer, Berlin

Lee WHK, Ma KF, Teng TL, Wu YM (2005) A proposed plan for integrating earthquake and tsunami warning at CWB in Taiwan. Poster presentation, Earthquake Early Warning System Workshop, July 13-15, 2005 at the California Institute of Technology, Pasadena, California (website address: http://www.seismolab.caltech.edu/early.html)

Lee WHK, Shin TC, Teng TL (1996) Design and implementation of earthquake early warning systems in Taiwan. Proc. 11th World Conf. Earthq. Eng., Paper No. 2133

Nakamura Y (1988) On the urgent earthquake detection and alarm system (UrEDAS). Proc. of the 9th world conference on earthquake engineering, Tokyo-Kyoto, Japan

Shin TC, Teng TL (2001) An overview of the 1999 Chi-Chi, Taiwan, earthquake. Bull Seism Soc Am 91: 895~913

Teng TL, Tsai YB, Lee WHK (2001) Preface to the 1999 Chi-Chi, Taiwan, Earthquake Dedicated Issue. Bull Seism Soc Am 91:893~894

Teng TL, Wu YM, Shin TC, Lee WHK, Tsai YB, Liu CC, Hsiao NC (2005) Development of earthquake rapid reporting and early warning systems in Taiwan. Oral presentation, Earthquake Early Warning System Workshop, July 13-15, 2005 at the California Institute of Technology, Pasadena, California (website address: http://www.seismolab.caltech. edu/early.html)

Teng TL, Wu YM, Shin TC, Tsai YB, Lee WHK (1997) One minute after: strong-motion map, effective epicenter, and effective magnitude. Bull Seism Soc Am 87: 1209~1219

United States Geological Survey (1998) A plan for implementing a real-time seismic hazard warning system – A report to congress required by public law 105-47. March 27, 1998, USA

Wu YM, Kanamori H (2005a) Rapid assessment of damaging potential of earthquakes in Taiwan from the beginning of P Waves. Bull Seism Soc Am 95: 1181~1185

Wu YM, Kanamori H (2005b) Experiment on an onsite early warning method for the Taiwan early warning system. Bull Seism Soc Am 95: 347~353

Wu YM, Teng TL (2002) A virtual sub-network approach to earthquake early warning. Bull Seism Soc Am 92: 2008~2018

Wu YM, Zhao L (2006) Magnitude estimation using the first three seconds P-wave amplitude in earthquake early warning. Geophys Res Lett 33: L16312

Wu YM, Chen CC, Shin TC, Tsai YB, Lee WHK, Teng TL (1997) Taiwan Rapid Earthquake Information Release System. Seism Res Lett 68: 931~943

Wu YM, Shin TC, Tsai YB (1998) Quick and reliable determination of magnitude for seismic early warning. Bull Seism Soc Am 88: 1254~1259

Wu YM, Chung JK, Shin TC, Hsiao NC, Tsai YB, Lee WHK, Teng TL (1999) Development of an integrated seismic early warning system in Taiwan – case for the Hualien area earthquakes. TAO 10: 719~736

Wu YM, Hsiao NC, Teng TL, Shin TC (2002) Near real-time seismic damage assessment of the rapid reporting system. TAO 13: 313~324

Wu YM, Teng TL, Shin TC, Hsiao NC (2003) Relationship between peak ground acceleration, peak ground velocity, and intensity in Taiwan. Bull Seism Soc Am 93: 386~396

Wu YM, Kanamori H, Allen RM, Hauksson E (2006a) Experiment using the τc and Pd method for earthquake early warning in Southern California. Submitted to Geophysical Journal International

Wu YM, Yen HY, Zhao L, Huang BS, Liang WT (2006b) Magnitude determination using initial P waves: A single-station approach. Geophys Res Lett 33: L05306

Yu SB, Kuo LC, Punongbayan RS, Ramos EG (1999) GPS observation of crustal deformation in the Taiwan-Luzon region. Geophys Res Lett 26: 923~926

Zschau J, Kuppers AN (eds) (2003) Early Warning Systems for Natural Disaster Reduction. Springer, Berlin, 834

第15章　用于地震快速响应的 FREQL和AcCo

Yutaka Nakamura，Jun Saita

系统与数据研究有限公司
(System and Data Research Co. Ltd.)

摘要

　　地震预警分两类：一类是"现地预警"，基于那些在有潜在危险现场的观测数据；另一类是"前端预警"，它基于震中附近的观测对可能遭到破坏地区发布预警。对于上述每一类，还有更进一步的两种分类：一种是超过预设预警水平报警 (S 波预警或触发预警)，另一种是在地震动初期预警 (P 波预警)。

　　对于 P 波预警方式，已研制新的小型仪器 FREQL，可缩短发布预警所需的处理时间，并结合了 UrEDAS 和 Compact UrEDAS 两大预警系统的功能。在检测到 P 波后的一秒钟内 FREQL 可发出报警，并在一秒钟内可估算出地震的参数。2005 年 FREQL 被东京消防厅超级救援队采用，用以避免其队员在震后救援时遭遇大余震的危害。

　　另一方面，当地设施立即获取它们"自己的"强地面运动指数以便快速做出响应是必要的。为此，我们研发了一种简单的地震计，取名"AcCo"，即"加速度记录仪"。这种独特的掌上型地震计具有明亮的指示器、内存储器、报警蜂鸣器和转发连接器。

　　近年来，许多地方已经安装了地震计，使得更容易获得地震信息。然而，地震预警系统必须自行承担风险，而权威部门发布的公共信息只能用于地震后的响应。在这方面来说，FREQL 和 AcCo 是在防灾减灾中使用。FREQL 是检测 P 波并发出预警的全球最快的地震预警系统：单个地震计可发出四种预警：基于地震危险性和地震参数的 P 波报警；以及由加速度记录和 RI(real time intensity，实时烈度) 触发的 S 波预警。AcCo 是一种简单的掌上型地震计用以实时测量加速度和烈度。FREQL 和 AcCo 两者相结合能实现有效的预警系统，且能指出地震灾害的应对措施。

15.1 引言

地震预警分两类：一类是"现地预警"，基于那些在有潜在危险现场的观测数据；另一类是"前端预警"，基于震中附近的观测记录对可能遭到破坏地区发布预警。对于上述每一类，还有更进一步的两种分类：一种是超过预设预警水平报警 (S 波预警或触发预警)，另一种是在地震动初期预警 (P 波预警)。

在地震预警计划的初期阶段，只安装一个能简单触发报警的地震计。这就是预警地震计，只观测在预警目标附近的强地震动。当地震动超过事先设定的预警水平时，预警地震计即刻启动报警。为了使误报概率尽可能低，预警水平设定得相当高，以致于发出预警的同时剧烈地震动就已经来临。尽管如此，预警地震计在自动切断天然气供应或其他系统方面还是有用的。

为了延长强地面运动到达之前的预警时间，就得考虑一些在震源区附近检测地震的方法。这个概念最初是在 1868 年由加利福尼亚的 J.D.Cooper 博士提出来的。Cooper 建议在地震震源附近安装地震检测器。当这些地震检测器被地震触发时，将电信号以电报形式发送到旧金山以敲响市政厅中的警钟，以此提醒市民要发生地震了。在这个最初设想过去一百多年后，第一个实现 Cooper "前端预警"构想的系统 1982 年被研发出来，以保护日本东北新干线铁路。随后，墨西哥城 SAS(Sistema de Alerta Sísmica，地震预警系统)1991 年投入使用。

后来，人们发明了一种以检测地震动初始部分为基础的新系统，用于根据地震破坏的风险大小发出预警。第一个具有实际意义的 P 波检测系统 UrEDAS 是 1992 年发明的，作为东海道新干线的前端预警系统。之后 1996 年在山阳新干线上安装了几乎相同的一套系统。

阪神大地震灾害激发我们开发早期的 P 波预警系统，因为感到有必要发布现地 P 波预警。于是开发出 Compact UrEDAS，并安装在东北、上越和长野新干线以及东京首都地铁中。随后，和歌山县决定为他们自己

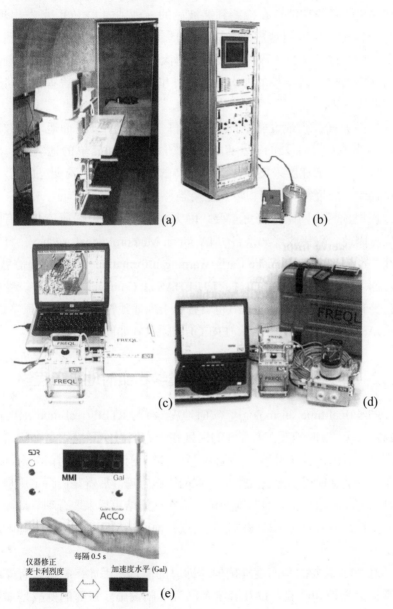

图 15.1 UrEDAS，Compact UrEDAS，FREQL 和 AcCo

(a)UrEDAS；(b)Compact UrEDAS；(c) 为固定安装型 FREQL；(d) 便携型 FREQL；(e)（AcCo）

的海啸灾害防御系统安装 UrEDAS，并已在 2000 年开始试运行。

作为 UrEDAS 和 Compact UrEDAS 的下一代，已开发出新的小型仪器 FREQL，以缩短发出预警的处理时间并结合了 UrEDAS 和 Compact UrEDAS 两者的功能。在检测到 P 波后的一秒钟内 FREQL 可发出预警，并在一秒钟内估算出地震的参数。2005 年 FREQL 被东京消防厅超级救援队采用，以免队员在震后救援时遭遇大余震的危害。在 2004 年新潟地震后从滑坡中营救小孩的那次著名事件里，超级救援队曾害怕那时会有余震造成灾害。

另一方面，当地设施立即获取它们"自己的"强地面运动指数以便快速做出响应是必要的。为此，我们研发了一种简单的地震计，取名"AcCo"，即"加速度采集器"。这种独特的掌上地震计具有明亮的指示器、内存存储器、报警蜂鸣器和转发连接器。

现地预警比网络预警更重要，因为网络预警在数据通信期间有时会丢失。因此，仅接收诸如来自 JMA(Japan Meteorological Agency，日本气象厅) 的 EEWI (Earthquake Early Warning Information，地震预警信息) 是不够的。相比之下，FREQL 拥有 UrEDAS 和 Compact UrEDAS 二者的现地预警和网络预警功能。AcCo 也具备用于现地预警的一些简单预警功能。UrEDAS，Compact UrEDAS，FREQL 和 AcCo 如图 15.1 所示。

15.2　作为防灾手段的实时地震学和实时地震工程学

RTS (real-time seismology，实时地震学) 与 RTEE (real-time earthquake engineering，实时地震工程学) 的区别在于它们对实际应用是有间接的还是直接的贡献，就像科学与工程的差别一样。前者通过及时向公众详尽地发布有用信息使得在地震发生后采取的措施合理。后者是向特定用户发送信息以启动防范措施。就时间而论，为在地震结束后采取合理行动需要前者的贡献，而后者对于地震刚发生后或强地面运动刚到来时的立即响应是必需的。

对 RTS 需要的是高度准确但非即时的信息，因此，它可以有效利用地震学的知识和经验，以及观测台网等基础设施。目前的挑战是如何使观测信息尽可能准确，并将信息快速传达给所关注的每一人。

相比之下，由于 RTEE 最重要的目标就是降低灾害的程度或灾害发生的可能性，所以有必要迅速无疑地发出预警。为此目的，首先应关注的是必须安装一个用于预警的自己的观测系统，而不依赖来自其他部门的信息。若还可以接受其他信息则再利用这些信息也是可能的。如何发出和使用预警必定取决于各公司和现场的情况。再次强调，在地震情形下，只依靠从别的部门通过数据传输网络得到的信息是有风险的。

在日本，JMA已经开始试行分发EEWI。很明显，EEWI是属于RTS范畴的。因此，EEWI只是地震检测的产物，并且必定是不限制接受地向公众发布。虽然某些情况下使用这些信息是为了预警，但EEWI的主要用途还是在地震结束后开展有效的对策措施。EEWI必须用于无需预警时迅速取消预警。在这点上，准确性是最重要的，即使有几秒钟的延迟也不是问题，因为这种信息出现错误会导致严重的混乱。如果能在事件发生后一两分钟内提供准确信息就足够了。必须合理地取消预警，而EEWI可以作为这方面的一个有用工具起到重要作用。

在地震初期获取地震动分布是必要的。预期地震灾害防御能力将随着相当迟的公共信息与当地密集的快速信息相结合逐渐提高。

15.3 建议的合理地震预警指数

15.3.1 *DI*值及其他震害指数

本节主要研究强震动指数，如 *DI* 值。*DI* 的概念在 1998 年首次提出 (Nakamura, 1985)。P 波预警系统基于 *PI* 值，即 P 波部分的 *DI* 最大值，该系统同年开始在日本东北新干线上运行。

地震力与速度的内积是地震动功率。这样，响应加速度矢量 a 与响应速度矢量 v 的内积可被认为是所产生地震动的功率。因此，间接计算功率的一种方法即采用加速度记录。为避免数值太大，*DI* 定义为功率的对数如下：

$$DI = \lg(|\sum(a \cdot v)|)$$

定义 *DI* 值为 *DI* 的最大值。分析 *DI* 随时间的变化及 *DI* 值可知，地震波到达时 *DI* 增大，且表明 *DI* 值与 Ijma(seismic intensity of JMA，日本气象厅烈度) 之间有好的对应关系，二者间有一个常数偏移。当地震动速度单位为 0.001cm/s，且加速度单位为 Gal(即 cm/s/s)，在频率为 0.1~5Hz 范围内计算 *DI* 时，其偏移为 0.6。

为考虑垂直向地震动对计算 *DI* 的影响，我们选用包括 2003 年日本宫城县冲地震 (*M*7.0)、2003 年日本宫城县 Hokubu 地震 (*M*6.2) 以及 2003 年日本十胜冲地震 (*M*8.0) 在内的 314 个场地记录。用三分量计算的 *DI* 值，与略去垂直分量计算的 *DI* 值，二者均值只差 0.013，标准偏差为 0.035。因此，本文中只采用地震动水平向的两分量计算 *DI* 值。

如今，在地面观测的峰值加速度被广泛公布，但没有频率范围。宽频带观测的峰值加速度偏大。由于在观测技术上的最新进展，观测的频率范围扩展到更高的频率。因此，如以往经验预计的那样，观测到的较大峰值加速度不会造成震害。相比之下，JR(Japan Railway，日本铁道公司) 已经将用于预警的加速度频率范围限制在 0.1~5Hz 之间。

本文中采用的数据波形来源于 K-NET、KiK-net 和台湾地区气象局。本数据集的震级和 Ijma 范围分别为 *M*3.8~8.0 和 *M*0.6~6.6。主要震例是 1995 年阪神地震 (*M*7.2)、2000 年鸟取地震 (*M*7.3)、2001 年芸予地震 (*M*6.7)、2003 年宫城县冲地震 (*M*7.0)、2003 年宫城县 – 熊本县地震 (*M*5.4~6.2)、2003 年十胜冲地震 (*M*8.0)、2004 年新潟地震 (*M*6.8) 以及 1999 年台湾地区集集地震 (*M*7.6)。根据这些数据公布的 PGA(peak ground acceleration，地面运动加速度峰值) 是由未经滤波且最高频率为 30Hz 的两水平分量或三分量波形记录计算得来。为区分 PGA 与具有 JR 警报特性的最大加速度，我们采用 "5Hz PGA"，即 5Hz 低通滤波后的 PGA。

Ijma 是由每个组织根据 JMA 的定义计算的。*SI* 值有几种不同的定义，这里采用东京燃气公司的定义 (即公认的 *SI* 传感器)。这个 *SI* 值略小于 PWRI(Incorporated Administrative Agency Public Works Research Institute，日本土木研究所) 定义的 *SI* 值。

15.3.2　Ijma、*SI* 值与 5HzPGA 之间的关系

在本节中将相互比较三种主要且有实际意义的指数 Ijma、*SI* 值和 5HzPGA。图 15.2 和图 15.3 分别显示 Ijma 与 5HzPGA 、Ijma 与 *SI* 值之间的关系。这些图表明，*SI* 值对应 Ijma 的离散范围与 5HzPGA 对应 Ijma 的离散范围几乎相同。图 15.4 表明 Ijma 与 PGA 的离散关系较大。这

些图表明通常加速度与震害没有较好的对应关系，但过滤高频成分后的5HzPGA 与 *SI* 值较一致，而 *SI* 值与震害有很好的对应关系。这里，建议

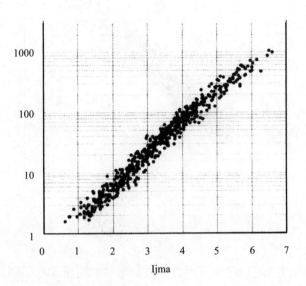

图 15.2 Ijma 与 5HzPGA 之间的关系图

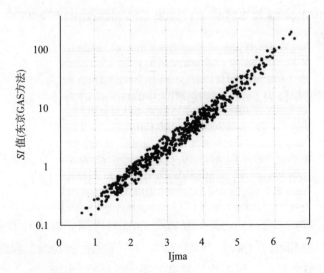

图 15.3 Ijma 与 *SI* 之间的关系图

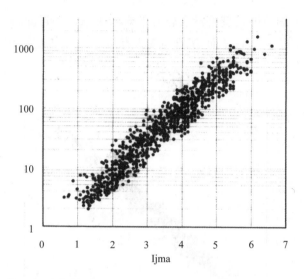

图 15.4 Ijma 与 PGA 之间的关系图

在同一频率范围内进行讨论，因为峰值加速度取决于频率范围。

15.3.3 *RI* 值及其与 Ijma 的关系

对应 Ijma 的 *RI* 值定义如下。这里，当加速度单位为 cm/s^2，速度单位为 cm/s 时为：

$$RI=DI+2.4$$

当加速度单位为 cm/s^2，速度单位为 0.01cm/s 时为：

$$RI=DI-0.6$$

图 15.5 显示 *RI* 值、*RI* 最大值与 Ijma 之间的关系。这里采用的数据震级在 *M*3.8~8.0 之间，Ijma 范围是 0.6~6.6。有 910 条强震记录，Ijma 与 *RI* 平均相差 0.050，标准偏差为 0.134。因此，在实际应用上可以说 *RI* 值与 Ijma 是一样的。图 15.6 显示 *RI* 值与 Ijma 对应同一震级时的关系。当 *M*<7 时，*RI* 值略小于 Ijma；当 *M*>7 时，*RI* 值略大于 Ijma。因为震级较大时优势频率会变小，而当优势频率变高时 *RI* 值会小于 Ijma，当优势频率变低时 *RI* 值会大于 Ijma。最近关于地震灾害与地震动关系的研究表明，这种 *RI* 特性更适于作为强地面运动指数。

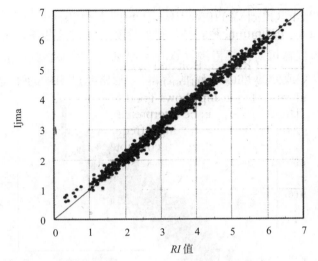

图 15.5 *RI* 与 Ijma 之间的关系图

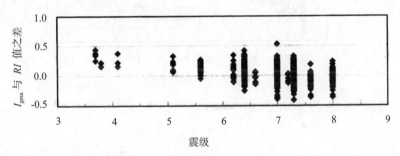

图 15.6 震级、*RI* 与 Ijma 之间的关系图

15.3.4 建议的仪器 MMI

在上一节中，与 Ijma 相关的 *RI* 值是在 *DI* 的基础上定义的。本节将提出仪器 MMI。Ijma 与 MMI 的等级分别为 0~7 与 1~12。首先，对应于 Ijma 的 *RI* 值与已有 MMI 一致性增大，然后通过与峰值加速度和峰值速度对比来验证其有效性。建议的公式如下：

$$MMI = \frac{11}{7}RI + 0.50 = \frac{11}{7}DI + 4.27$$

图 15.7 显示由上述公式计算得到的 MMI 与 PGA 之间的比较。图中所示 MMI 与 PGA 的关系由 Richter (1958)、Bolt (1993) 和 Wald (1999) 提出。遵循 Richter 的定义，PGA 随 MMI 增大而增大。仪器 MMI 与 PGA 之间的关系包括 Richter、Bolt 和 Wald 三者定义的差别。

图 15.8 显示仪器 MMI 与 5HzPGA 之间的关系，且除最新的关系 (David J.Wald，1999) 外，两者都可很好地对应。对这些图形可作如下解释：利用新仪器可对高频范围计算峰值加速度，因为高频成分不导致震害，故含高频成分的 PGA 偏离地震烈度。通常超过 5Hz 的强震动不会对

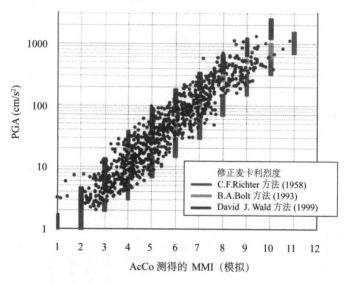

图 15.7　MMI 与 PGA 之间的关系图

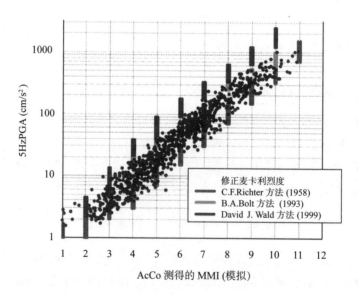

图 15.8　MMI 与 5HzPGA 之间的关系图

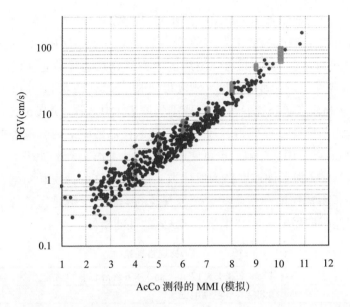

图15.9 MMI 与 PGV 之间的关系图

结构产生严重震害。由于以前的观测范围低于5Hz，所以预期仪器MMI与5HzPGA的关系类似于原始的MMI与PGA的关系。

图15.9显示仪器MMI与峰值速度PGV的关系，与Bolt发现的关系几乎一致。因此，可以说已验证了所提出的实时仪器MMI的正确性。

15.4 AcCo

15.4.1 AcCo概述

由于通常的地震计价格昂贵，且需要专业人员安装与维护，所以只能在有限的设备上安装。神户地震后，地震计大量增加，但在全日本最多也只有几千套。这不是一个大数目，因为这意味着每几十平方千米或几万人才有一套。不过，相对其他地震频发但只有少量地震计的国家而言，日本所拥有地震计的数量还是算多的。对于那些国家，很难针对地震灾害采取有效措施，因为不可能基于强震动记录来获取和分析灾害情况并以某种策略规划城市。

AcCo(Acceleration Collector，加速度记录仪)，是为实现低成本发布预警信息和记录强震动而研发的简单地震计。AcCo只是掌上电脑大小的仪器，它不仅能显示加速度而且能给出世界上第一个实时烈度。AcCo 因此可由加速度或烈度触发来发布预警。当 5HzPGA(5 Hz low passed peak ground acceleration，5Hz 低通滤波后的地面运动加速度峰值) 超过 5Gal 时，AcCo 将指出加速度和烈度。烈度可从 RI、MMI 或者 PEIS(Philippine Earthquake Intensity Scale，菲律宾地震烈度表) 中选择。AcCo 可通过串行端口输出数字化地震波形，还可利用延迟存储器记录两个最大事件的波形。AcCo 可使用交流电，也可使用备用电池工作 7 个小时。

因为 AcCo 指示加速度作为惯性力，指示 *RI* 作为地震动功率，所以从经验中了解加速度和烈度的意义是有益的。这种了解是为获得地震动的确切图像所需要的。表 15.1 给出 AcCo 的性能指标。

表15.1　AcCo物理性能指标

尺寸	17cm（宽）×12cm（高）×6.5cm（厚）（不包括突出部分）
重量	0.8kg（不包括电池）
电源	AC100V~240V，50/60Hz，以及 4VA（附 AC 适配器） 后备电源 (*1)
工作温度	0~50℃
工作湿度	低于 80%（不结露）
传感器类型	两个方向的加速度
测量范围	每个方向高达 2g（2×980Gal）
噪声水平	小于 1Gal-rms
分辨率	大约 1/6Gal
采样率	1/100s
频率范围	DC-10Hz
事件存储（选项）	记录最大和次大事件，每个事件记录长度 108s 包括事件前的 30s
显示频率范围	对于 PGA 和烈度都是 0.1~5Hz
显示内容	加速度最大值、RI 或 MMI（选项）
显示类型	4 个高亮度字符 7 段发光二极管
预警输出 　频率范围 　预警条件 　输出方法	 0.1~5Hz 超过预设水平（*2） 红色 LED 发光，蜂鸣器，继电器和通过 RS-232C 输出
输出 　通信 　输出内容 　输出方法	 RS-232C(D-SUB 9 脚插座） 波形及其他信息 采用 RS-232C（D-SUB 9 脚插座）的原有协议。（连接 PC 需要可选择的软件和电缆）

AcCo 作为预警系统已经应用在很多领域，如不同类型的学校、工厂、铁路等。另外，AcCo 不仅在日本使用，还在菲律宾和台湾地区也已使用。此外，东京大都会地铁还采用 AcCo 作为"区域地震计"，用于地震预警后有效恢复运营。每个 3km 网格中安装了超过 30 台 AcCo。

上面提及的特性不随保证值而随观测条件改变。

(*1) 需要 006P(9V) 电池作为后备。

(*2) 可从 10、15、20、25、30、40、50、80、100、120、150 和 200Gal 共 12 级中选取。

15.4.2　简单触发方法的预警时间

在要求地震预警系统无差错的情况下，安装一个高可靠性和成熟的系统如 FREQL 是必要的。然而，在平均每年只有几次预警的地方，甚至是日本的地震活动水平较高的地区，通常只需要简单的预警系统就足够了。AcCo10Gal 预警或 RI2.0 预警就可以起到这种简单预警的作用。图 15.10 显示了不同预警时间之间的关系。

虽然 AcCo10Gal 预警或 RI2.0 预警触发要比 FREQL 系统的 P 波预警稍迟一点，但也大大早于普通的 S 波触发预警。

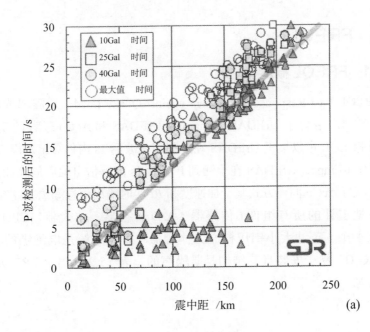

(a)

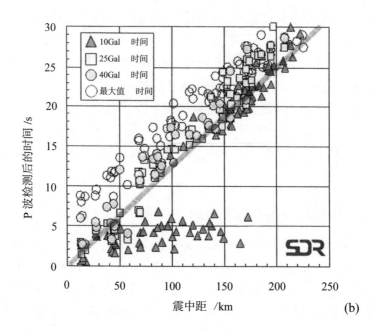

图 15.10 简单触发器的预警时间

(a)2000 年鸟取西部地震；(b)2001 年芸予地震

15.5 FREQL

15.5.1 FREQL 概述

FREQL(Fast Response Equipment against Quake Load，地震加载快速响应设备)，结合了 UrEDAS、Compact UrEDAS 和 AcCo 三者的功能。这表明 FREQL 可以早于 UrEDAS 在检测到 P 波后 1s 内估算出地震参数，可以早于 Compact UrEDAS 在检测到 P 波后 1s 内评估出地震危险性，同时还可以与 AcCo 同样方式基于加速度和 RI 实时输出信息和预警。

该地震计的所有组件 (传感器、A/D 转换器、放大器、CPU 等) 都放在一个 5 英寸大小铝压模立方体容器中，且系统是电绝缘的。因此，FREQL 易于安装且其结构是防噪声的。表 15.2 给出了 FREQL 的性能指标。

表15.2 FREQL的性能指标

尺寸	12cm(宽)×10cm(高)×12cm(厚)(不包括突出部分)	
重量	2.2kg	
电源	AC100V~240V 50/60Hz(电池单元加 UPS 可供电 3 小时)	
防水性	防溅湿	
地震检测	P 波检测和 S 波检测	
观测	加速度与速度	
输出	加速度、RI 与预警类别	
观测分量	两个水平分量和一个垂直分量	
采样率	1/100s	
预警	P 波预警	基于危险性 基于地震参数估计值
	S 波预警	由加速度水平触发 由烈度水平触发
通信	RS422	
环境	0~40℃	

FREQL 还有忽略雷电噪声的影响和在相当小的前震之后检测 P 波的功能。因此，可以说 FREQL 解决了一般地震预警系统存在的问题。据了解，1994 年洛杉矶北岭地震与 1995 年神户地区阪神地震前均有前震。地震预警系统的一个缺点就是，如果刚好在破坏性地震发生前有一个地震的话，系统不可能为大地震发出预警，因为它将这个前震当做一次小事件了。同时，在破坏性地震动到来时很难保持如此庞大的系统完全不出差错地运行。由于缺乏信息，只有这样的远程系统是靠不住的。因此必须考虑为重要设施安装现地预警系统。

15.5.2 FREQL 应用

FREQL 正朝着地震预警系统的新领域发展。东京消防厅超级救援队已决定在高风险余震活动下的救援工作中采用 FREQL(图 15.11)。

虽然超级救援队创造过很多佳绩，但他们的救援工作总是在大余震的风险下展开。在对新潟县中越地震中受灾地区的救援活动之后，东京消防厅考虑到所需预警系统的便携性、快速性和准确性，最终采用了我们的 FREQL 作为救援活动的支撑系统。为东京消防厅提供的 FREQL 包

图 15.11　利用 FREQL 系统的营救活动

括 FREQL 的主体、电源及可维持 3 小时的备用电池、中心监控系统以及带有响亮报警声 (> 105dB) 和旋转光源的便携式报警器。

从 2005 年春季开始，东京消防厅已为两个超级救援队配备了 FREQL 系统。在其对 2005 年巴基斯坦地震展开的救援活动中，他们报告称 FREQL 工作得很好。这种便携式 FREQL 正在向日本的很多消防部门推广。

15.6　结论

如今，许多地方安装了地震计，而且获取地震信息更加便捷。然而，地震预警系统发布预警须自行承担风险，并且权威部门在震后发布的公共信息仅用于应急反应。在这点上，经调查，FREQL 和 AcCo 适用于防灾。FREQL 在检测 P 波和发出预警方面是世界上最快的地震预警系统，单个地震计能发出四种预警：基于危险性和地震参数的 P 波预警，以及由加速度、实时烈度 RI 触发的 S 波预警。AcCo 是一种能实时测量加速度和烈度的简单的掌上型地震计。这些仪器结合起来能实现一个有效的地震预警系统，并能指出地震灾害的应对措施。

参考文献

Nakamura Y (1985) Earthquake Warning System of Japanese National Railways. Railway Technology 42(10): 371~376 (日文)

Shabestari TK, Yamazaki F, Saita J, Matsuoka M (2004) Estimation of the Spatial Distribution of Ground Motion Parameters for Two Recent Earthquakes in Japan. Journal of Tectonophysics 390(1~4): 193~204

Richter CF (1958) Elementary Seismology. W.H. Freeman and Co., pp. 136~140

Bolt BA (1993) Abridged Modified Mercalli Intensity, Earthquakes -New Revised and Expanded, Appendix C. W.H. Freeman and Co., 331

Wald DJ, Quitoriano V, Heaton TH, Kanamori H (1999) Relationships between Peak Ground Acceleration, Peak Ground Velocity, and Modified Mercalli Intensity in California. Earthquake Spectra 15(3): 557~564

Nakamura Y (2004) UrEDAS, Urgent Earthquake Detection and Alarm System, now and future. 13th World Conference on Earthquake Engineering, Paper #908

Nakamura Y (2004) On a Rational Strong Motion Index Compared with Other Various Indices. 13th World Conference on Earthquake Engineering, Paper #910

第16章 应用于意大利南部坎帕尼亚地区地震预警系统中的一种高级监测设施(ISNet)的开发与测试

Emanuel Weber[1], Giovanni Iannaccone[1], Aldo Zollo[2], Antonella Bobbio[1], Luciana Cantore[2], Margherita Corciulo[2], Vincenzo Convertito[1], Martino Di Crosta[2], Luca Elia[1], Antonio Emolo[2], Claudio Martino[2], Annalisa Romeo[2], Claudio Satriano[2]

1 维苏威火山观测站国家地球物理与火山学研究所,意大利那不勒斯
(Istituto Nazionale di Geofisica e Vulcanologia, Osservatorio Vesuviano, Napoli, Italy)

2 腓特烈二世大学物理科学系,意大利那不勒斯
(Dipartimento di Scienze Fisiche, Università di Napoli Federico II, Napoli, Italy)

摘要

在由坎帕尼亚地区资助的一个正在进行的项目框架中,为地震早期和事后预警的原型系统正在开发与测试中,其基础是正在亚平宁带区域安装的高密度、大动态范围的地震台网 (ISNet)。

本文报告了该地震台网的特点,集中研究不同的地震台网组件(数据采集器、传感器和数据通信)所要求的技术创新。

为确保一个大的动态记录范围,每个台站配备两种类型的传感器:强震动加速度计和速度计。

地震台站的数据采集使用的是由 Agecodagis 生产的 Osiris-6 型数据

采集器。每个台站备有两个 (120W) 太阳能电池板和两个 130 Ah 胶体蓄电池，可确保地震及无线电通信设备 72 小时能源自给。台站还配备了连接到几个环境传感器 (门迫、太阳能电池板控制器、电池、火灾等) 的 GSM/GPRS 可编程控制或警报系统，可通过它实时得知现场情况。

数据存储在本地硬盘上，同时不断地通过 SeedLink 协议经由无线局域网桥传输至本地采集或分析节点 (本地控制中心)。在每个 LCC(Local Control Center，本地控制中心) 台站运行的是 linux Earthworm 系统，存储与管理已获取的数据流。

实时分析系统将执行事件检测和地震定位，其基于数据采集器的触发器和从其他 LCCs 传来的参数信息。一旦事件被检测到，系统将会自动量取震级和估计震源机制。随即在地震发生后，RISSC 用来自 LCC 和 (或) 地震数据库的参数来生成震动图。所记录的地震数据被存储在事件数据库，以便分发和可视化，供进一步离线分析。

该地震台网将分两个阶段完成：

(1) 沿南部亚平宁链部署 30 个地震台站 (至今差不多已完成)；

(2) 为快速与可靠的数据传输建立一个运营商级的无线通讯系统，以及安装另外 10 个地震台站。

16.1　引言

作为先进的研究型地震台网的 ISNet (Irpinia Seismic Network，伊尔皮尼亚地震台网) 于 2002 年设计，经过发展，现处于由 RISSC 研究组 (a joint research group between the Physics Department of the "Federico II" University of Naples and the INGV-Osservatorio Vesuviano, Naples，那不勒斯腓特烈二世大学物理科学系与那不勒斯国家地球物理与火山学研究所 – 维苏威火山观测站的联合研究组) 完成的阶段。它由坎帕尼亚区域管理中心的分析与监控环境风险项目提供财政支持。ISNet 拥有一套完备的全新通信与现场基础设施，并且它的全数字化与快速采集通信系统呈现了它作为预警应用研究是理想的。

ISNet 是正在南部亚平宁链发展的大动态、高密集测震台网。它部署在过去几个世纪里曾多次被破坏性地震袭击的地区。其中最近发生的是 1980 年 11 月 23 日的 $M6.9$ 地震，其导致超过 3000 人伤亡，并造成整个区域内的建筑物和基础设施巨大和广泛的损害。这个台网在其最终的配置中包括四十多个大动态地震台站，这些台站物理上划分成若干个子网，由强大的数据传输系统互联。

在 ISNet 早期的设计阶段，原本是被构想成监测与分析由区域断层系统产生的地震活动背景，以纯粹的研究为目的。然而，由于它的高性能且在一个正进行的项目的框架里，该项目正由区域民防部提供经费，所以该台网在 2006 年还将成为一个地震早期和事后预警原型系统，将用于保护公共建筑和具有战略意义的基础设施。

一个现代化地震台网的实施涉及许多不同的研究和技术学科，因为需要复杂的数据管理或处理以及通信系统以快速产生有用信息。由于上述的复杂性，本文只提供 ISNet 体系结构与实现的总体技术概述。

16.2 ISNet 结构与现场安装

ISNet 沿坎帕尼亚－卢卡尼亚亚平宁链，覆盖区域约为 $100km \times 70km$，部署在引起 1980 年伊尔皮尼亚地震的已知活断层周边。ISNet 不遵循地震波形从远程台站传输到中心台站的通信模式，而是一个扩展星型拓扑结构，旨在确保快速和可靠的数据分析。信号获取和处理是在网络中的不同位置，这导致有四个基本网络要素：地震台站、本地控制中心 (LCC)、中央网络控制中心 (RISSC) 以及数据通信系统。图 16.1 显示构成 ISNet 的位置。

台站的位置沿两个虚同心椭圆，其长轴平行于亚平宁链。在外椭圆上成对的台站之间的平均距离约为 20km，而两个椭圆之间距离约为 10km。内椭圆上也均匀地分布着地震台站，台站间的平均距离小于 10km。每个地震台站都通过无线电桥连接到 LCC(图 16.1)，而 LCC 本身是通过 E1 数字宽带 (HDSL) 帧中继有线连接到 RISSC 控制中心。通过使用 PVC(permanent virtual circuit，永久虚电路)，帧中继允许中心台站使用单一的电话线路与多个远程地点 (各 LCC) 进行通信。整个数据传输系统从数据采集器通过 LCC 至位于那不勒斯的控制室，都是在 TCP/IP 协议上的全数字传输。

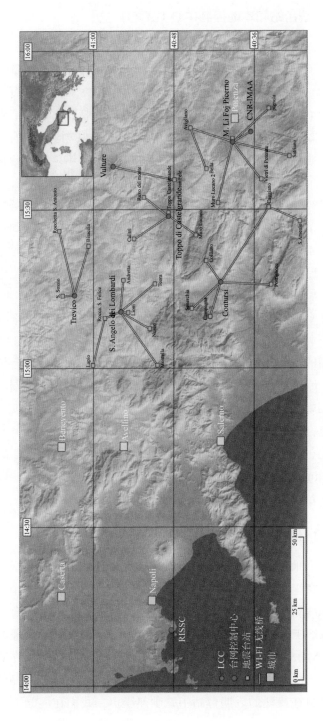

图 16.1 伊尔皮尼亚地震台网(ISNet) 的台站分布图（代表符号如图所示）

16.2.1 地震台站和本地控制中心 (LCC)

ISNet 由 30 个地震台站组成，其中每一个都以实时通信连接到一个 LCC，LCC 通常位于具有主通信骨干的市区。地震台站都被放置在 2m × 2m × 2m 的小室中，而小室位于 6m × 4m 围栏区域的里面。每个台站都由两个 (120W) 太阳能电池板、两个 130 Ah 胶体蓄电池 (从而避免了冻害) 以及一个定制的电池之间的开关电路板提供电源。具有了这种配置，可确保地震及无线电通信设备 72 小时的能源自给。每个台站还配备了连接到几个环境传感器 (门迫、太阳能电池板控制器、电池、火灾等) 的 GSM/GPRS 可编程控制或警报系统，可通过它实时得知现场情况。此警报系统的备用电源可至少持续三周。GSM 调制解调器连接到数据采集器，可用作备用数据通信线路。使用 SMS(short message，短信) 和通过可编程 GSM 控制器，可通过关闭电源使地震设备完全复位。当电池高于或低于预定水平时，GSM 也可控制设备的启 / 停释放过程。

6 个 LCC 通过数字无线电与地震台站连接，收集和存储来自台站的数据。LCC 均被放置在小镇附近 (在小室中) 或者在配有 AC 供电与快捷通信连接的现有建筑中。在一些地点，LCC 也是一个地震台站。在这种情况下，传感器会在外面的浅井里 1~1.5m 深处。数据采集器与其他设备都位于相邻的建筑里面。每个 LCC 都配有 320Ah 胶体电池、GSM 远程控制系统、思科路由器以及有 320GB 硬盘的 HP Proliant 服务器。所有仪器都与电池相连，保证有 72-h 备用供电。现在，所有 LCC 都在使用 Earthworm linux 版本 (Johnson et al., 1995) 来收集与处理数据，以及事件的检测。各 LCC 通过帧中继 PVC 彼此连接。

16.2.2 传感器与数据采集器

在每一个地震台站，所有传感器都被安装在一个 1m³ 的钢筋混凝土底座上，且底座至少有 0.8m 埋在土中。为确保大动态记录范围，每个台站都配备有两种传感器：强地震动加速度计和速度计。25 个台站配备了 Guralp CMG5-T 和短周期 (T_0=1s)Geotech S13-J。剩下的 5 个台站配备的是 Guralp CMG5-T 和宽频带 Nanometrics Trillium (频率范围在 0.033~50 Hz)。在第一个台站安装后，我们注意到 Guralp 加速度计有强烈的温度依赖性。为尽量在待建的后期台站中减少热噪声，我们在混凝土底座中留了 30cm 的洞。将加速度计放在洞中，并装满沙子以隔离传感器。安装前，传感器或数据采集器成对地经过自动化过程完全校准，以得到单通道响应。使用原先开发的 LabVIEW/Matlab 软件包涵盖了整个频谱，它提供图形形式的以及用零极点表示的传递函数。

使用 Agecodagis（www.agecodagis.com）制造的 Osiris-6 型记录器进行台站的数据采集。Osiris 的一些技术指标包括：Σ-Δ 24 位 A/D 转换器，一个内置 Linux 和开源软件的 100MHz 的 ARM 处理器，现场数据存储（通过一个 5G 的微型移动硬盘），串口及 TCP/IP 连接，GPS 时间标记，被集成的 SeedLink 服务器，通过网络界面（HTTP）简单灵活地进行配置。该记录器有 6 个物理通道和最多 24 个逻辑通道，可因目的的不同同时以不同的采样率对每个波形进行分析。Osiris-6 型记录器的概要请参见 Romano 和 Martino (2005)。

外置 GPS 接收器（NMEA/RS-232）保证了优于 1μs 的标记准确度。可以得到完整健康状态，以帮助诊断站点部件或记录器故障。可远程控制记录器，从 *IP* 配置、采样率、增益、校准信号的应用到磁盘 GPS 等的复位。记录器用微硬盘本地存贮数据或以 1s 数据包通过 SeedLink 发送到最近的 LCC 中的 Earthworm。实时分析系统可基于来自各记录器的触发器信息和其他 LCC 提供的参数信息来进行事件检测和定位。

一个由 PostgreSQL 开发的数据库跟踪台网的基本配置，如记录通道、各个通道的采样率、增益、传感器类型、数据采集器及其他网络装置，IP 地址、站点位置和每个已安装装置的序列号。

目前，ISNet 记录来自 33 个六通道台站的实时数据，且在不远的将来我们计划再加 10 个地震台站。已安装的 28 个台站的基础设施如上所述，两个安装在附属的大学建筑中，一个靠近坎帕尼亚南部地区的一个大坝。所有站点的传感器和记录器都是相同的。

16.2.3 当前的数据通信配置

ISNet 具有分布式星形拓扑结构，目前它采用几种不同的传输系统。地震台站通过无线扩频桥与 LCC 连接（图 16.1）。为从地震台站将波形实时传到 LCC，每个链路使用两个在 2.4GHz ISM 频段工作的户外 1310G 思科无线局域网桥。如表 16.1 所示，每个 LCC 通过不同的技术和介质类型与那不勒斯的控制中心连接。

表16.1　LCC与那不勒斯控制中心之间数据通信链路的规格

类型	频率(GHz)	带宽(Mbps)	台站数目	LCC(数目)	注释
扩频	2.45	54	30	—	10~15km 之间的链路吞吐量约为 20~24Mbps(基于平均大小为 512byte 的以太网数据包)
卫星	Ku 频段	0.512	1	—	从外部通过 WI-FI 桥到达最近的建筑物，然后通过具有共享宽带互联网解决方案的卫星到达 RISSC 控制中心
互联网	—	1.024	1	—	
在帧中继协议上的 SHDSL	—	2.048	—	2	在中心站点 (RISSC)，CIR[①] 最大为 1.6Mbps，随 PVC[②] 的数量而定。通过 ATM ABR 服务类的 ADSL，在远程站点 (LCC) 的带宽为 640/256kbps，其 CIR 的上传和下载速率为 64kbps
微波 SDH	7	54	—	2	Nera 网络运营商级微波链路。连接 LCC 对。可用真正的全带宽。可软件升级至 155Mbps(STM-1)
微波 HyperLAN/2	5.7	54	—	1	HiperLAN/2 的真正可用最大吞吐量为 42Mbps
卫星	Ku 波段	0.512	—	1	到 RISSC 控制中心的共享宽带互联网解决方案 (512/256kbps)

注：① CIR：承诺信息速率；② PVC：永久虚电路。

　　中心站点的两个主要骨干数据通信系统采用在帧中继协议上的 SHDSL (Symmetrical High-speed Digital Subscriber Line，对称高速数字用户线) 技术。帧中继比模拟与数字点对点租用专线有许多显著的好处。对于后者，每个 LCC 需要有该 LCC 到 RISSC 控制中心的专用线路。相反，SHDSL 帧中继是一个分组交换网络，它允许一个站点使用单一的帧中继电话线路与多个远程站点通过永久性虚电路通信。帧中继网络采用数字电话电路，它对每单个双绞铜线对可支持高达 1.5Mbit/s 的吞吐量。在目前的 SHDSL 配置中，两个双绞铜线对用于确保 2Mbps 的传输。用于快速数据传输的长途数字分组交换技术的每月花费远远低于租用的电话线。有了虚拟电路，每个远程站点都可看作是单个专用 LAN 的一部分，从而简化了 IP 地址方案的维护与台站的监控。

位于远离地震震源区和 ISNet 核心区域外的几个地震台站，采用互联网直接传输数据到控制中心站点 (RISSC)。这些台站都位于该地区主要城市附属大学的教学楼中。

卫星和 SHDSL 骨干均由商业服务提供者提供，研究团队中涉及的网络基础设施需要高可靠性和完整数据通信线路控制，而不幸的是，商业服务提供者对于满足这些研究团队的严格要求没有多大信心。因此，需要我们专业的故障检测技术人员对日常短时断路故障进行排除。在 ISNet 启动的这一初始阶段，并为进一步向新的、快的、实时的应用发展，我们主要测试主干链路。这些测试包括线路延迟、系统延迟、可用性和可靠性。在此初期发展之后，我们相信网络可用性能达到 99.99%(每年中断 53 分钟)。迄今为止，我们从未有过因为天气恶劣导致的无线链路故障。冬天里的大雪和大雨天气只是会对无线通信有很小的影响，而不会中断它。

每个地震台站有 18.0kbps 的实时数据流 (每个物理通道 125Hz 采样率)，而对 30 个台站整体数据通信所需的带宽约为 540kbps。在最恶劣的条件下 ISNet 也支持这一吞吐量，并且它还被设计成能保证进一步发展，如在不需要更多经济和技术投资的情况下进一步增加地震计或环境传感器。目前所使用的数据传输协议是 TCP/IP，但对于应用在地震预警中的数据采集来说，我们打算采用无连接传输模式 UDP/IP 协议，以避免在发送数据段之前在发送和接收传输层实体之间不必要的开销和信号交换。在地震预警波形分析中，单包错误或遗漏对决策不会产生关键性影响，这个协议比 TCP/IP 协议更快，处理起来更简单。

16.2.4　RISSC 网络控制中心

地震波形存储在本地的数据采集器中，并实时传送至最近的 LCC。在目前的情况下，只有挑选出来的一些信号传输至在那不勒斯的 RISSC

控制中心，这是由人工完成的，并且只作研究之用。我们正在开发一种在控制中心的存储系统，在 LCC Earthworm 或台站触发后起作用，它将具有全自动化的能力。我们也在考虑 RISSC 的存储器，用于按中心站点模式对各台站的整个数据集进行冗余存储。因此，我们计划在控制中心安装一个大型存储器群，靠它能装载所有传入的波形。台网控制中心通过商业网络和带宽监控软件追踪地震事件和监测整个台网，包括数据采集器和无线链路。

16.3 预警系统原型

如今因为数据处理能力的提高，最重要的是，非常快速、可靠的数据通信系统，允许警告部分地区：在该区域另外一些地方已测量到强地面运动，地震波可能会很快到来。这些警告包括对震源和震级及其他震源参数的估计，并且当地震在继续发生的时候，必须不断地更新这些估计值以提高数据的可靠性。

由现代通信、数据采集与处理技术研发的 ISNet 虽然还需要补充一些基础设施，但能够进行地震预警，并有区域性震后处理能力。

将会有三个新的基础设施与 ISNet 综合于一体 (图 16.2)：

(1)涵盖震源区外部坎帕尼亚地区的集成地震台网；

(2)将各个 LCC 彼此连接的专用数据通信系统；

(3)将一些 LCC 连接到那不勒斯控制中心的另一个专用数据通信系统。

16.3.1 新的地震台站

增加地震台网台站的作用是为大地震后快速得出区域震动图提供必要的数据。这些台站将设置在城市和农村地区，但在震源区 (沿意大利南部亚平宁链) 之外，所以它们将不会被用于实时定位和震级估算。10 个新的地震设施将装有带强震加速度计及速度计的 Oriris 数据采集器。他们将被部署在建筑物中，以宽的网状结构覆盖其坎帕尼亚地区的剩余部分。该想法还要记录足够接近市区的数据，这样观察到的波形可以和最终对结构的破坏关联起来。这些数据会通过商业服务供应商提供的 GPRS / UMTS 通讯系统从各个站点获取，并且只有由 ISNet 触发后才被自动下载和处理。

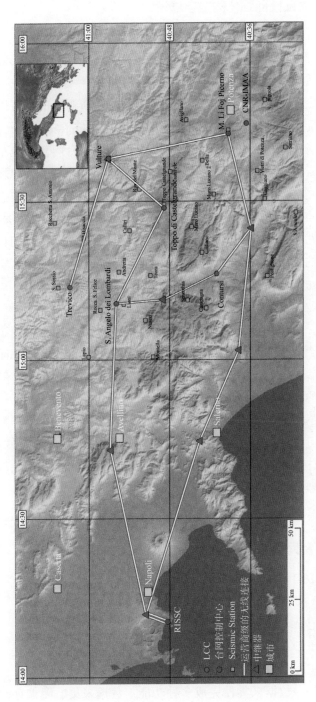

图 16.2　ISNet 中所用用无线连接的示意地图

16.3.2 为预警而强化的数字通讯

应用于预警的数字通信系统是整个系统的基本点之一。基于发展 ISNet 的经验和教训，我们深信，完全控制和管理从数据采集器到控制中心的电信系统是在预警应用实验期间必须达到的目标之一。

理解复杂数据通信结构中的延迟、失效和薄弱环节，可以回答在哪里能赢得重要的时间，并对未来整个预警系统的技术发展给予启示。

为了避免因一个或多个链路中断而丢失整个台网，并控制整个通信系统而无需服务供应商的链路，ISNet 将升级到多路径无线电数字通信网络。路径冗余度的定量和系统可接受的中断率都是在规划增强台网时要考虑的基本参数。台网中已创建两个环路：第一个环路互联 6 个 LCC，第二个环路将第一个环路连接到那不勒斯的控制中心。我们相信，通过选择合适的技术和无线电设备，我们在第一个发展阶段可以实现整体系统 99.99％的可用率，且当台网整体建成并运行时达到 99.999％（每年中断五分钟）。为了实现这样的高可用率，我们为无线链路选择了运营商级通信设备。第一个链接仍在完成中，并将用于第一批主要测试目的（图 16.2）。无线电设备具有映射到 SDH（Synchronous Digital Hierarchy，同步数字体系）装置上的以太网的能力，在注册的 7GHz 频段具有 155 Mbps（STM-1）的吞吐量。

结合不同的技术，如卫星，无线电和数字线缆，会更容易、更快速地实现高可用率。我们将在 3 个 LCC 中评估这一多种通信技术的使用。我们已经计划在新的数据通讯系统中也考虑以下约束：系统可靠性和冗余度，强烈地震中低损坏或无损坏，总体传输延时小于 100~200ms，以及数据安全。

16.3.3 台网管理概览

如图 16.3 和图 16.4 所示，ISNet 数据和信息流可在三个不同层次进行管理：

——记录现场的数据采集器；

——在 LCC；

——在那不勒斯的台网控制中心。

特别是，数据采集器完成多种功能：数据采集、硬盘存储及通过网

络用 SeedLink 协议将数据和触发信息传送到 LCC。LCC 运行 Earthworm
实时地震处理系统，每个 LCC 保留从与其直接连接的地震台站得到的波
形数据，构成完整的本地波形数据库。实时分析系统基于来自数据采集
器的触发信息和其他 LCC 的参数信息来检测地震事件和定位。一旦检测
到地震，系统自动进行震级和震源机制估计。这些分析的结果用于建立

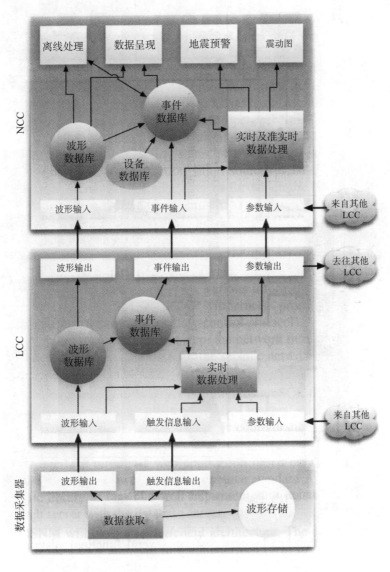

图 16.3　ISNet 中数据流的示意图

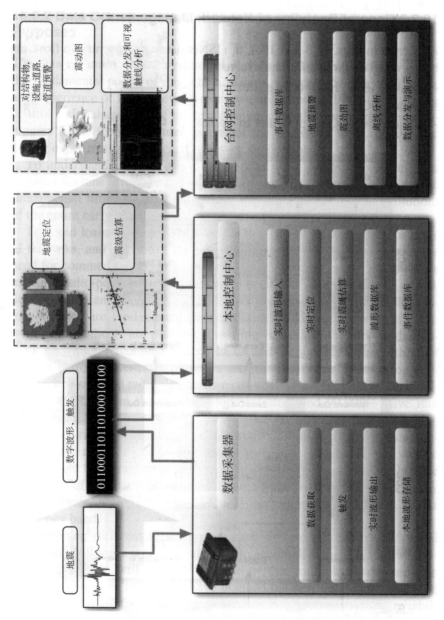

图 16.4 ISNet 中信息流的示意图

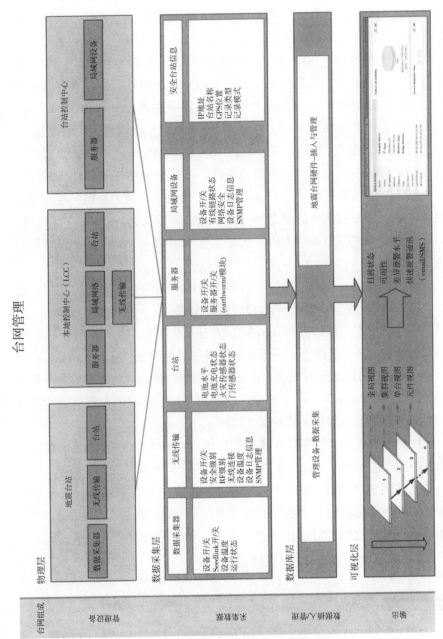

图16.5 ISNet 管理程序的示意图

一个本地事件数据库，同时，这些结果将被发送到其他 LCC 和 RISSC 控制中心。随即在地震发生后，RISSC 用来自 LCC 和 (或) 事件数据库的参数来生成震动图。所记录的地震数据被存储在事件数据库，以便分发和可视化，供进一步离线分析。

正如上节所述，ISNet 的基本结构复杂，需精确管理以达到合适的实时功能。最重要的信息是台站和传输网络的可用性。要检查台网的可用性状态，需要有不同信息源之间的实时协同关系。一个大型台网是由许多卖主提供的设备组成，这些设备的运行状况未必能由商业软件监控。为了克服这些限制，我们正在开发 ISNM(ISNet Manager，ISNet 管理器)。该 ISNM 将是一个完整的实时监控套件，带有台网中任意部件失效或处于临界状态的通告系统（图 16.5）。从每个设备所收集的数据将被储存在数据库中。考虑到网络的复杂性，将采用多种信息源：SMS，电子邮件，SMNP，ICMP 协议（以太网），专有命令（Osiris），NetFlow（思科网络流控制协议）。

今天，在第一个发展阶段，台网管理器只是静态的并作为地震台网的设备数据库。它是由两个基本设计模块组成：

——数据库，由运行 PostgreSQL 的服务器管理，用来储存有关站点、已安装的记录器、传感器、通用和网络硬件及其配置和互联的信息。

——基于 JavaServer Pages 的 Web 应用用户界面。该网站的服务器由开源的标准 Apache / Tomcat 驱动。已实现了一个特定的标签库，以简化 Web 服务器与数据库服务器的交互作用。

ISNM 将有一个服务器或客户端架构。在每个 LCC 收集数据并以参数化形式发送到服务器，而服务器分析来自所有台网部件的信息。

考虑到实时预警的社会与心理影响，尤其是如果普通市民都能直接访问实时震动图的话，就必须更好地研究与数据和网络安全相关的问题。必须坚决保护网络，以防止入侵，因为入侵会截获不完整信息，从而造成社会恐慌和 (或) 产生误报警。

参考文献

Convertito V, De Matteis R, Romeo A, Zollo A, Iannaccone G (2007) A Strong motion attenuation relation for early-warning application in the Campania region (Southern

Apennines), In: Gasparini P, Manfredi G, Zschau J(eds) Earthquake Early Warning Systems. Springer

Hauksson E, Busby R, Goltz K, Hafner K, Heaton T, Hutton K, Kanamori H, Polet J, Small P, Jones LM, Given D, Wald D (2001) Caltech/USGS TriNet: Modern, Digital Multi-Functional Real-time Seismic Network for Southern California, Seism Res Lett 72: 238

Johnson CE, Bittenbinder A, Bogaert B, Dietz L, Kohler W (1995)Earthworm: A flexible approach to seismic network processing. IRIS Newsletter 14(2): 1~4

Romano L, Martino C (2005) L'acquisitore dati Osiris della rete sismica del CRdC-AMRA. INGV-Vesuvian Observatory OFR-5, 2005

Satriano C, Lomax A, Zollo A (2007) Optimal, real-time earthquake location for early warning. In: Gasparini P, Manfredi G, Zschau J(eds) Earthquake Early Warning Systems. Springer

第17章　针对Deep Vrancea（罗马尼亚）地震的预警系统

Constantin Ionescu[1], Maren Böse[2], Friedemann Wenzel[2], Alexandru Marmureanu[1], Adrian Grigore[1], Gheorghe Marmureanu[1]

1 罗马尼亚布加勒斯特，国家地球物理研究所
(National Institute for Earth Physics, Bucharest, Romania)

2 德国科尔斯拉尔大学，地球物理研究所
(Geophysical Institute, Karlsruhe University, Germany)

摘要

目前，还是很难预防飓风、火山喷发、海啸或地震这类自然灾害现象。基于对破坏地区出现灾害现象所发出的信号，可以避免重大人员、财产损失。因此，无论是在理论还是实践研究中，警告成为一个关键目标。

不过，对于地震来说警告的时间很短：从几秒最多到一分钟（墨西哥城案例）。即使时间窗减小，重要设施之类组织良好的系统是可能采取自动判定措施的。

在罗马尼亚，Vrancea 地区是主要的地震危险区。这个地区发生的地震是罗马尼亚领土地震灾害的主要来源。Vrancea 地区地震构造特性使建立和发展一个快速地震警报系统成为可能。这是一个简单的、合理低价的、健壮的系统，可以为布加勒斯特提供大约 25s 的时间窗。发出的警报信号传送给负责人和特定的用户，用来控制装置的自动闭锁和完成需要的保护措施。

罗马尼亚是一个地震多发区域，为减轻地震灾害、制定相关国家政策和地震安全评价，获得所需定量信息是至关重要的。罗马尼亚的绝大多数破坏性地震集中在 Vrancea 地区，位于东喀尔巴阡山弧的急弯处（图 17.1(a)，17.1(b)），震源体很好地限定在 60~200km 之间的中等深度。有文献记录的 Vrancea 地震距今至少 1000 年了（从公元 985 年开始），并表现出十分特殊的性质。它们对罗马尼亚境内的大城市区域以及临近的欧洲区域是永久的威胁。

罗马尼亚首都布加勒斯特每 50 年都有 50% 的概率遭遇矩震级超过 7.6 的重大地震灾害。过去 60 年，罗马尼亚经历了四次源于 Vrancea 的强烈地震：

（1）1940 年 11 月 10 日（M_W=7.7，深度 160km）；

（2）1977 年 3 月 4 日（M_W=7.5，深度 100km）；

（3）1986 年 8 月 30 日（M_W=7.2，深度 140km）；

（4）1990 年 5 月 30 日（M_W=6.9，深度 80km）。

1977 年的地震是重大灾难，主要是在布加勒斯特造成 35 栋高层建筑倒塌和 1500 人伤亡。

由仪器记录较好定位的深度在 60~200km 的地震局限在 30km × 70km 宽度的区域内（Oncescu and Bonjer，1997）。到布加勒斯特的平均震中距为约 130km。这些位置集中的地震发生在一个小的震源体积内，与布加勒斯特的距离相对固定，这就允许设计一个针对有潜在危险中源地震的预警系统，其预警时间在 25s 左右。

因此，在罗马尼亚可以开发一个与墨西哥实现的系统类似的预警系统，墨西哥的强震位于太平洋海岸外会聚板块边界，离墨西哥城有相当远的距离。对于这两个城市都有相当固定的预警时间，尽管布加勒斯特的时间仅是墨西哥城所能得到时间的三分之一。

来自罗马尼亚国家地球物理研究所（NIEP）和德国 Karlsruhe 大学的土木工程师和地震学家团队为布加勒斯特市和工业设施开发了一套地震预警系统（EWS）。致力于系统的简单性和健壮性来减少误报的风险，这对于系统的成本效益是至关重要的。

固定的震中范围、稳定的辐射花样以及震中区域和首都城市之间的视距连接（图 17.1）都有利于设计一个针对 Vrancea 地震的简单的健壮的

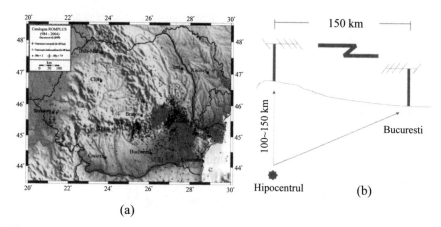

(a)

(b)

图 17.1 Vrancea 震中区域以及到布加勒斯特的距离

保护布加勒斯特的预警系统。

实际上，除震源体积较小外，Vrancea 地震的特点在于较大和较小的地震都有极其稳定的震源机制，以致于可以通过震中 P 波的振幅预测布加勒斯特地面运动强度（Baresnev and Atkinson，1977；Wenzel et al.，1999），而不必繁琐地确定震级和深度。

对来自 Vrancea 地区的危险地震波的实时检测用作一个预警系统。这

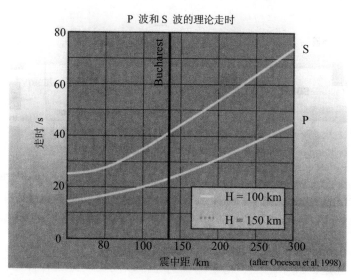

图 17.2 井下地震计检测 P 波和 S 波到达用户的理论走时

个预警系统利用震中区域（Vrancea）地表检测到地震的时刻与地震波到达受保护位置时刻间的时间间隔（大约25s）。这个时间间隔依赖于地震深度以及震源与场地间的传播条件（图17.2）。

这个预警系统的运行遵从以下步骤：

（1）检测P波；

（2）处理初至（功率谱、快速傅里叶分析以及在不只一个加速度计上的符合）；

（3）产生警报；

（4）发布警报给用户（使用手机短信服务和电子邮件）。

震中区域的P波检测是这个过程的第一步。三分量强震动加速度计监测Vrancea震中区域两个不同位置的地面运动。第一个位置是Vrancioaia地震观象台（VRI），并在地下室配置了EpiSensor三分量加速度计。另一个位置在Plostina（PLOR），这里装备了两个加速度计：一个安装在50m深度的井下（FBA23DH），而另一个放在地表的观测室（图17.3，左侧）。两个位置间的距离是8km。这三个强震计组成了一个小地震台网。这个布局的目的在于降低由于突然高噪声造成的误报（加速度计附近的声波波前冲击、爆炸或重物摔落）。

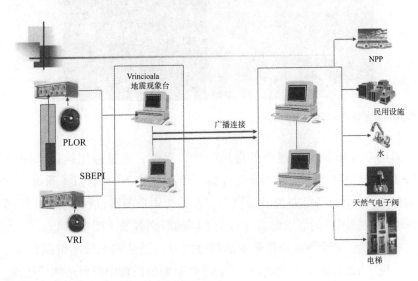

图17.3　Vrancea真实地震预警系统数据流图

过程的第二步是数据处理。

安装在两个位置的加速度计提供的数据存贮在本地。这些数据流被传送到用专用软件做实时分析的 Vrancioaia 观象台。

通过数字滤波器处理 1 秒时间间隔的数据样本。傅里叶谱和功率谱都实时自动计算。利用最初几秒的记录，可以初步获得地震震级的估计。一个特殊的软件模块使用一个时间窗分析这三个加速度计的记录。一个事件只有在一个以上的台站被检测到才能确认其发生。八个警报级别与 P 波推测出的加速度值相关。当一个地震预警警报触发，将会提供以下参数：时间、峰值加速度以及触发级别。如果接下来几秒地震波的加速度增大，一个人机交互处理模块可以修改警报的参数。图 17.4 显示的是预警软件分析的典型结果。

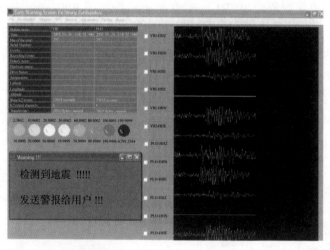

图 17.4 预警软件分析的典型结果

向用户发布是预警过程的最后一步。目前，通过专用连接来保障。NIEP 的员工设计了一个专用设备连接预警系统的 PC 计算机（通过 TCP/IP 通信），这个设备是布加勒斯特中心台站与用户关键过程的接口。这个设备可以根据用户的需求设置在八个不同的级别触发（图 17.5）。

通信是地震预警系统最重要的部分之一。冗余的无线电链路保证了震中区域（Vrancioaia 和 Plostina 台站）和布加勒斯特中心台站间的通信。

目前这个地震预警系统处于测试阶段。但这个系统已经用于 Horia Hulubei 物理与核工程国家研究所的核设施（http://www.nipne.ro/）（图

图17.5 根据用户的需求设置在以 8 个不同的级别触发的设备

17.6），以保证在来自 Vrancea 地区危险地震波到达前把核源放置在安全位置。

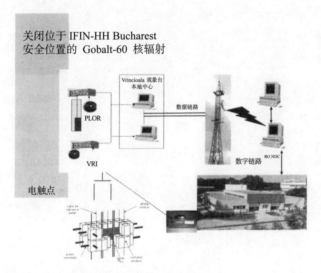

图17.6 Bucharest-Magurele 辐射器核设施的预警系统

　　一个预警系统可以狭义地解释为用来检测和预测即将发生的危险事件并发布警报的技术设施。罗马尼亚的预警系统是 2005 年 "欧洲信息社会技术大奖（THE EUROPEAN IST PRIZE）" 的 20 个被提名项目之一（http://www.ist-prize.org）。

　　NIEP 的计划是在 2006 年底前，开始一个为不同用户安装预警设备的工程。第一批预警系统将应用在布加勒斯特的医院急救室、化工厂和铁路公司。

参考文献

Baresnev I, Atkinson G (1977) Modeling finite-fault radiation from the ω^n spectrum. Bull Seism Soc Am 87(1): 67~84

Oncescu MC, Bonjer KP (1997) A note on the depth recurrence and strain release of large Vrancea earthquakes. Tectonophysics 272: 291~302

Wenzel F, Oncescu MC, Baur M, Fiedrich F (1999) An Early Warning System for Bucharest. Seism Res Lett 70(2): 161~169

Ionescu C, Marmureanu A (2005) Rapid Early Warning System (REWS) for Bucharest and Industrial Facilities. Presentation at Caltech University, July 2005

专业术语

英文	中译文	原书页码 . 所在行
"two out of three" logic	"三中取二" 逻辑	236.2
3-component force-balanced accelerometers	三分量力平衡加速度计	286.40
a continuous telemetered strong-motion network	连续波形传输遥测强震动台网	286.32
a damaging earthquake	破坏性地震	1.18, 22.33, 284.7
a multiple radio-path data communication network	多路无线电数字通信网络	336.15
a plate convergence rate	板块聚敛速率	284.4
a prototype system for seismic early-and post-event warning	地震事件后的预警的原型系统	325.15
a real-time cross-correlation	实时互相关	339.17
a seismic computerized alert network	计算机化的地震预警网络	282.18
a typical crustal shear-wave velocity	典型地壳剪切波速	283.22
a virtual and sub-network	虚拟子网	283.15
a τc and Pd method	τ_c-Pd 方法	283.28
Acceleration Collector (AcCo)	加速度采集器	307.22
Accuracy and timeliness	准确度和及时性	21.20
Active seismic area	地震活跃区	45.31
Active seismic experiments	主动震源试验	156.2
actively slipping area	活跃滑动区	17.22
Actively slipping fracture	有效滑动破裂	14.28
alarm system	警报系统	IX.16, 22.36, 234.36, 249.29, 285.20, 308.34, 325.28
alarm threshold	警报阈值	196.4, 230.16, 233.27, 266.10
alarm	警报	VIII.36, 6.2, 21.6, 59.6, 85.28, 99.8, 179.23, 211.33, 233.27, 249.10, 285.20, 307.6, 325.28, 345.5

英文	中译文	原书页码．所在行
alert	报警	VI.15, 33.27, 71.7, 180.6, 214.2, 233.11, 254.9, 264.4,285.18, 308.29, 346.5
alert maps	警报图	VIII.17, 71.7
AlertMap	警报图	23.3
an extended star topology	扩展星型拓扑结构	327.17
Anti-plane and in-plane motion	垂直于平面和平面内的运动	12.18
Apennine belt region	亚平宁带区域	47.2, 325.17
Arrival time curve	到时曲线	23.34
artificial neural networks (ANNs)	人工神经网络	65.30
attenuation law	衰减规律	71.6, 95.10, 145.9, 166.14, 225.23, 238.27
Attenuation relations	衰减关系	23.17, 133.16
average asperity sizes	平均凹凸体大小	72.19
average return period	平均复发周期	67.25
Average rupture velocity	平均破裂速度	59.16
band-limited Gaussian noise	有限频带高斯噪声	71.29, 137.33
Bayesian approach	贝叶斯方法	97.2, 216.27
Bayesian method	贝叶斯法	211.31
Blind zone	盲区	31.10, 234.19, 284.1
Boundary integral methods	边界积分方法	161.13
Boundary-element methods	边界元方法	160.36
Broad-band	宽频带	135.7, 330.1
Brune static stress drop	布隆静态应力降	60.20
Building codes	建筑规范	22.13
Catastrophic consequence	灾难性后果	6.13
circular frequency	圆频率	72.3
Cisco network flow-control protocol	思科网络流控协议	339.27
coastline detection system	海岸线检测系统	254.5
Cohesive zone	内聚性地带	11.15
common alarm	通用警报	264.30
Compact UrEDAS	小型紧急地震检测与警报系统	256.2, 307.15
Converted phases	转换震相	157.7
corner frequency	拐角频率	50.7, 72.3, 135.26

英文	中译文	原书页码·所在行
Correlation analysis	相关性分析	55.3
Correlation coefficient	相关系数	53.38
Correlation test	相关性测试	54.2
Cost of earthquake	地震损失	22.15
Cost-benefit analysis	成本效益分析	122.15, 180.7
Cost-benefit	成本效益	40.29
Crack propagation	破裂扩展	11.6
critical system	关键系统	46.10, 179.13, 213.9, 233.10
cumulative absolute velocity (CAV)	累积绝对速度值	70.4
Cumulative Density Function (CDF)	累积密度函数	226.6
damage map	破坏分布图	181.11, 242.16
Damaged area	受灾地区	1.23, 263.18
Damaging earthquake	破坏性地震	X.21, 1.18, 22.33, 235.33, 284.7, 343.28
Data-logger	数据采集记录器	325.20
decisional rule	决策规则	95.4, 214.8, 233.27
decision variable	决策变量	208.12, 244.23
Destructive event	破坏性事件	10.8
Destructive Intensity (DI)	破坏烈度	264.14
Disaster management	灾害管理	VI.37
Disaster mitigation	减轻灾害	V.11
Dissipation process	耗散过程	11.14
Distribution of peak ground shaking	地面震动峰值分布	22.36
Dominant frequency/period	优势频率/周期	48.3
Dominant period	优势周期	9.6, 24.5, 48.7, 98.20, 185.10, 216.19, 244.31, 258.34
Dynamic stress drop	动态应力降	15.27, 60.14
Early earthquake alert	地震警报	VI.16
Early warning and rapid disaster information system	预警和快速灾害信息系统	V.8
Early warning information	预警信息	IX.3, 4.7, 98.2, 180.34, 241.9, 310.18

英文	中译文	原书页码 . 所在行
Energy dissipation	能量耗散	15.27
Energy flow	能流	9.18
Engineering Demand Parameter (EDP)	工程需求参数	59.3, 184.37, 213.14
Equal Differential time (EDT)	等时差	VIII.2, 85.12, 218.5
Expected cost	期望成本	122.30, 195.3, 244.26
exposure	暴露程度	VI.10, 31.17, 211.16, 235.14
False alarm (FA)	误报	IX.8, 6.2, 99.8, 179.23, 235.28, 250.34, 308.15, 341.6, 345.5
false alarm probability	误报概率	214.7, 244.8
false alarm rate	误报率	214.9, 236.4
fast acquisition communication system	快速采集通信系统	326.25
Fast Response Equipment against Quake Load (FREQL)	地震加载快速响应设备	322.3
Final size of the earthquake	地震的最终大小	9.8
Financial losses and casualties	财产和生命损失	22.23
Finite element approaches	有限元方法	161.17
Finite fault plane	有限断层面	34.22
Finite volume techniques	有限体积方法	161.15
Finite-Different techniques	有限差分方法	160.36
First Order Second Moment (FOSM)	一阶二次矩	219.5
Fourier amplitude spectrum (FAS)	傅里叶振幅谱	71.30
Fracture energy	破裂能量	10.33
Fracture modality	破裂形态	15.2
Fracture pulse	破裂脉冲	9.19
Fracture velocity	破裂速度	13.20
Fracture-driving force	破裂驱动力	11.3
frame relay	帧中继	327.32
Frequency content	频率成分	21.14, 66.31, 98.19, 153.9
Friction law	摩擦定律	15.16, 160.12
Friction parameters	摩擦参数	9.21
frictional heat	摩擦热量	16.11, 273.25
Friuli	弗留利	92.3
Front Alarm	前端预警	307.8

英文	中译文	原书页码·所在行
front-detection system	前方检测系统	250.19
full waveform prediction	全波形预测	241.31
gain	增益	86.31, 289.20, 330.26
Gaussian distribution	高斯分布	97.30, 186.3, 193.5
generalization capability of the ANN	人工神经网络的推广能力	73.4
Geometrical factor of order 1	一阶几何因子	18.20
Ground motion intensity	地震动强度	95.5, 185.16, 213.13
Gutenberg-Richter magnitude-frequency relationship	古登堡 - 里克特震级 - 频度关系	98.29
hazard analysis	危险性分析	168.1, 190.26, 211.33, 238.22
Hazard assessment	危险评估	21.19, 153.1
hazard curve	危险性曲线	168.2, 215.13
Hazard function	危险函数	190.22
Hazard information	危险信息	31.13
Hazard integral	灾害积分	95.7, 215.15
Hazard map	危险分布图	21.17, 106.11, 189.31
Hazard prediction	灾害预测	31.23, 168.37
High hazard and vulnerability area	高危和易损区	V.5
Historical seismicity	历史地震活动性	159.7
Human casualty	人员伤亡	VI.26
hybrid EEWS	混合式地震预警系统	233.29
Initial phase of rupture	破裂初始阶段	9.10
Instrumental Intensity	仪器烈度	264.22
Intensity Measure (IM)	强度度量	184.30, 213.14, 242.18
Intensity Measurement (IM)	强度测量	95.5
Intensity of ground shaking	地震动强度	31.16
Irpinia Seismic Network, Southern Italy (ISNet)	南意大利伊尔皮尼亚地震台网	85.20
Istanbul Earthquake Rapid Response and Early Warning System (IERREWS)	伊斯坦布尔地震快速响应和预警系统	67.38
Joyner-Boore distance	Joyner-Boore 距离	77.10
JR (Japan Railways)	日本铁道公司	256.13
Lead time of a catastrophic event	灾难事件的预警时间	V.16
lead time	预警时间	V.16, 46.22, 212.32, 235.18, 283.24, 308.20, 344.19

英文	中译文	原书页码.所在行
Local system	地方系统	X.6
Lognormal distribution	对数正态分布	186.13
Loss of life	生命损失	V.38, 181.19
magnitude-distance trade-off	震级和震中距相互补偿问题	65.28
marginal distribution	边缘分布	217.3
Master-station method	主台方法	86.18
Maximum Inner-storey Drift Ratio (MIDR)	最大内层偏移比	216.1
maximum knowledge status	最大知识状态	226.2
maximum warning time	最大预警时间	66.10
Mega-event	巨大地震	VII.24
Method of hyperbolas	双曲线法	86.19
Migration techniques	偏移技术	157.9
missed alarm (MA)	漏报	6.2, 59.5, 122.13, 179.24, 214.1, 235.30
missed alarm probability	漏报概率	IX.8, 211.33, 214.7, 243.15
missed alarm rate	漏报率	214.9, 236.5
Mitigation of earthquake effect	减轻地震影响	47.12
Modified Mercalli Intensity (MMI)	修正麦卡利地震烈度	32.5, 264.22
Moment rate	矩率	17.3, 60.4
Moment Resisting Frame (MRF)	抗力矩框架	215.30
Moment-magnitude	矩震级	53.39
Montecarlo simulation	蒙特卡罗模拟	221.2
M-Δ Alarm	M-Δ 警报	264.6
Natural disaster	自然灾害	V.2, 180.16, 343.8
Natural hazard	自然灾害	XI.19, 40.33, 181.14
Natural risk assessment	自然风险评估	VII.2
Near-surface amplification effect	近地表放大效应	28.2
neurons	神经元	68.14
non-linear activation functions	非线性激活函数	69.8
Non-steady	非稳态	16.22
Northern Anatolian fault	北安那托利亚断层	106.24
Numerical method	数值方法	154.18
Omori's Law	大森定律	106.30
On-site Alarm	现地预警	268.10, 307.6

英文	中译文	原书页码．所在行
On-site approach	现地方法	VI.6
on-site early warning	现地预警	66.39, 283.33
Onsite early warning	现地预警	XI.20, 31.13
on-site system	现场系统	66.26, 250.24
on-site warning systems	现地预警系统	65.15, 278.14, 323.9
onsite warning	现地预警	VII.39, 238.6, 286.6
ordinary alarm	普通警报	253.8
partial parallel system	部分平行系统	236.3
Passive seismic experiments	被动震源试验	156.3
Peak amplitude	峰值振幅	45.18, 100.30, 299.2,
Peak Ground Acceleration (PGA)	地面运动加速度峰值	21.25, 53.19, 71.8, 134.21, 184.32, 215.14, 312.32
Peak ground displacement	地面运动位移峰值	53.8
Peak ground shaking	地面震动峰值	21.10
Peak ground velocity	地面运动速度峰值	53.20, 135.19
Peak ground-motion amplitude	地面运动振幅峰值	48.3
Perfectly Matched Layer	完全匹配层法	162.13
Performance-Based Earthquake Engineering (PBEE)	基于性能的地震工程	IX.12, 207.11, 233.30
Post earthquake information	震后信息	1.21
Predicted and observed arrival time	预测和观测到时	23.31
Predicted peak ground shaking	预测地面震动峰值	23.20
Predicted shake map	预测地震动图	VIII.17
Prediction of earthquakes	地震预测	V.6
Predictor	预测指标	184.29
predominant frequency	优势频率	258.9, 315.15
Predominant period	优势周期	24.5, 48.7, 98.20, 185.10, 216.19, 244.31, 258.34
preparing intervention	防御干预	214.4
priori information	先验信息	69.20, 225.9
Probabilistic estimation of false/ missed alarms	错／漏报概率估计	59.5
Probabilistic Seismic Demand Analysis (PSDA)	概率地震需求分析	211.22
Probabilistic Seismic Hazard Analysis (PSHA)	概率地震危险性分析	168.1, 190.26, 211.21, 238.21

英文	中译文	原书页码.所在行
Probabilistic warning time distribution function	预警时间概率分布函数	21.29
Probability Density Function (PDF)	概率密度函数	86.8, 99.27, 192.6, 215.1, 239.1
probability of strong shaking	强震动概率	67.29
Property damage	财产损失	V.38
Puerto Rico Seismic Network	波多黎各地震台网	130.29
Puerto Rico Strong Motion Program	波多黎各强震项目	130.29
QSHA (Quantitative Seismic Hazard Assessment)	地震危险性定量评估	153.1
Radial attenuation relation	径向衰减关系	21.16
radiation pattern	辐射类型	IX.32, 18.26, 67.12, 141.9, 166.2, 345.9
rapid earthquake detection	快速地震检测	250.15
Rapid Response System	快速响应系统	212.9, 234.26
Rate of Fatality	死亡率	V.3
Real time fault mapping	实时发震断层位置测定	VII.20
Real time risk mitigation	实时减轻地震风险	VI.8
Real time risk reduction	实时减轻地震风险	VII.15
Real-time alert map	实时警报图	VIII.17, 71.7
real-time data processing system	实时数据处理系统	250.1
Real-time earthquake damage mitigation	实时减轻地震灾害	1.1
real-time earthquake engineering	实时地震工程学	245.31, 310.24
Real-time earthquake information system	实时地震信息系统	4.8, 67.37
Real-time earthquake information	实时地震信息	1.7
real-time engineering seismology	实时工程地震学	245.38
real-time intensity (RI)	实时烈度	273.2, 307.33
real-time prediction	实时预测	211.14, 245.21
real-time seismic risk management and mitigation	实时地震风险管理与减轻	233.8
Real-Time Seismology (RTS)	实时地震学	59.17, 233.16, 310.24
regional and on-site warning concepts	区域和现地预警概念	67.2, 80.6
Regional approach	区域方法	VI.2
regional EEWS	区域地震预警系统	212.24, 234.1

英文	中译文	原书页码．所在行
Seismic early-warning（SEW）	地震预警	45.31, 134.12, 325.2
Seismic energy	地震能量	21.12, 60.26
Seismic hazard analyses	地震灾害分析	134.11, 168.1, 190.26, 211.21, 238.21
Seismic hazard	地震灾害	40.31, 168.36, 189.31, 215.15, 233.13, 284.18, 343.18
seismic intensity	地震烈度	71.8, 242.18, 264.23, 312.4
Seismic moment	地震矩	72.1, 135.25, 159.38
Seismic profiles	地震剖面	157.3
seismic risk analysis	地震风险分析	211.24
seismic risk management	地震风险管理	212.4, 239.10
seismic risk prediction	地震风险预测	212.1
seismic risk	地震风险	VIII.41, 46.33, 67.18, 180.11, 211.24, 235.14, 343.17
semi-active control	半主动控制	IX.5, 239.18
serial port	串行端口	319.2
shake map	地震动图	36.35, 45.7, 71.9, 133.15, 212.14, 234.21, 287.8, 341.3
ShakeMap	地震动图	2.16, 23.21
Shaking intensity	震动强度	1.14, 36.38, 181.35, 299.5
shear (S) waves	剪切波 (S)	285.4
Short-term prediction	短期预测	7.24
simulation	模拟	VI.35, 71.21, 133.34, 153.8, 211.29, 244.15, 273.1
Sistema de Alerta Sismica (SAS)	(墨西哥)地震报警系统	254.8, 308.29
site effects	场地效应	72.7, 141.3, 155.20
site-specific EEWS	特定地点的地震预警系统	212.28, 235.11
Site-specific parameters	场地特有参数	49.21
Slip duration	滑动持续时间	61.8
Slip history	滑动历程	11.30
slip velocities	滑动速度	72.18
Slip rate	滑动率	12.16, 60.5
small scale heterogeneities	小尺度不均匀性	71.26

英文	中译文	原书页码.所在行
Social resilience	社会恢复	V.10
Source mechanism	震源机制	153.26, 345.12
Southern California Seismic Network (SCSN)	美国南加州地震台网	108.22
spectral acceleration	谱加速度	168.18, 184.33, 216.2, 242.18
Standard deviation	标准偏差	74.10, 124.17, 142.28, 166.11, 186.4, 312.14
Static and dynamic stress drop	静态和动态应力降	60.16
Static stress drop	静态应力降	60.36, 134.7, 135.26
Steady-state fracture pulse	稳态破裂脉冲	15.17
Stopping dynamics of earthquake rupture	地震破裂的停止动力学	10.26
stress drops	应力降	72.18
Stress intensity factor	应力强度因子	11.18
Stress release	应力释放	60.16
strong earthquake alarm system 10 seconds before	10秒钟前强震警报系统	254.2
Strong ground-motion	强地面震动	51.6, 133.15
strong motion index	强地面运动指数	307.21
Structural performance	结构性能	184.27, 244.34
structural response	结构响应	207.8, 211.15, 239.1
Subduction zone	俯冲带	X.9, 181.2, 234.37
Swiss Seismological Service	瑞士地震服务中心	97.4, 130.30
Taiwan Strong-Motion Instrumentation Program (TSMIP)	台湾强震动观测专项	283.29
temperature dependency	附加温度效应	330.3
the "bullet" train system	"子弹头"列车系统	285.20
the inner product	内积	264.13, 311.34
the low frequency drift	低频漂移	299.18
the onset of P-waves	P波初至	283.32
the radius of the blind zone	盲区半径	284.1
The telemetered signals	遥测信号	283.13
the thermal noise	热噪声	330.4
The Virtual Seismologist（VS）	虚拟地震学家	VIII.10, 81.13, 97.1, 185.11

英文	中译文	原书页码．所在行
time margin	时间余量	249.10
time window	时间窗	45.23, 68.3, 288.20, 343.14
transfer function	传递函数	330.10
TriNet network	TriNet 台网	216.20
Two-Layer Feed-Forward neural networks	双层前馈神经网络	69.3
typical crustal P-wave velocity	典型地壳 P 波速度	285.5
Urgent Earthquake Detection and Alarm System (UrEDAS)	紧急地震检测与警报系统	XI.15, 249.29, 285.19
Virtual seismologist concept	虚拟地震学家概念	VIII.16
Virtual Seismologist method	虚拟地震学家方法	81.13, 185.11
virtual sub-network approaches	虚拟子网方法	288.13
Voronoi cell	沃罗诺伊单元	85.16, 107.5, 205.15
Voronoi cells approach	沃罗诺伊单元法	211.30
vulnerability assessment	易损性评估	258.4
vulnerability	易损性	V.6, 128.29, 180.11, 211.16, 239.16
Warning threshold	报警阈值	188.24, 243.17
Warning time probability density function (WTPDF)	预警时间概率密度函数	36.16
Warning time	预警时间	VIII.8, 21.29, 65.10, 179.12, 233.11, 285.31, 344.24
Warning window	预警窗口	46.18
Wireless LAN bridge	无线局域网桥	326.1